建筑工程识图与造价
快速上手系列

装饰装修工程
识图与造价速成

筑·匠 编

化学工业出版社
·北京·

本书根据《建筑工程工程量计价规范》(GB 50500—2013)以及全国统一定额编写而成，主要介绍了装饰装修工程造价和图纸识读的基本知识、各分项工程清单工程量计算和定额计算的方法、工程量计算规则、各种计价表、工程签证、现场各种预算经验指导等内容，其中分项工程量计算及套价都配以实际案例进行讲解。为了让读者完整地了解工程量的计算过程和计算方法，本书给出了实际案例的全套图纸和完整的计算过程，读者可通过扫描本书前言中的二维码下载查看。

本书内容简明实用、图文并茂，适用性和实际操作性较强，可作为装饰装修工程预算人员和管理人员的参考用书，也可作为土建类相关专业大中专院校师生的参考教材。

图书在版编目(CIP)数据

装饰装修工程识图与造价速成/筑·匠编.—北京：化学工业出版社，2017.10(2021.2 重印)

(建筑工程识图与造价快速上手系列)

ISBN 978-7-122-30402-5

Ⅰ.①装… Ⅱ.①筑… Ⅲ.①建筑装饰-建筑制图-识图②建筑安装-建筑造价管理 Ⅳ.①TU238 ②TU723.32

中国版本图书馆 CIP 数据核字(2017)第 191002 号

责任编辑：彭明兰　　文字编辑：冯国庆

责任校对：宋　玮　　装帧设计：韩　飞

出版发行：化学工业出版社(北京市东城区青年湖南街 13 号　邮政编码 100011)

印　　装：北京科印技术咨询服务有限公司数码印刷分部

787mm×1092mm　1/16　印张 12¾　字数 323 千字　2021 年 2 月北京第 1 版第 6 次印刷

购书咨询：010-64518888　　售后服务：010-64518899

网　　址：http://www.cip.com.cn

凡购买本书，如有缺损质量问题，本社销售中心负责调换。

定　　价：49.00 元

前言

FOREWORD

随着建筑行业的不断发展和进步，“工程造价”这个词已经被越来越多的企业和个人所关注。之所以备受关注是因为“工程造价”将直接影响着企业投资的成功与否和个人的基本收益，现在也有很多建筑院校把“工程造价”从大的建筑工程专业中分离出来，形成一个单独的专业，由此可见工程造价的重要性。

作为一个工程造价专业的毕业生（或刚刚从事工程造价专业的人）来说，之前所学习的理论知识往往是不够的。有很多人来到工作岗位上不知如何下手，此时会感到理论与实际的差异，这也是阻碍他们顺利适应岗位工作的一道门槛。

本书首先介绍了工程造价和图纸识读的基础知识；然后介绍了各分项工程造价内容的计算规则及解析、清单工程量和定额计价的方法，列举了计算实例帮助读者对内容的理解；最后对于建筑工程造价各种经验和技巧详细地进行了讲解。书中分项工程讲解部分都配以与其内容相关的实例计算和示意图。

参与本书编写的人有赵城、刘向宇、安平、陈建华、陈宏、蔡志宏、邓毅丰、邓丽娜、黄肖、黄华、何志勇、郝鹏、李卫、林艳云、李广、李锋、李保华、刘团团、李小丽、李四磊、刘杰、刘彦萍、刘伟、刘全、梁越、马元、孙银青、王军、王力宇、王广洋、许静、谢永亮、肖冠军、于兆山、张志贵、张蕾。

本书在编写过程中参考了有关文献和一些项目施工管理经验性文件，并且得到了许多专家和相关单位的关心与大力支持，在此表示衷心的感谢。

由于编者水平有限，尽管尽心尽力，反复推敲核实，但难免有疏漏及不妥之处，恳请广大读者批评指正，以便做进一步的修改和完善。

（扫描此二维码可下载实际案例全套图纸和完整的计算过程）

（扫描此二维码可查看实际案例全套图纸和完整的计算过程）

CONTENTS 目录

第一章 建筑识图基础知识

第一节 投影的基本概念

一、投影概述

在三维空间里，一切物体都有长度、宽度和高度，但如何在平面图纸上，准确而全面地表达出物体的形状和大小呢？现在常用投影的方法来表示。

在物体前面放一个光源（例如电灯），在物体背后的平面上就投射出一个灰黑的多边形的图（图 1-1）。但此影子是漆黑一片，只能反映空间形体某个方向的外形轮廓，不能反映形体上的各棱线和棱面。当光源或物体的位置改变时，影子的形状、位置也随之改变，因此，它不能反映出物体的真实形状。

假设从光源发出的光线能够穿透物体，光线把物体的每个顶点和棱线都投射到地面或墙面上，这样所得到的影子就能表达出物体的形状，称为物体的投影，如图 1-2 所示。

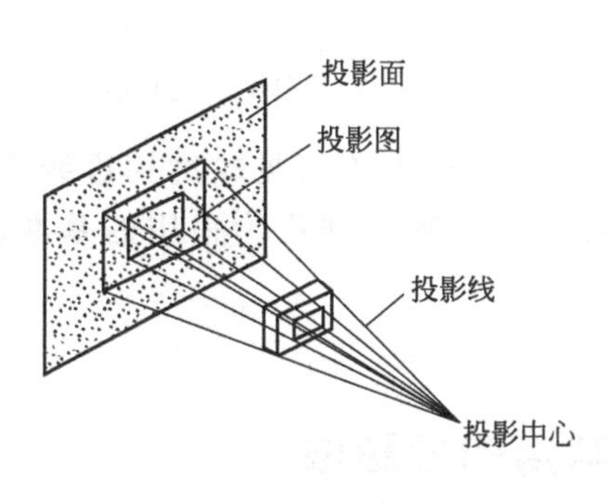

图 1-1　投影

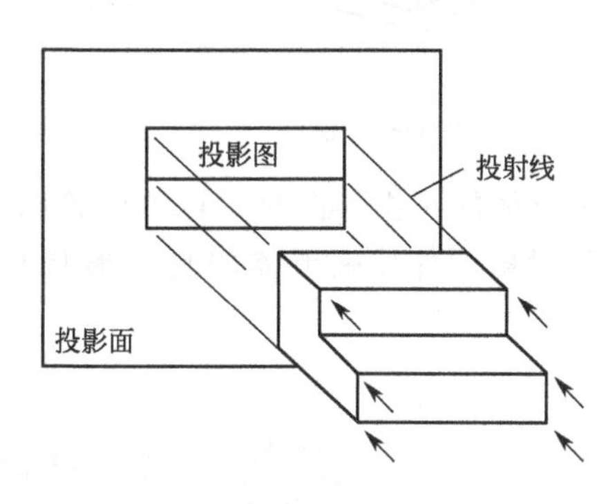

图 1-2　物体的投影

在制图中，把光源称为投影中心，光线称为投射线，光线的射向称为投射方向，落影的平面（如地面、墙面等）称为投影面，影子的轮廓称为投影，用投影表示物体的形状和大小的方法称为投影法，用投影法画出的物体图形称为投影图。

二、投影的分类

根据投射线的类型（平行或汇交）、投影面与投射线的相对位置（垂直或倾斜）的不同，投影法一般分为以下两类。

1. 中心投影法

投射线汇交于一点的投影法称为中心投影法。汇交点用 S 表示，称为投射中心，如图

1-3 所示。采用中心投影法绘制的图形一般不反映物体的真实大小，但立体感好，多用于绘制建筑物的透视图。

2. 平行投影法

当投影中心移至无限远处时，投影线将依据一定的投影方向平行地投射下来，用相互平行的投射线对物体作投影的方法称作平行投影法。显然，投射线相对于投影面的位置有倾斜和垂直两种情况，具体见表 1-1。

表 1-1　正、斜投影法

名称	主要内容
正投影法	投影方向垂直于投影面时所作出的平行投影，称作正投影。作出正投影的方法称为正投影法，如图 1-4 所示。用这种方法画得的图形称作正投影图
斜投影法	投影方向倾斜于投影面时所作出的平行投影，称作斜投影。作出斜投影的方法称为斜投影法，如图 1-5 所示。用这种方法画得的图形称作斜投影图

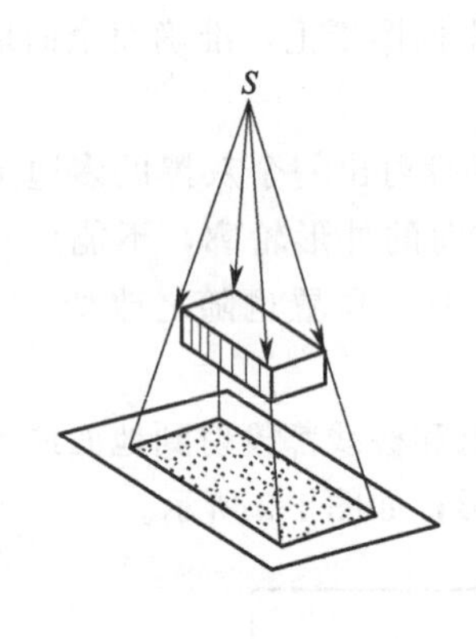

图 1-3　中心投影法

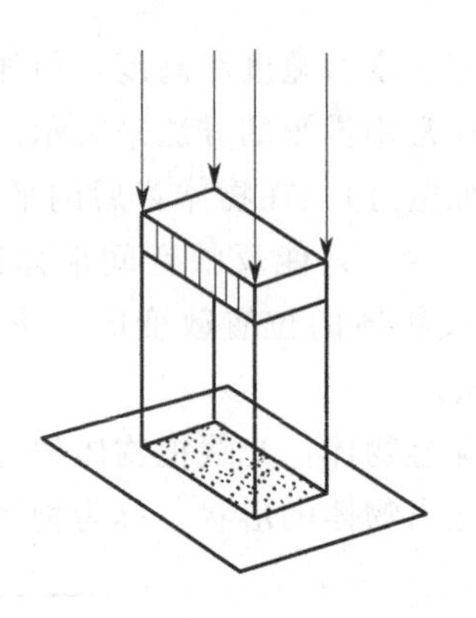

图 1-4　正投影法

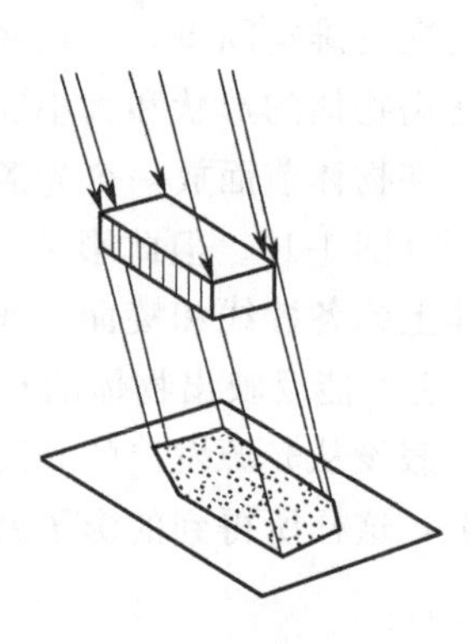

图 1-5　斜投影法

画形体的正投影图时，可见的轮廓用实线表示，被遮挡的不可见轮廓用虚线表示。由于正投影图能反映形体的真实形状和大小，因此，是工程图样广为采用的基本作图方法。

第二节　建筑工程中常用的投影法

在建筑工程中，由于所表达的对象不同、目的不同，对图样所采用的图示方法也不同。在建筑工程上常用的投影图有四种：正投影图、轴测投影图、透视投影图、标高投影图。

一、正投影图

正投影图由物体在两个互相垂直的投影面上的正投影，或在两个以上投影面（其中相邻的两个投影面互相垂直）上的正投影所组成。多面正投影是土木建筑工程中最主要的图样（如图 1-6 所示），然后将这些带有形体投影图的投影面展开在一个平面上，从而得到形体投影图（如图 1-7 所示）。

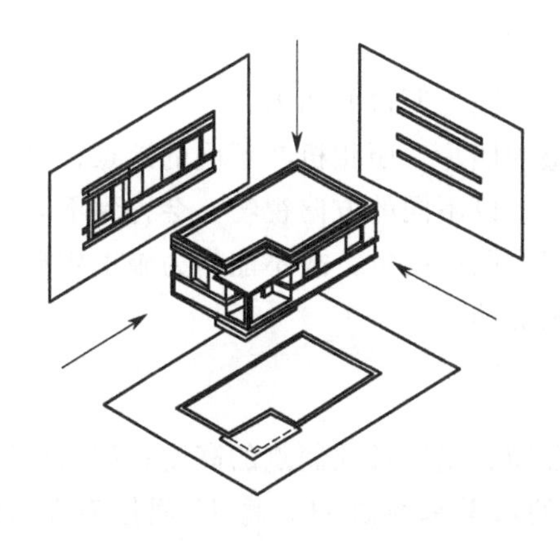

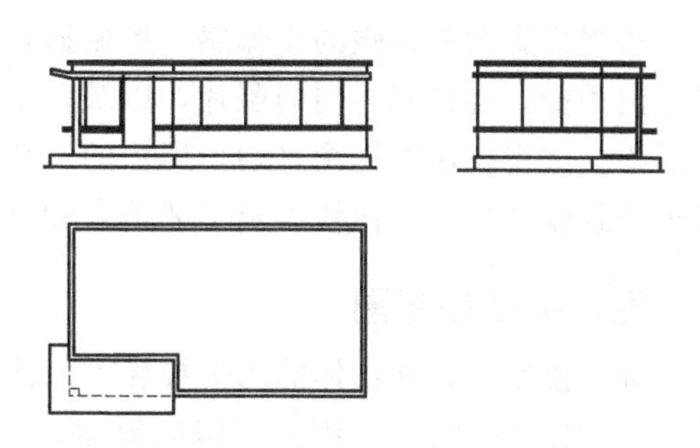

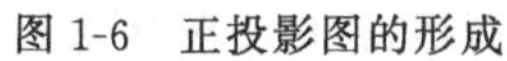

图 1-6 正投影图的形成

图 1-7 形体投影图

正投影图的优点：能够反映物体的真实形状和大小，便于度量，绘制简单，符合设计、施工、生产的需要。

二、轴测投影图

轴测投影图是将物体连同其直角坐标体系，沿不平行于任一坐标平面的方向，用平行投影法将其投射在单一投影面上所得的图形，可以是正投影，也可以是斜投影，通常省略不画坐标轴的投影，如图 1-8(a)所示。

轴测投影图有较强的立体感，在土木工程中常用来绘制给水排水、采暖通风和空气调节等方面的管道系统图。

轴测投影图能够在一个投影面上同时反映出物体的长、宽、高三个方向的结构和形状，而且物体的三个轴向（左右、前后、上下）在轴测图中都具有规律性，可以进行计算和量度。但是作图较烦琐，表面形状在图中往往失真，只能作为工程上的辅助性图样，以弥补正投影图的不足，如图 1-8(b) 所示。

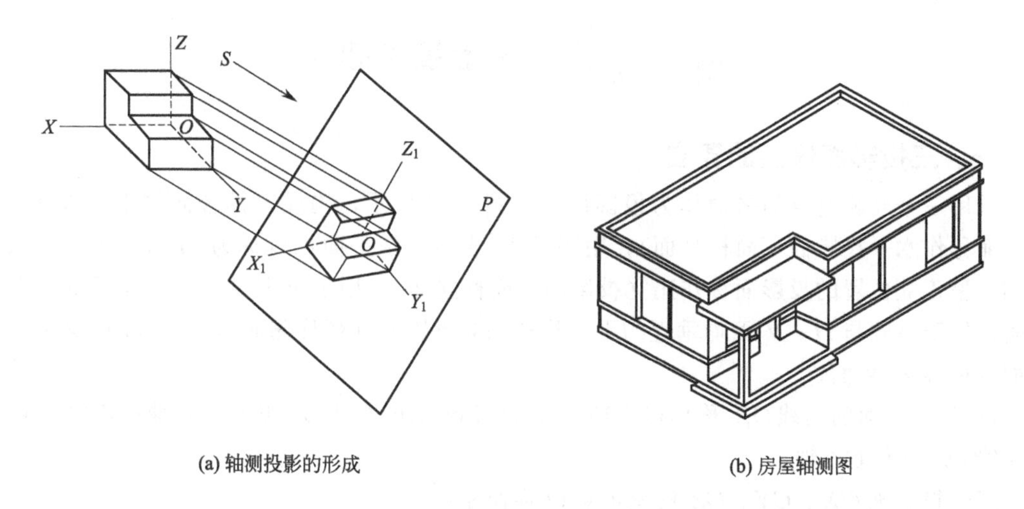

(a) 轴测投影的形成　　(b) 房屋轴测图

图 1-8 房屋轴测图

轴测投影图的特点：能够在一个投影面上同时反映出形体的长、宽、高三个方向的结构和形状。

三、透视投影图

透视投影图是用中心投影法将物体投射在单一投影面上所得的图形。

透视投影图有很强的立体感，形象逼真，如拍摄的照片。照相机在不同的地点、以不同的方向拍摄，会得到不同的照片，以及在不同的地点、以不同的方向视物，会得到不同的视觉形象。透视投影图作图复杂，形体的尺寸不能直接在图中度量，故不能作为施工依据，仅用于建筑设计方案的比较以及工艺美术和宣传广告画等场合。

四、标高投影图

标高投影图是在物体的水平投影上加注某些特征面、线以及控制点的高度数值的单面正投影。如图 1-9 所示，假设平坦的地面是高度为零的水平基准面 H，将 H 面作为投影面，它与山丘交得一条交线，也就是高程标记为零的等高线；再以高于水平基准面 10m、20m 的水平面与山丘相交，交得高程标记为 10、20 的等高线；作出这些等高线在水平基准面 H 上的正投影，标注出高程数字，并画出比例尺或标注出比例，就得到用标高投影图表达的这个山丘的地形图。

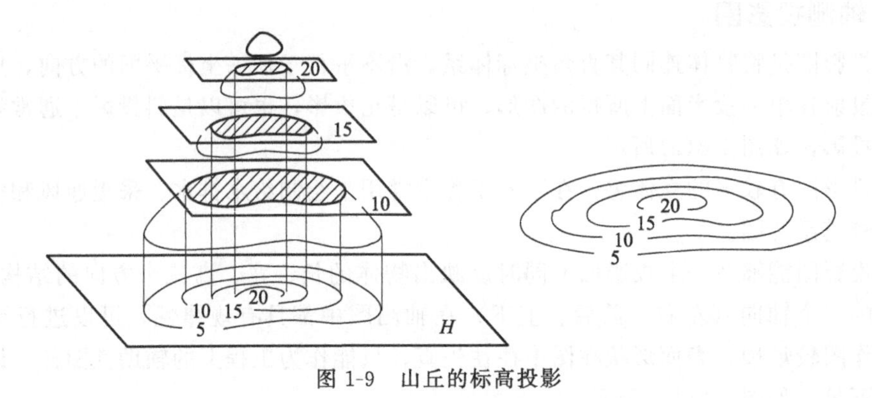

图 1-9　山丘的标高投影

第三节　三面投影图

一、三投影面体系的建立

采用三个互相垂直的平面作为投影面，如图 1-10 所示，构成三投影面体系。水平位置的平面称作水平投影面（简称平面），用字母 H 表示，水平面也可称为 H 面；与水平面垂直相交呈正立位置的投影面称作正立投影面（简称立面），用字母 V 表示，正立面也可称为 V 面；位于右侧与 H、V 面均垂直的平面称作侧立投影面（简称侧面），用字母 W 表示，侧立面也可称为 W 面。

H 面与 V 面的交线 OX 称作 OX 轴；H 面与 W 面的交线 OY 称作 OY 轴；V 面与 W 面的交线 OZ 称作 OZ 轴。

三个投影轴 OX、OY、OZ 的交汇点 O 称作原点。

二、三面正投影图的形成

将物体置于 H 面之上、V 面之前、W 面之左的空间（第一分角），用分别垂直于三个投影面的平行投影线投影，可得物体在三个投影面的正投影图，如图 1-11 所示。投影图的组成内容见表 1-2。

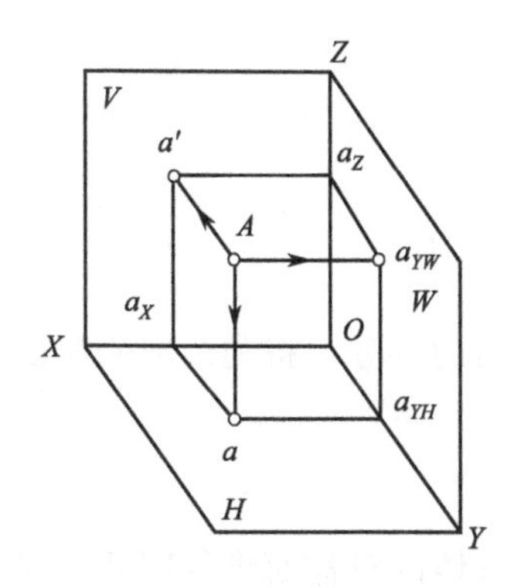

图 1-10 三投影面的建立

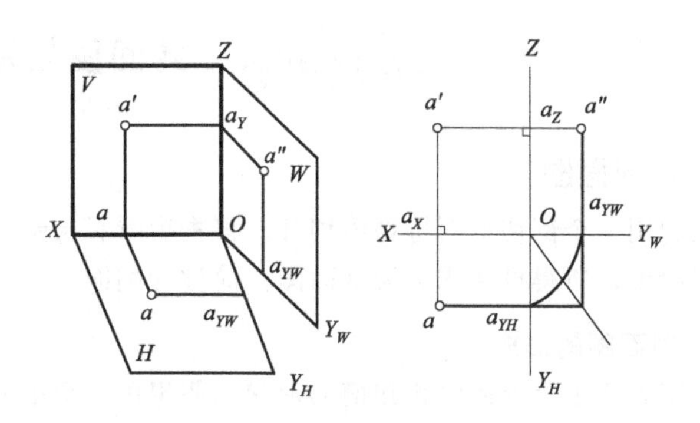

图 1-11 投影图的形成

表 1-2 投影图的组成内容

名称	定义
水平投影	点 A 在 H 面的投影 a，称为点 A 的水平投影
正面投影	点 A 在 V 面的投影 a'，称为点 A 的正面投影
侧面投影	点 A 在 W 面的投影 a''，称为点 A 的侧面投影

三、三面投影图的关系

从三投影面体系（图 1-12）中不难看出，空间的左右、前后、上下三个方向，可以分别由 OX 轴、OY 轴和 OZ 轴的方向来代表。换言之，在投影图中，凡是与 OX 轴平行的直线，反映的是空间左右方向的直线；凡是与 OY 轴平行的直线，反映的是空间前后方向；凡是与 OZ 轴平行的直线，反映的是空间上下方向，如图 1-10 所示。在画物体的投影图时，习惯上使物体的长、宽、高三组棱线分别平行于 OX 、OY、OZ 轴，因此，物体的长度可以沿着与 OX 轴下行的方向量取，而在平面和立面图中显示实长；物体的宽度可以沿着与 OY 轴平行的方向量取，而在平面和侧面图中显示实长；物体的高可以沿着与 OZ 轴平行的方向量取，而在立面图和侧面图中显示实长。平、立、侧三面投影图中，每一个投影图含有两个量，三个投影图之间，保持着量的统一性和图形的对应关系，概括地说，就是长对正、高平齐、宽相等，如图 1-13 所示，表明了三面投影图的“三等关系”。

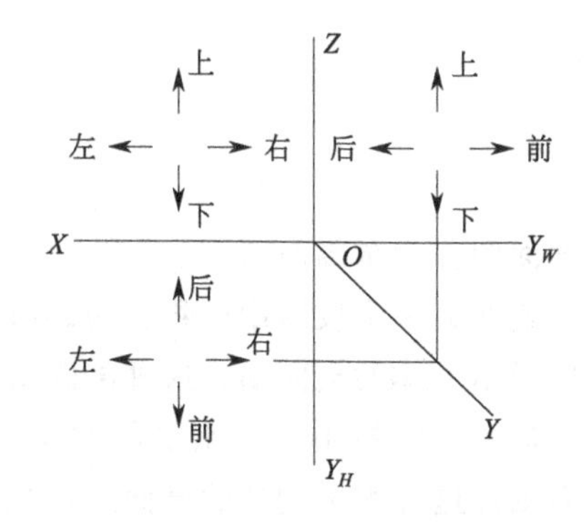

图 1-12 空间方向

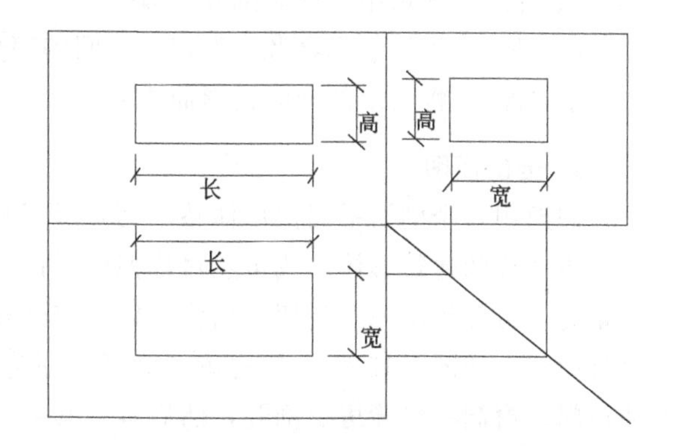

图 1-13 三面投影图的“三等关系”

三等关系，即正立面图的长与平面图的长相等；正立面图的高与侧立面图的高相等；平面图的宽与侧立面图的宽相等。

第四节 剖面图与断面图

一、剖面图

假想用一个剖切平面将物体切开，移去观看者与剖切平面之间的部分，将剩余部分向投影面作投影，所得投影图称为剖面图，简称为剖面。

1. 剖面图的形成

为了表达工程形体内孔和槽的形状，假想用一个平面沿工程形体的对称面将其剖开，这个平面为剖切面。将处于观察者与剖切面之间的部分形体移去，而将余下的这部分形体向投影面投射，所得的图形称为剖面图。剖切面与物体的接触部分称为剖面区域，如图 1-14 所示。

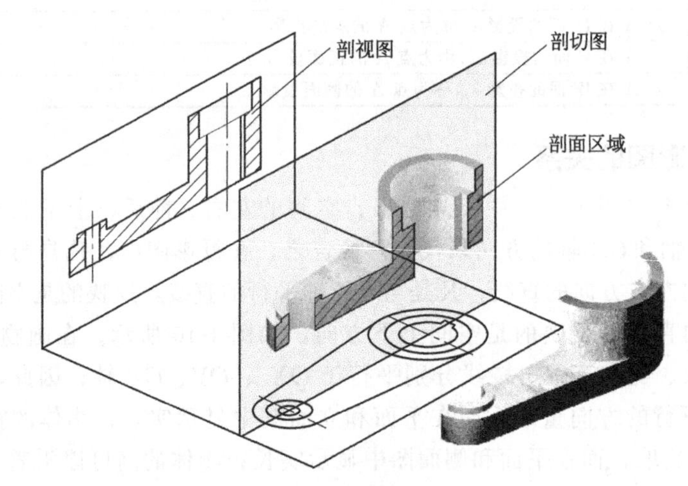

图 1-14 剖视的概念

综上所述，“剖视”的概念，可以归纳为以下三个字。

①“剖” 假想用剖切面剖开物体。

②“移” 将处于观察者与剖切面之间的部分移去。

③“视” 将其余部分向投影面投射。

2. 全剖面图

假想用一个剖切平面把形体整个剖开后所画出的剖面图称为全剖面图。

不对称的建筑形体，或虽然对称但外形比较简单，或在另一个投影中已将它的外形表达清楚时，可假想用一个剖切平面将物体全部剖开，然后画出形体的剖面图，这种剖面图称为全剖面图。如图 1-15 所示的房屋，为了表示它的内部布置，假想用一个水平的剖切平面，通过门、窗洞将整幢房子剖开，然后画出其整体的剖面图。这种水平剖切的剖面图，在房屋建筑图中称为平面图。

3. 阶梯剖面图

当形体上有较多的孔、槽，且不在同一层次上时，可用两个或两个以上平行的剖切平面

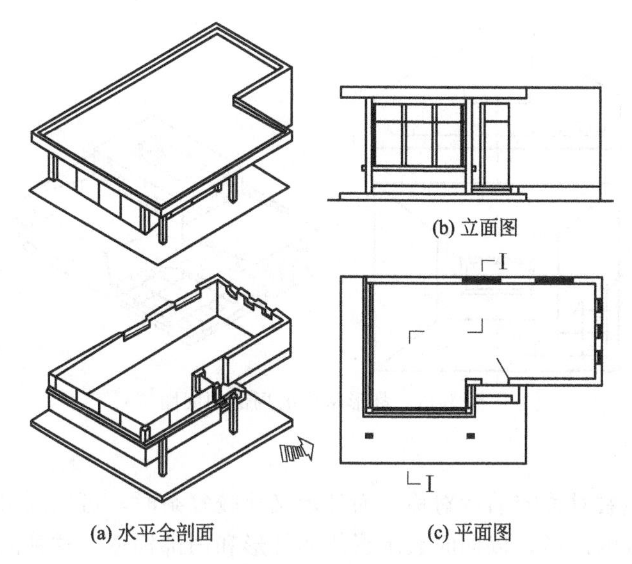

(b) 立面图

(a) 水平全剖面　　(c) 平面图

图 1-15　全剖面图

通过各孔、槽轴线把物体剖开，所得剖面称为阶梯剖面。

如图 1-16 所示的房屋，如果只用一个平行于 *W* 面的剖切平面，则不能同时剖开前墙的窗和后墙的窗，这时可将剖切平面转折一次，即用一个剖切平面剖开前墙的窗，另一个与其平行的平面剖开后墙的窗，这样就满足了要求。阶梯形剖切平面的转折处，在剖面图上规定不画分界线。

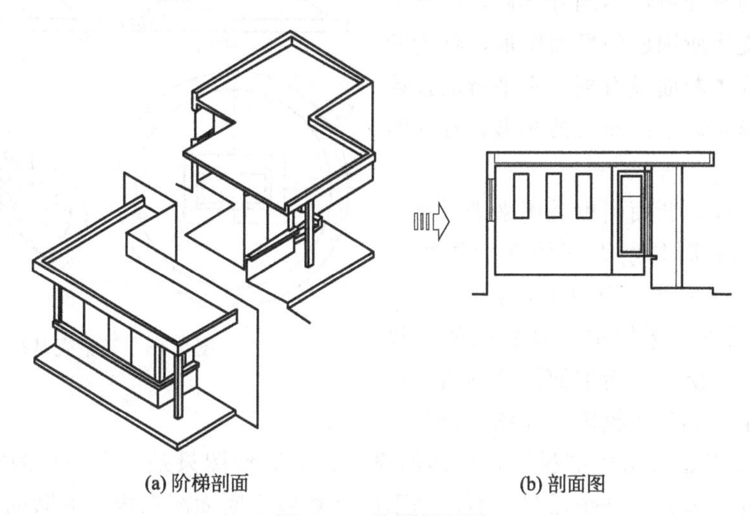

(a) 阶梯剖面　　(b) 剖面图

图 1-16　阶梯剖面图

4. 局部剖面图

当建筑形体的外形比较复杂，完全剖开后无法表示清楚它的外形时，可以保留原投影图的大部分，而只将局部地方画成剖面图。在不影响外形表达的情况下，将杯形基础水平投影的一个角落画成剖面图，表示基础内部钢筋的配置情况，这种剖面图，称为局部剖面图。按国家标准规定，投影图与局部剖面图之间，要用徒手画的波浪线分界。

如图 1-17 所示为杯形基础的局部剖面图，杯形基础的正面投影已被剖面图所代替。图上已画出了钢筋的配置情况，在断面上便不再画钢筋混凝土的图例符号。

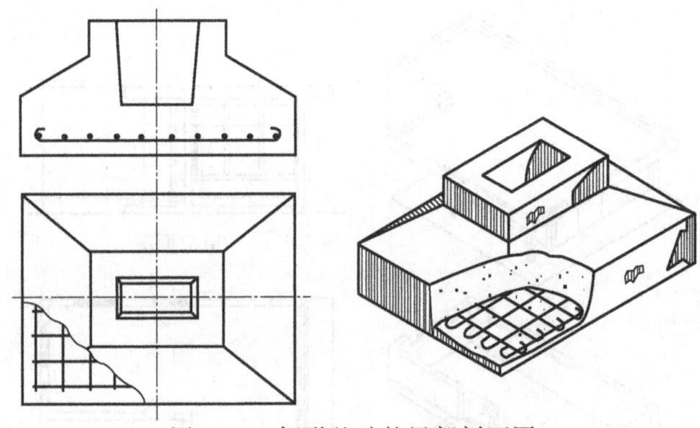

图 1-17　杯形基础的局部剖面图

5. 半剖面图

当建筑形体是左右对称或前后对称，而外形又比较复杂时，可以画出由半个外形正投影图和半个剖面图拼成的图形，以同时表示形体的外形和内部构造，这种剖面称为半剖面。

如图 1-18 所示为正锥壳基础，可画出半个正面投影和半个侧面投影以表示基础的外形及相贯线，另外各配上半个相应的剖面图表示基础的内部构造。半剖面相当于剖去形体的 1/4，将剩余的 3/4 做剖面。

二、断面图

1. 断面图的画法

用一个剖切平面将形体剖开之后，形体上的截口，即截交线所围成的平面图形，称为断面。如果只把这个断面投射到与它平行的投影面上所得的投影，表示出断面的实形，称为断面图。

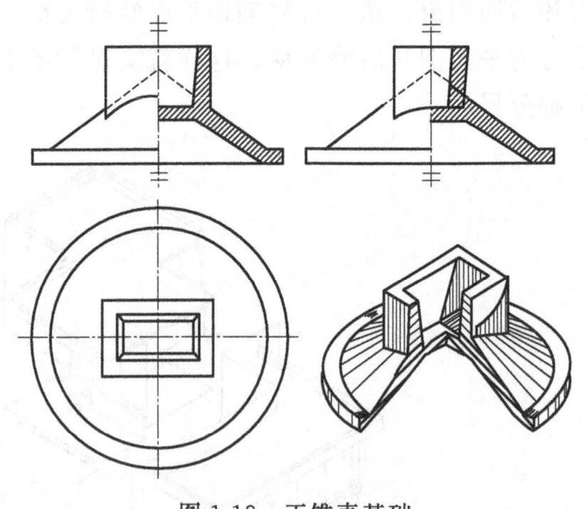

图 1-18　正锥壳基础

与剖面图一样，断面图也是用来表示形体内部形状的。剖面图与断面图的区别如图 1-19 所示，其具体内容主要有以下几点。

① 断面图只画出形体被剖开后断面的投影，如图 1-20(a) 所示；而剖面图要画出形体被剖开后整个余下部分的投影，如图 1-20(b) 所示。

② 剖面图是被剖开形体的投影，是体的投影；而断面图只是一个截口的投影，是面的投影。被剖开的形体必有一个截口，所以剖面图必然包含断面图在内，而断面图虽属于剖面图的一部分，但一般单独画出。

③ 剖切符号的标注不同。断面图的剖切符号只画出剖切位置线，不画出剖切方向线，且只用编号的注写位置来表示剖切方向。编号注写在剖切位置线下侧，表示向下投影；注写在剖切位置线左侧，表示向左投影。

④ 剖面图中的剖切平面可转折，断面图中的剖切平面则不可转折。

2. 断面图的简化画法

为了节省绘图时间，或由于绘图位置不够，建筑制图国家标准允许在必要时可以采用下列的简化画法。

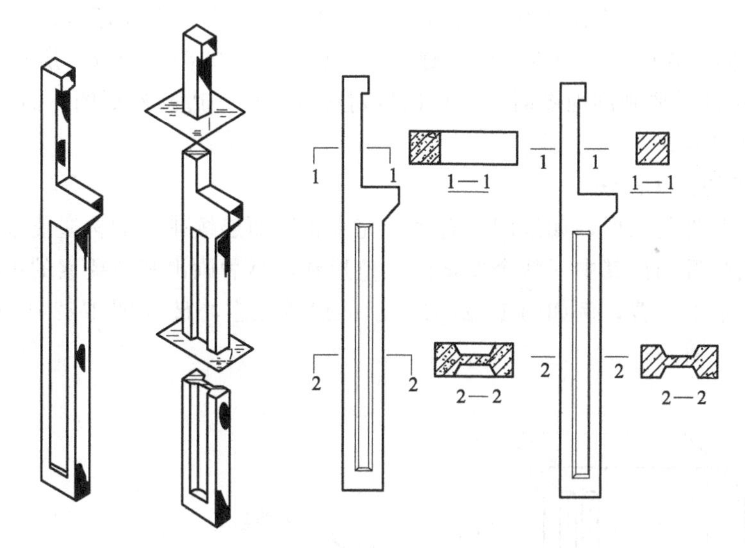

图 1-19 剖面图与断面图的区别

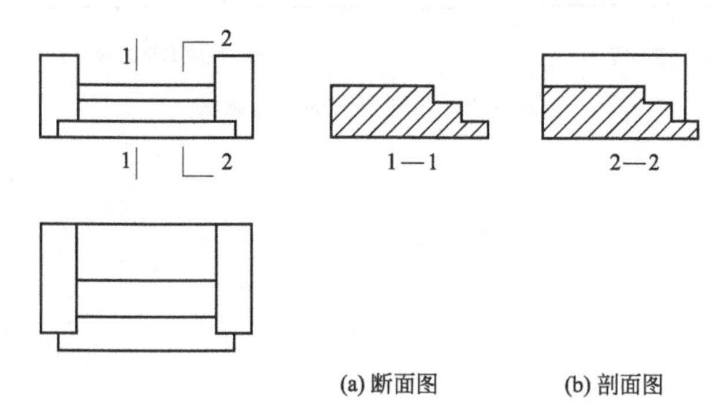

图 1-20 台阶剖面图与断面图

① 对称图形的简化画法。对称的图形可以只画一半，但要加上对称符号。例如图 1-21(a) 所示的锥壳基础平面图，因为它左右对称，可以只画左半部，并在对称线的两端加上对称符号，如图 1-21(b) 所示。对称线用细点划线表示。对称符号用一对平行的短细实线表示，其长度为 6～10mm。两端的对称符号到图形的距离应相等。

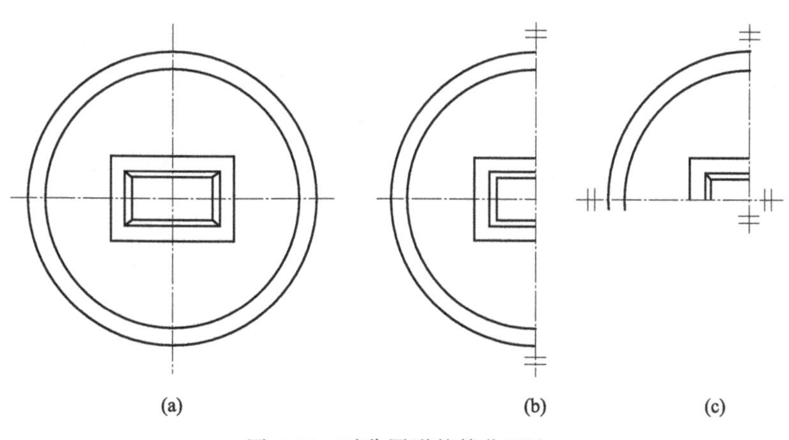

图 1-21 对称图形的简化画法

② 由于锥壳基础的平面图不仅左右对称，而且上下对称，因此还可以进一步简化，只画出其 1/4，但同时要增加一条水平的对称线和对称符号，如图 1-21(c) 所示。

③ 对称的构件需要画剖面图时，也可以以对称为界，一边画外形图，另一边画剖面图，这时需要加对称符号。

3. 相同要素的简化画法

建筑物或构配件的图形，如果图上有多个完全相同而连续排列的构造要素，可以仅在排列的两端或适当位置画出其中一两个要素的完整形状，然后画出其余要素的中心线或中心线交点，以确定它们的位置，例如图 1-22(a)所示的混凝土空心砖和图 1-22(b)所示的预应力空心板。

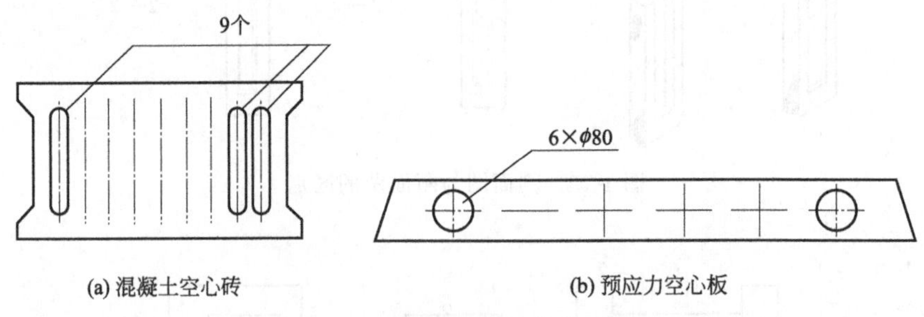

(a) 混凝土空心砖　　(b) 预应力空心板

图 1-22　相同要素的简化画法

第二章 工程造价基础知识

第一节 工程造价的分类与构成

一、工程造价的分类

工程造价按其建设阶段可分为估算造价、概算造价、施工图预算造价以及竣工结算与决算造价等；按其构成的分部可分为建设项目总概预决算造价、单项工程的综合概预结算造价和单位工程概预结算造价。

建筑工程造价的分类如图 2-1 所示。

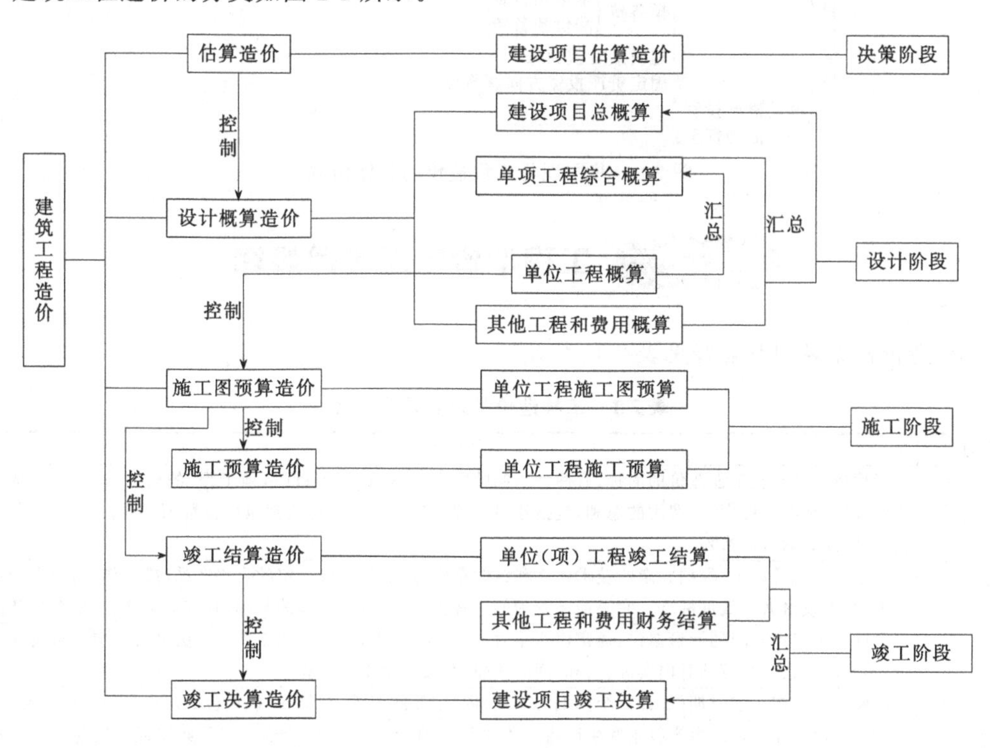

图 2-1　建筑工程造价的分类

二、工程造价的构成

我国现行的工程造价构成包括设备及工具、器具购置费用，建筑安装工程费用，工程建设其他费用，预备费，建设期贷款利息，固定资产投资方向调节税等。

设备及工具、器具购置费用是指按照工程项目设计文件要求，建设单位购置或自制，达到固定资产标准的设备和扩建项目配置的首套工具、器具及生产家具所需的费用。它由设备、工具、器具原价和包括设备成套公司服务费在内的运杂费组成。

建筑安装工程费用是指建设单位支付给从事建筑安装工程施工单位的全部生产费用，包括用于建筑物的建造及有关的准备、清理等工程的投资，用于需要安装设备的安装、装配工程的投资。它是以货币表现的建筑安装工程的价值，其特点是必须通过兴工动料、增加劳动力才能实现。

工程建设其他费用是指未纳入以上两项的，由项目投资支付的，为保证工程建设顺利完成和交付使用后能够正常发挥效用而产生的各项费用的总和。工程其他费用可分为三类：①土地使用费；②与工程建设有关的费用；③与未来企业生产经营有关的费用。

另外，工程造价中还包括预备费、建设期贷款利息和固定资产投资方向调节税。

我国现行工程造价的具体构成如图 2-2 所示。

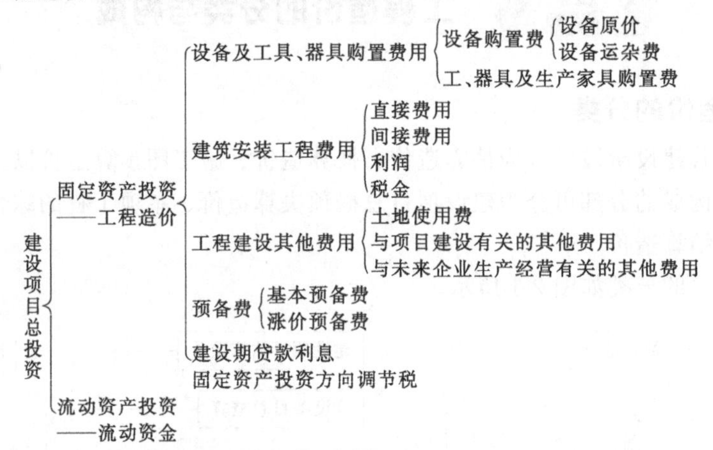

图 2-2　我国现行工程造价的具体构成

第二节　工程造价常见名词解释

工程造价常见名词及解释见表 2-1。

表 2-1　工程造价常见名词及解释

名称	内容及解释
工程造价	工程造价是建设工程造价的简称，有两种不同的含义：①指建设项目(单项工程)的建设成本，即完成一个建设项目(单项工程)所需费用的总和，包括建筑工程、安装工程、设备及其他相关费用；②指建设工程的承发包价格(或称承包价格)
定额	在生产经营活动中，根据一定的技术条件和组织条件，规定为完成一定的合格产品(或工作)所需要消耗的人力、物力或财力的数量标准。它是经济管理的一种工具，是科学管理的基础，具有科学性、法令性和群众性
工日	一种表示工作时间的计量单位，通常以八小时为一个标准工日，一个职工的一个劳动日习惯上称为一个工日，不论职工在一个劳动日内实际工作时间的长短，都按一个工日计算
定额水平	定额水平指在一定时期(比如一个修编间隔期)内，定额的劳动力、材料、机械台班消耗量的变化程度
劳动定额	劳动定额指在一定的生产技术和生产组织条件下，为生产一定数量的合格产品或完成一定量的工作所必需的劳动消耗标准。按表达方式不同，劳动定额分为时间定额和产量定额，其关系是：时间定额×产量＝1
施工定额	施工定额是确定建筑安装工人或小组在正常施工条件下，完成每一计量单位合格的建筑安装产品所消耗的劳动、机械和材料的数量标准。施工定额是企业内部使用的一种定额，由劳动定额、机械定额和材料定额三个相对独立的部分组成。施工定额的主要作用有：① 施工定额是编制施工组织设计和施工作业计划的依据；② 施工定额是向工人和班组推行承包制，计算工人劳动报酬和签发施工任务单、限额领料单的基本依据；③ 施工定额是编制施工预算，编制预算定额和补充单位估价表的依据

续表

名称	内容及解释
工期定额	工期定额指在一定的生产技术和自然条件下，完成某个单位(或群体)工程平均需用的标准天数，包括建设工期定额和施工工期定额两个层次。建设工期是指建设项目或独立的单项工程从开工建设起到全部建成投产或交付使用时止所经历的时间。因不可抗拒的自然灾害或重大设计变更造成的停工，经签证后，可顺延工期 工期定额是评价工程建设速度、编制施工计划、签订承包合同、评价全优工程的依据
预算定额	预算定额是确定单位合格产品的分部分项工程或构件所需要的人工、材料和机械台班合理消耗数量的标准，是编制施工图预算，确定工程造价的依据
概算定额	概算定额是确定一定计量单位扩大分部分项工程的人工、材料和机械消耗数量的标准 它是在预算定额基础上编制的，较预算定额综合扩大。概算定额是编制扩大初步设计概算、控制项目投资的依据
概算指标	概算指标是以某一通用设计的标准预算为基础，按 $100m^2$ 等为计量单位的人工、材料和机械消耗数量的标准。概算指标较概算定额更综合扩大，它是编制初步设计概算的依据
估算指标	估算指标是在项目建议书可行性研究和编制设计任务书阶段编制投资估算、计算投资需要量时使用的一种定额
万元指标	万元指标是以万元建筑安装工程量为单位，制定人工、材料和机械消耗量的标准
其他直接费定额	其他直接费定额指与建筑安装施工生产的个别产品无关，而为企业生产全部产品所必需，为维护企业的经营管理活动所必须产生的各项费用开支达到的标准
单位估价表	它是用表格形式确定定额计量单位建筑安装分项工程直接费用的文件。例如确定生产每 $10m^3$ 钢筋混凝土或安装一台某型号铣床设备，所需要的人工费、材料费、施工机械使用费和其他直接费
投资估算	投资估算是指整个投资决策过程中，依据现有资料和一定的方法，对建设项目的投资数额进行估计
设计概算	设计概算是指在初步设计或扩大初步设计阶段，根据设计要求对工程造价进行的概略计算
施工图预算	施工图预算是确定建筑安装工程预算造价的文件，是在施工图设计完成后，以施工图为依据，根据预算定额、费用标准以及地区人工、材料、机械台班的预算价格进行编制的
工程结算	工程结算指施工企业向发包单位交付竣工工程或点交完工工程取得工程价款收入的结算业务
竣工决算	竣工决算是反映竣工项目建设成果的文件，是考核其投资效果的依据，是办理交付、动工、验收的依据，是竣工验收报告的重要部分
建设工程造价	建设工程造价一般是指进行某项工程建设花费的全部费用，即该建设项目(工程项目)有计划地进行固定资产再生产和形成最低量流动基金的一次性费用总和。它主要由建筑安装工程费用、设备工器具购置费用、工程建设其他费用组成

第三节 装饰建筑工程定额计价基础知识

一、建筑工程定额的作用

1. 计划管理的重要基础

建筑安装企业在计划管理中，为了组织和管理施工生产活动，必须编制各种计划，而计划的编制则依据各种定额和指标来计算人力、物力、财力等需用量，因此定额是计划管理的重要基础，是编制工程施工计划组织和管理的依据。

2. 提高劳动生产率的重要手段

施工企业要提高劳动生产率，除了加强政治思想工作，提高群众积极性外，还要贯彻执行现行定额，把企业提高劳动生产率的任务具体落实到每个工人身上，促使他们采用新技术和新工艺，改进操作方法，改善劳动组织，降低劳动强度，使用更少的劳动量，创造更多的产品，从而提高劳动生产率。

3. 衡量设计方案的尺度和确定工程造价的依据

同一工程项目的投资多少，是使用定额和指标对不同设计方案进行技术经济分析与比较之后确定的，因此定额是衡量设计方案经济合理性的尺度。

工程造价是根据设计规定的工程标准和工程数量，并依据定额指标规定的劳动力、材料、机械台班数量、单位价值和各种费用标准来确定的，因此定额是确定工程造价的依据。

4. 推行经济责任制的重要环节

推行的投资包干和以招标承包为核心的经济责任制，其中签订投资包干协议，计算招标标底和投标标价，签订总包和分包合同协议，以及企业内部实行适合各自特点的各种形式的承包责任制等，都必须以各种定额为主要依据，因此定额是推行经济责任制的重要环节。

5. 科学组织和管理施工的有效工具

建筑安装是多工种、多部门组成的一个有机整体进行的施工活动。在安排各部门、各工种的活动计划中，计算平衡资源需用量，组织材料供应，确定编制定员，合理配备劳动组织，调配劳动力，签发工程任务单和限额领料单，组织劳动竞赛，考核工料消耗，计算和分配工人劳动报酬等，都要以定额为依据，因此定额是科学组织和管理施工的有效工具。

6. 企业实行经济核算制的重要基础

企业为了分析比较施工过程中的各种消耗，必须以各种定额为核算依据。因此，工人完成定额的情况，是实行经济核算制的主要内容。以定额为标准，来分析比较企业各种成本，并通过经济活动分析，肯定成绩，找出薄弱环节，提出改进措施，以不断降低单位工程成本，提高经济效益，所以定额是实行经济核算制的重要基础。

二、装饰建筑工程定额的分类

1. 按生产要素分类

按生产要素可以分为劳动定额、机械台班定额与材料消耗定额。

生产要素包括劳动者、劳动手段和劳动对象三部分，所以与其相对应的定额是劳动定额、机械台班定额和材料消耗定额。按生产要素进行分类是最基本的分类方法，它直接反映出生产某种单位合格产品所必须具备的基本因素。因此，劳动定额、机械台班定额和材料消耗定额是施工定额、预算定额、概算定额等多种定额的最基本的重要组成部分，具体内容如表 2-2 所示。

表 2-2　按生产要素分类的定额内容

名称	内容
劳动定额	又称人工定额。它规定了在正常施工条件下某工种的某一等级工人，为生产单位合格产品所必须消耗的劳动时间；或在一定的劳动时间中所生产合格产品的数量
机械台班定额	又称机械使用定额，简称机械定额。它是在正常施工条件下，利用某机械生产一定单位合格产品所必须消耗的机械工作时间；或在单位时间内，机械完成合格产品的数量
材料消耗定额	是在节约和合理使用材料的条件下，生产单位合格产品必须消耗的一定品种规格的原材料、燃料、半成品或构件的数量

2. 按编制程序分类

按编制程序、用途和性质，定额可以分为工序定额、施工定额、预算定额与概算定额（或概算指标），具体内容如表 2-3 所示。

表 2-3 按编制程序分类的定额内容

名称	内容
工序定额	是以最基本的施工过程为标定对象，表示其生产产品数量与时间消耗关系的定额。由于工序定额比较细碎。一般不直接用于施工中，主要在标定施工定额时作为原始资料
施工定额	是直接用于基层施工管理中的定额。它一般由劳动定额、材料消耗定额和机械台班定额三部分组成。根据施工定额，可以计算不同工程项目的人工、材料和机械台班需用量
预算定额	是确定一个计量单位的分项工程或结构构件的人工、材料（包括成品、半成品）和施工机械台班的需用量及费用标准
概算定额	是预算定额的扩大和合并。它是确定一定计量单位扩大分项工程的人工、材料和机械台班的需用量及费用标准

三、装饰建筑工程预算定额手册的使用

1. 定额项目的选套方法

预算定额是编制施工图预算的基础资料，在选套定额项目时，一定要认真阅读定额的总说明、分部工程说明、分节说明和附注内容；要明确定额的适用范围，定额考虑的因素和有关问题的规定，以及定额中的用语和符号的含义，如定额中凡注有“×××以内”或“×××以下”者，均包括其本身在内；而“×××以外”或“×××以上”者，均不包括其本身在内等。要正确理解、熟记建筑面积和各分项工程量的计算规则，以便在熟悉施工图纸的基础上能够迅速、准确地计算建筑面积和各分项工程的工程量，并注意分项工程（或结构构件）的工程量计量单位应与定额单位相一致，做到准确地套用相应的定额项目。如计算铁栏杆工程量时，其计量单位为“延长米”，但在套用金属栏杆工程相应定额确定其工料和费用时，定额计量单位为“t”，因此必须将铁栏杆的计量单位“延长米”折算成“t”，才能符合定额计量单位的要求。一定要明确定额换算范围，能够应用定额附录资料，熟练地进行定额换算和调整。在选套定额项目时，可能会遇到下列几种情况。

（1）直接套用定额项目　当施工图纸的分部分项工程内容与所选套的相应定额项目内容相一致时，应直接套用定额项目。要查阅、选套定额项目和确定单位预算价值，绝大多数工程项目属于这种情况。其选套定额项目的步骤和方法如下。

① 根据设计的分部分项工程内容，从定额目录中查出该分部分项工程所在定额中的页数及其部位。

② 判断设计的分部分项工程内容与定额规定的工程内容是否一致，当完全一致（或虽然不一致，但定额规定不允许换算调整）时，即可直接套用定额基价。

③ 将定额编号和定额基价（其中包括人工费、材料费和机械使用费）填入预算表内，预算表的形式如表 2-4 所示。

④ 确定分项工程或结构构件预算价值，一般可按下面公式进行计算。

分项工程（或结构构件）预算价值＝分项工程（或结构构件）工程量×相应定额基价

表 2-4 建筑工程预算表

序号	定额编号	分部分项工程名称	工程量		价值/元		其中					
			单位	数量	基价	金额	人工费/元		材料费/元		机械费/元	
							单价	金额	单价	金额	单价	金额

（2）套用换算后定额项目　当施工图纸设计的分部分项工程内容与所选套的相应定额项目内容不完全一致，如定额规定允许换算，则应在定额规定范围内进行换算，套用换算后的定额基价。当采用换算后的定额基价时，应在原定额编号右下角注明“换”字，以示区别。

（3）套用补充定额项目　当施工图纸中的某些分部分项工程采用的是新材料、新工艺和新结构，这些项目还未列入建筑工程预算定额手册中或定额手册中缺少某类项目，也没有相类似的定额供参照时，为了确定其预算价值，就必须制定补充定额。当采用补充定额时，应在原定额编号内编写一个“补”字，以示区别。

2. 补充定额

在编制定额时，虽然应尽可能地做到完善适用，但由于建筑产品的多样化和单一性的特点，在编制概预算时，有些项目在定额中没有，需要编制补充定额。由于缺少统一的计算依据，补充定额必须报经有关部门审定，使其尽可能地接近客观实际，以便正确确定工程造价。

第四节　建筑工程工程量清单计价基础知识

一、工程量清单计价的构成

工程量清单计价所需的全部费用包括分部分项工程量清单费、措施项目清单费、其他项目清单费和规费、税金。

为了避免或减少经济纠纷，合理确定工程造价，《建设工程工程量清单计价规范》（GB 50500—2013）规定，工程量清单计价价款应包括完成招标文件规定的工程量清单项目所需的全部费用，主要内容如下所示。

① 分部分项工程费、措施项目费、其他项目费和规费、税金。

② 完成每分项工程所含全部工程内容的费用。

③ 包括完成每项工程内容所需的全部费用（规费、税金除外）。

④ 工程量清单项目中没有体现的，施工中又必须发生的工程内容所需的费用。

⑤ 考虑风险因素而增加的费用。

二、工程量清单计价的方式

《建设工程工程量清单计价规范》（GB 50500—2013）规定，工程量清单采用综合单价计价方式。采用综合单价计价方式，是为了简化计价程序，实现与国际接轨。

综合单价是指完成一个规定计量单位工程所需的人工费、材料费、机械使用费、管理费和利润，并考虑风险因素。理论上讲，综合单价应包括完成规定计量单位的合格产品所需的全部费用。但实际上，考虑我国的现实情况，综合单价包括除规费、税金以外的全部费用。

综合单价不但适用于分部分项工程量清单，也适用于措施项目清单、其他项目清单等。

分部分项工程量清单的综合单价，应根据规范规定的综合单价组成，按设计文件或参照附录中的“工程内容”确定。由于受各种因素的影响，同一个分项工程可能设计不同，由此所含工程内容会产生差异。就某一个具体工程项目而言，确定综合单价时，应按设计文件确定，附录中的工程内容仅作参考。分部分项工程量清单的综合单价不得包括招标人自行采购材料的价款。

措施项目清单的金额，应根据拟建工程的施工方案或施工组织设计，参照规范规定的综合单价组成确定。措施项目清单中所列的措施项目均以“一项”提出，所以计价时，首先应详细分析其所含工程内容，然后确定其综合单价。措施项目不同，其综合单价组成内容可能有差异，因此在确定措施项目综合单价时，规范规定的综合单价组成仅是参考。招标人提出的措施项目清单是根据一般情况确定的，没有考虑不同投标人的“个性”，因此投标人在报价时可以根据本企业的实际情况增加措施项目内容报价。

其他项目清单中招标人部分的金额按估算金额确定；投标人部分的总承包服务费应根据招标人提出要求产生的费用确定；零星工作费应根据“零星工作费表”确定。其他项目清单中的预留金、材料购置费和零星工作项目费均为估算、预测数量，虽在投标时计入投标人的报价中，但不应视为投标人所有。竣工结算时，应按承包人实际完成的工作内容结算，剩余部分仍归招标人所有。

三、工程量清单计价的适用范围

工程量清单计价的适用范围包括建设工程招标和投标的招标标底的编制、投标报价的编制、合同价款确定与调整、工程结算。

招标工程如设标底，标底应根据招标文件中的工程量清单和有关要求、施工现场实际情况、合理的施工方法以及建设行政主管部门制定的有关工程造价计价办法进行编制。《招标投标法》规定，招标工程设有标底的，评标时应参考标底。标底的参考作用决定了标底的编制要有一定的强制性，这种强制性主要体现在标底的编制应按建设行政主管部门制定的有关工程造价和计价办法进行。

投标报价应根据招标文件中的工程量清单和有关要求、施工现场实际情况及拟定的施工方案或施工组织设计，依据企业定额和市场价格信息，或参照建设行政主管部门发布的社会平均消耗量定额进行编制。企业定额是施工企业根据本企业的施工技术和管理水平以及有关工程造价资料制定，并供本企业使用的人工、材料和机械台班消耗量标准。社会平均消耗量定额简称消耗量定额，是指在合理的施工组织设计、正常施工条件下，生产一个规定计量单位工程合格产品，人工、材料、机械台班的社会平均消耗量标准。工程造价应在政府宏观调控下，由市场竞争形成。在这一原则指导下，投标人的报价应在满足招标文件要求的前提下实行人工、材料、机械消耗量自定，价格费用自选，全面竞争、自主报价的方式。

施工合同中综合单价因工程量变更需调整时，除合同另有约定外，按照下列办法确定。

① 工程量清单漏项或由于设计变更引起新的工程量清单项目，其相应综合单价由承包方提出，经发包人确认后作为结算的依据。

② 由于设计变更引起工程量增减部分，属于合同约定幅度以内的，应执行原有的综合单价；增减的工程量属于合同约定幅度以外的，其综合单价由承包人提出，经发包人确认后作为结算的依据。

③ 由于工程量的变更，且实际发生了除以上两条以外的费用损失，承包人可提出索赔要求，与发包人协商确认后补偿，主要指“措施项目费”或其他有关费用的损失。

为了合理减少工程承包人的风险，并遵照谁引起的风险谁承担责任的原则，规范对工程量的变更及其综合单价的确定做了规定。应注意以下几点事项。

① 不论由于工程量清单有误或漏项，还是由于设计变更引起新的工程量清单项目或清单项目工程数量的增减，均应按实际调整。

② 工程量变更后综合单价的确定应按规范执行。

③ 综合单价调整仅适用于分部分项工程量清单。

四、工程量清单计价的公式

分部分项工程量清单费＝Σ（分部分项工程量×分部分项工程综合单价）

措施项目清单费＝Σ（措施项目工程量×措施项目综合单价）

单位工程计价＝分部分项工程量清单费＋措施项目清单费＋其他项目清单费＋规费＋税金

单项工程计价＝Σ单位工程计价

建设项目计价＝Σ单项工程计价

第三章 楼地面工程

第一节 楼地面施工图识读及解析

一、楼地面的饰面功能

楼地面饰面，一般是指在普通的水泥地面、混凝土地面、砖地面以及灰土垫层等各种地坪的表面所加做的饰面层。

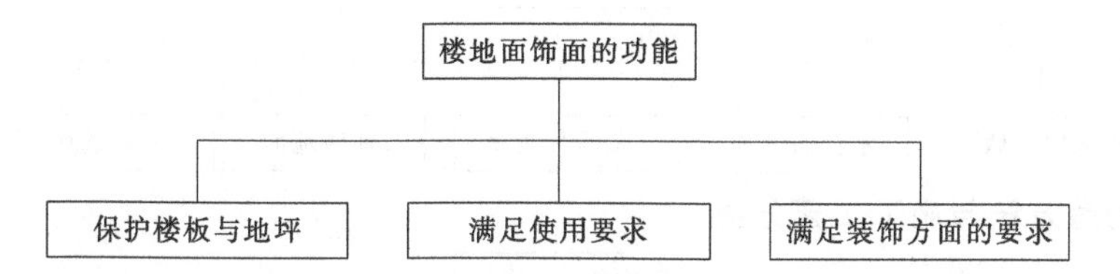

1. 保护楼板与地坪

保护楼板与地坪是楼地面饰面的基本要求。建筑结构构件的使用寿命与使用条件、使用环境有较大的关系。楼地面的饰面层是覆盖在结构构件表面之上的，在一定程度上缓解了外力对结构构件的直接作用，可起到耐磨、防碰撞破坏以及防止渗透而引起的楼板内钢筋锈蚀等作用。

2. 满足使用要求

人们对楼地面的使用，一般要求坚固、防滑、耐磨、不易起灰与易于清洁等。对于楼面而言，还要有防止生活用水渗漏的功能；而对于底层地面，应有一定的防潮功能。对于一些标准较高的建筑及有特殊用途的空间，必须考虑表3-1中的功能。

表 3-1　要求较高地面需考虑的功能

功能	内容
隔声要求	隔声主要是对于楼面而言的。居住建筑有隔声的必要，尤其是某些大型建筑，如医院、广播室等，更要求安静与无噪声。因此必须考虑隔声问题
吸声要求	在标准较高、室内噪声控制要求严格以及使用人数较多的公共建筑中，合理地选择与布置地面材料，对于有效地控制室内噪声具有十分积极的作用。一般来说，表面致密光滑、刚性较大的地面，如大理石地面，对于声波的反射能力较强，吸声能力较差。而各种软质地面，可起到较大的吸声作用，比如化纤地毯的平均吸声系数为0.55
保温性能要求	从材料特性的角度考虑，水磨石地面与大理石饰面等均属于热传导性较高的材料，而木地板与塑料地面等则属于热传导性较低的地面。从人的感受角度加以考虑，需要注意，人会以某种地面材料的导热性能的认识来评价整个建筑空间的保温特性。因此，对于地面保温性能的要求，宜结合材料的导热性能、暖气负载和冷气负载的相对份额的大小、人的感受以及人在这一空间活动的特性等因素加以综合考虑。

续表

功能	内容
弹性要求	当一个不太大的力作用于一个刚性较大的物体（如混凝土楼板）上时，这时楼板将作用在它上面的力全部反作用于施加这个力的物体之上。与此相反，当作用于一个有弹性的物体（如橡胶板）上时，则反作用力要小于原来所施加的力。这主要是因为弹性材料的变形具有吸收冲击能力的性能，冲击力较大的物体接触到弹性物体，其所受到的反冲力要比原先小得多，因此，人在具有一定弹性的地面上行走。感觉会相对舒适。对于一些装修标准较高的建筑室内地面，应当尽可能采用有一定弹性的材料作为地面的装修面层

3. 满足装饰方面的要求

楼地面的装饰是整个工程的重要组成部分，对整个室内的装饰效果有较大影响。它与顶棚共同构成了室内空间的上、下水平要素，同时通过两者巧妙地结合，可以使室内产生优美的空间序列感。

二、楼地面饰面的分类

1. 根据饰面材料分类

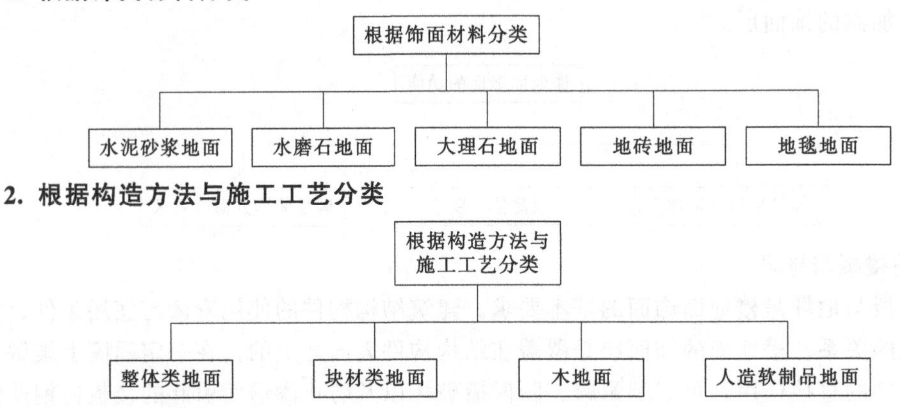

三、楼地面的构造层次

楼地面的构造层次（图 3-1）基本上可分为基层、面层和附加构造层等。

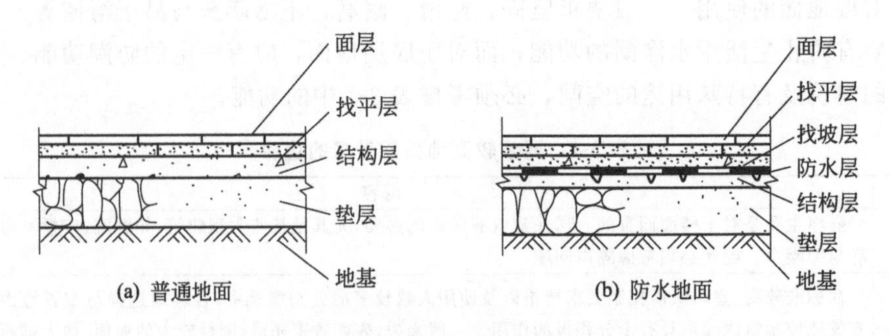

图 3-1　地面组成及构造层次示意图

1. 基层

① 底层地面的基层是指素土夯实层。对于相对较好的填土如砂质黏土，只要夯实便可满足要求。遇到土质较差时，可以掺碎砖和石子等骨料夯实。

② 楼层地面的基层是钢筋混凝土楼板。

2. 面层

① 面层主要是指人们进行各种活动与其接触的地面表面层，它直接承受摩擦与洗刷等各种物料与化学的作用。

② 根据不同的使用要求，面层的构造也各不相同。如客厅与卧室要求有较好的蓄热性与弹性，浴室与卫生间要求耐潮湿、不透水，厨房要求防火、耐火，实验室则要求耐酸碱、耐腐蚀。无论何种构造的面层，均应具有一定的强度、耐久性、舒适性以及装饰性。

3. 附加构造层

附加构造层主要包括垫层、找平层、隔离层（防水防潮层）、填充层及结合层与黏结等，其具体内容见表 3-2。

表 3-2 附加构造层的具体内容

名称	内容
垫层	垫层是指承受并均匀传布荷载给基层的构造层，分刚性垫层与柔性垫层两种 刚性垫层有足够的整体刚度，受力后变形较小，常采用 C10～C15 低强度素混凝土，厚度通常为 50～100mm 柔性垫层整体刚度较小，受力后容易产生塑性变形，常用灰土、三合土、砂、炉渣、矿渣以及碎石等松散材料，厚度为 50～100mm 不等
找平层	找平层是起找平作用的构造层，一般设置于粗糙的基层表面，用水泥砂浆（约 20mm 厚）弥补取平，以利于铺设防水层或者较薄的面层材料
隔离层	隔离层主要用于卫生间、厨房、浴室、盥洗室与洗衣间等地面的构造层，起防渗漏的作用，对底层地面又起到防潮作用 隔离层可以采用沥青胶结料、掺有防水剂或者密实剂的防水砂浆和防水混凝土、卷材类的高聚物改性沥青防水卷材与合成高分子卷材及防水类的涂料
填充层	填充层主要是起隔声、保温、找坡或者敷设暗管线等作用的构造层。填充层的材料可以用松散材料、整体材料或板块材料，如水泥石灰炉渣、加气混凝土以及膨胀珍珠岩块等
结合层与黏结层	结合层是促使上、下两层之间结合牢固的媒介层。如在混凝土找坡层上抹水泥砂浆找平层，其结合层的材料为素水泥浆；在水泥砂浆找平层上涂刷热沥青防水层，其结合层的材料为冷底子油 黏结层是把一种材料粘贴于基层时所使用的胶结材料，在上、下层间起黏结作用的构造层，如粘贴陶瓷地砖于找平层上所用的水泥砂浆粘贴层

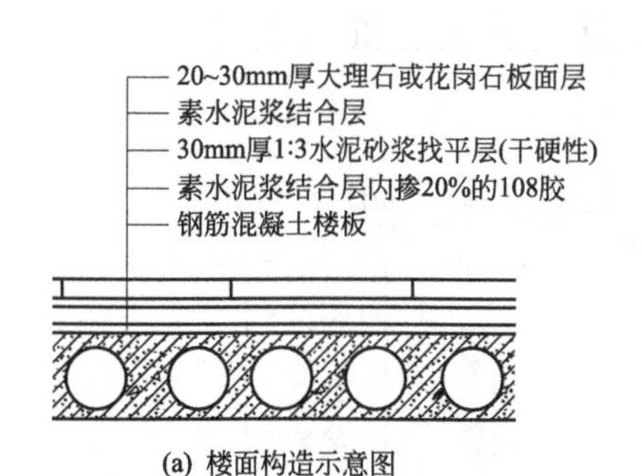

(a) 楼面构造示意图

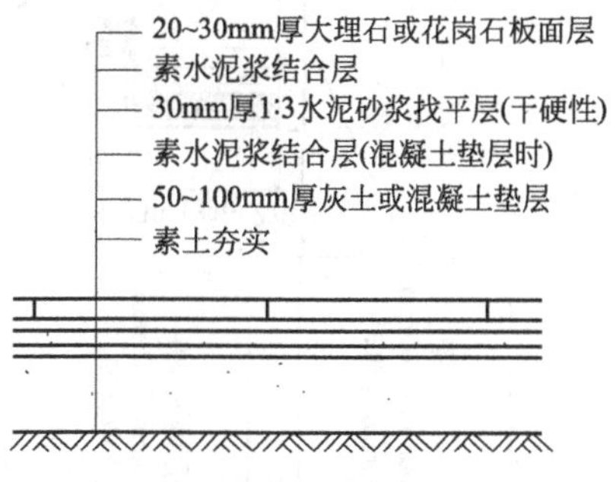

(b) 地面构造示意图

图 3-2 大理石楼地面构造示意图

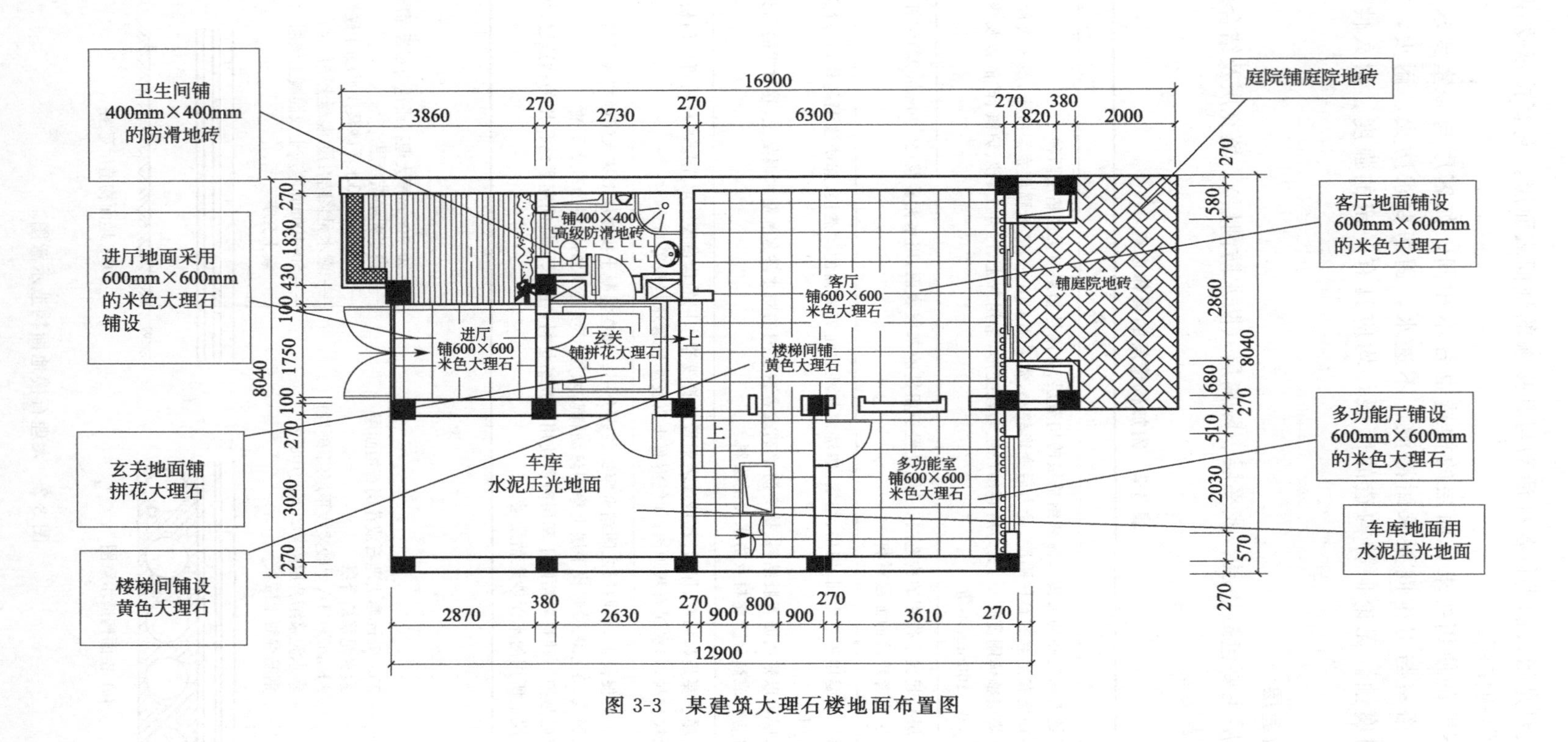

图 3-3　某建筑大理石楼地面布置图

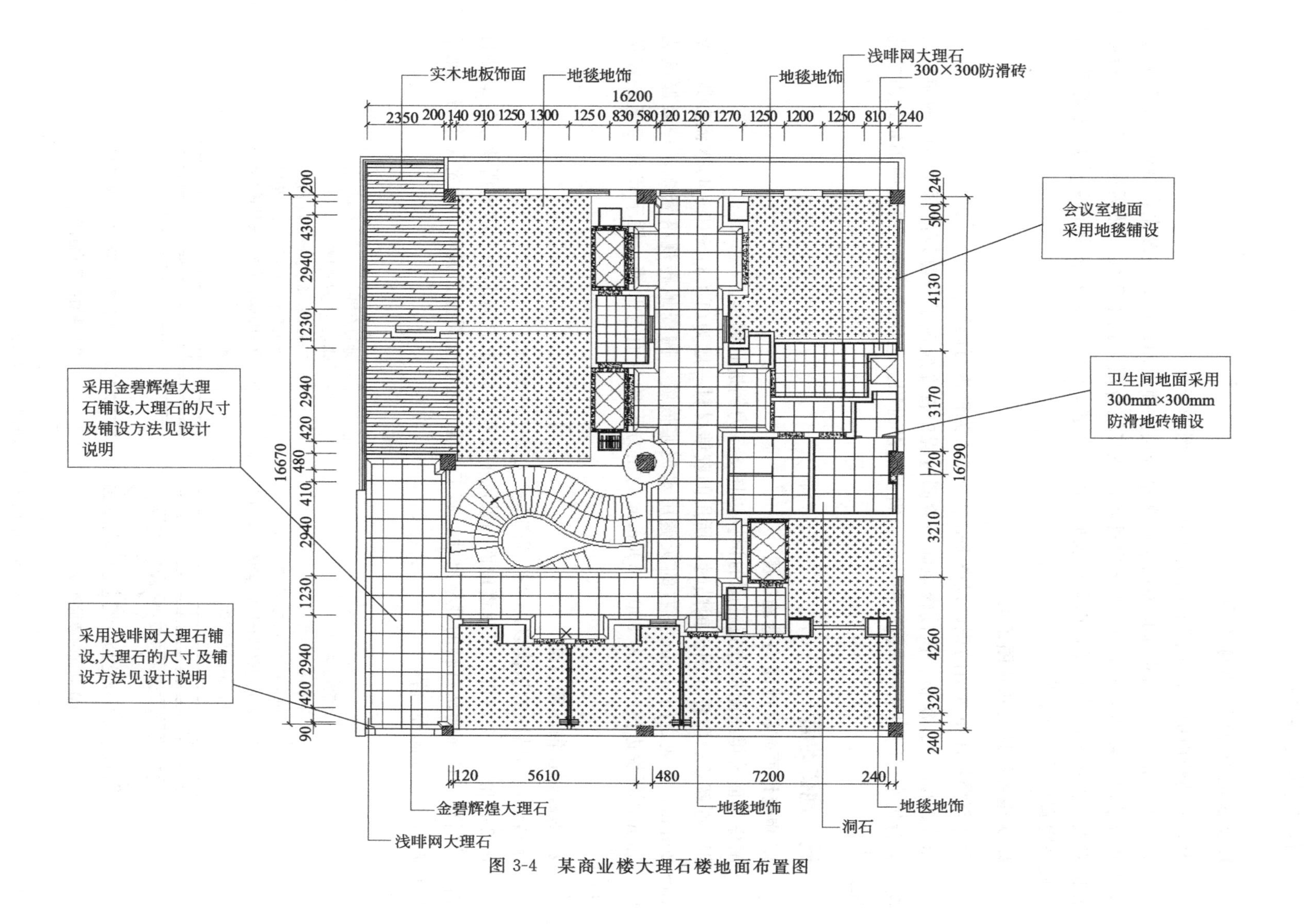

图 3-4 某商业楼大理石楼地面布置图

四、大理石楼地面

1. 大理石楼地面构造施工图

大理石楼地面构造施工图的识读以图 3-2 为例进行解读。

图 3-2 解析：大理石板楼地面面层是在结合层上铺设而成的，一般先在刚性、平整的垫层或楼板基层上铺 30mm 厚 1∶3 干硬性水泥砂浆结合层，找平压实；然后铺贴大理石板或花岗岩板，并用水泥浆灌缝，铺砌后表面应加以保护；待结合层的水泥砂浆强度达到要求，且做完踢脚板后，打蜡即可。

2. 大理石楼地面布置图识读

大理石楼地面布置图的识读以图 3-3 和图 3-4 为例进行解读。

图 3-3 和图 3-4 解析：识读楼地面布置图过程中首先应该了解建筑内每个房间的使用功能，查看每个房间内地面铺装所使用的材料及铺设面积，之后结合施工总说明确定地面的铺装方法。

五、地砖地面

1. 陶瓷地面砖楼地面构造施工图

陶瓷地面砖楼地面构造施工图的识读以图 3-5 为例进行解读。

图 3-5 解析：陶瓷地面砖铺贴时，所用的胶结材料一般为(1∶3)～(1∶4)水泥砂浆，厚 15～20mm，砖块之间 3mm 左右的灰缝用水泥浆嵌缝。陶瓷地砖规格繁多，一般厚度为 8～10mm，每块边长一般为 300～600mm 的正方形砖背面有凹槽，便于砖块与基层黏结牢固。

2. 地砖地面铺贴图识读

地砖地面铺贴图的识读以图 3-6 和图 3-7 为例进行解读。

图 3-6 和图 3-7 解析：识读楼地面铺贴图的过程中首先应确定每个房间所使用的铺贴材料，然后确定地面铺贴材料的规格尺寸，施工过程中还要查看施工说明，确定每个房间地面的铺贴方法、标高等内容。

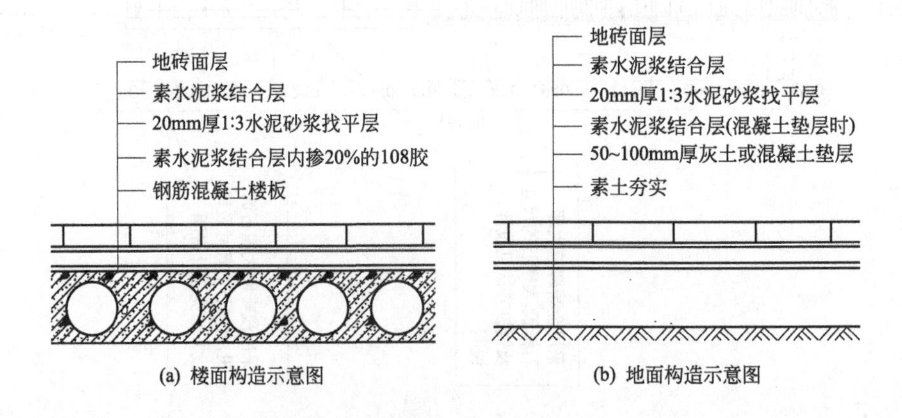

图 3-5　地面砖楼地面构造示意图

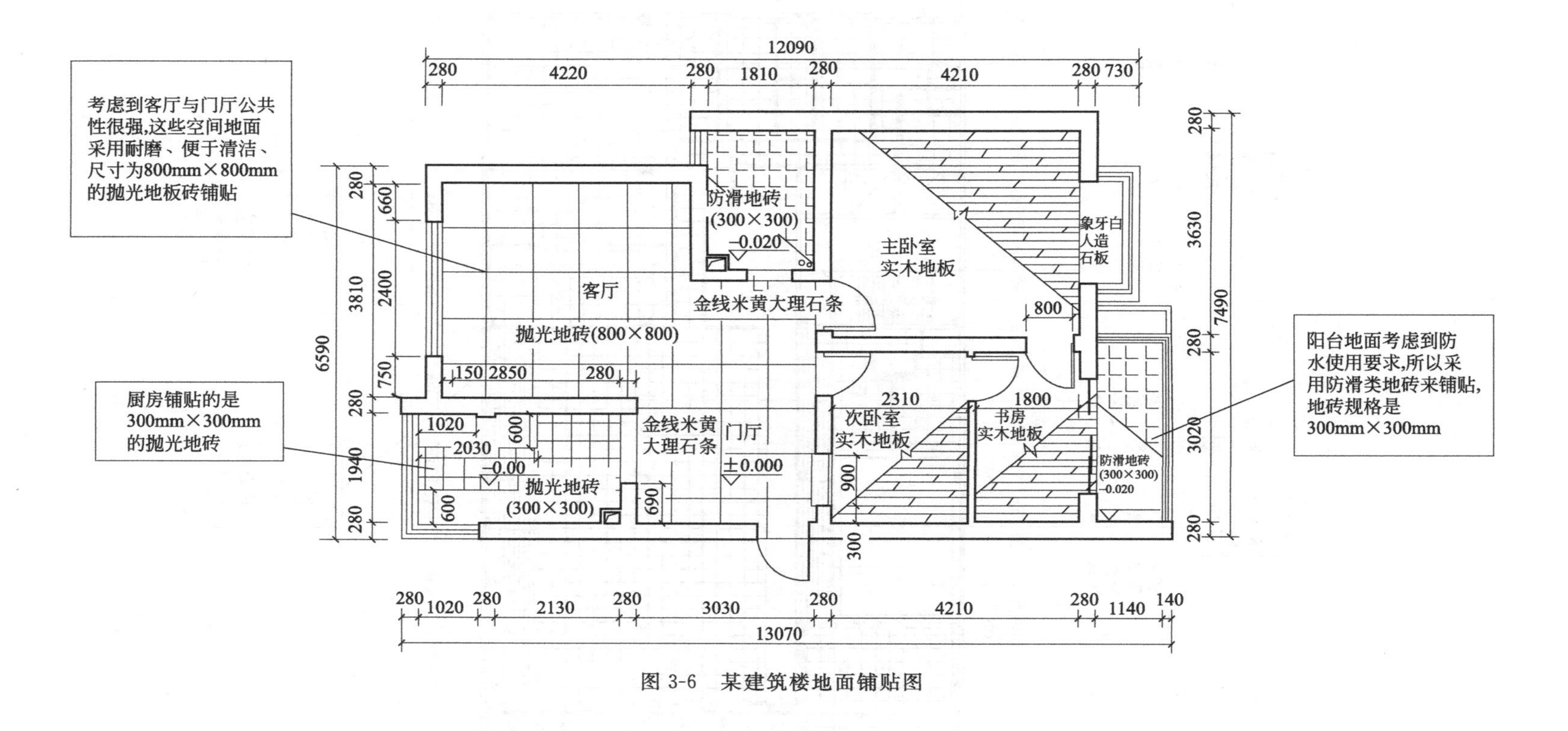

图 3-6 某建筑楼地面铺贴图

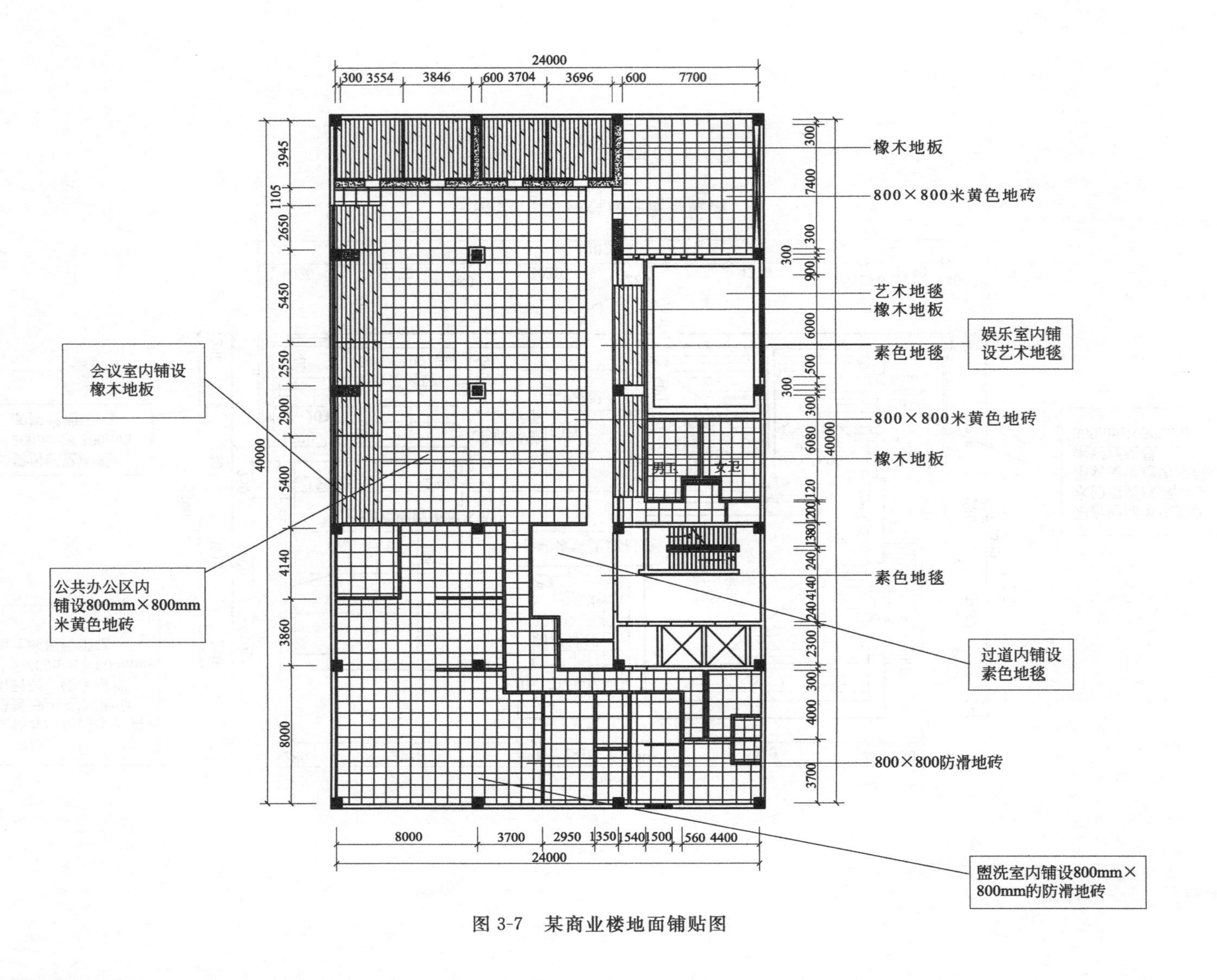

图 3-7　某商业楼地面铺贴图

第二节 楼地面工程计算规则解析

一、整体面层及找平层

根据《房屋建筑与装饰工程工程量计算规范》(GB 50854—2013)的规定，整体面层及找平层工程量计算规则见表3-3。

表3-3 整体面层及找平层（编码：011101）

项目编码	项目名称	计量单位	计算规则
011101001	水泥砂浆楼地面	m^2	按设计图示尺寸以面积计算 。扣除凸出地面构筑物、设备基础、室内铁道、地沟等所占面积，不扣除间壁墙及≤0.3m^2柱、垛、附墙烟囱及孔洞所占面积。门洞、空圈、暖气包槽、壁龛的开口部分不增加面积
011101002	现浇水磨石楼地面		
011101003	细石混凝土楼地面		
011101004	菱苦土楼地面		
011101005	自流平楼地面		
011101006	平面砂浆找平层		按设计图示尺寸以面积计算

解析：

① 水泥砂浆面层处理时拉毛还是提浆压光应在面层做法要求中描述；

② 平面砂浆找平层是适用于仅做找平层的平面抹灰；

③ 间壁墙指墙厚≤120mm的墙。

二、块料面层

根据《房屋建筑与装饰工程工程量计算规范》(GB 50854—2013)的规定，块料面层工程量计算规则见表3-4。

表3-4 块料面层工程量计算规则（编码：011102）

项目编码	项目名称	计量单位	计算规则
011102001	石材楼地面	m^2	按设计图示尺寸以面积计算。门洞、空圈、暖气包槽、壁龛的开口部分并入相应的工程量内
011102002	碎石材楼地面		
011102003	块料楼地面		

解析：

① 在描述碎石石材项目的面层材料特征时不可用描述规格和颜色。

② 石材、块料与黏结材料的结合面刷防渗材料的种类在防护层材料种类中描述。

三、橡塑面层

根据《房屋建筑与装饰工程工程量计算规范》(GB 50854—2013)的规定，橡塑面层工程量计算规则见表3-5。

表3-5 橡塑面层工程量计算规则（编码：011103）

项目编码	项目名称	计算单位	计算规则
011103001	橡胶板楼地面	m^2	按设计图示尺寸以面积计算。门洞、空圈、暖气包槽、壁龛的开口部分并入相应的工程量内
011103002	橡胶板卷材楼地面		
011103003	塑料板楼地面		
011103004	塑料卷材楼地面		

解析：本表项目中如涉及找平层，另按找平层项目编码列项。

四、其他材料面层

根据《房屋建筑与装饰工程工程量计算规范》（GB 50854—2013）的规定，其他材料面层工程量计算规则见表 3-6。

表 3-6　其他材料面层工程量计算规则（编码：011104）

项目编码	项目名称	计量单位	计算规则
011104001	地毯楼地面	m^2	按设计图示尺寸以面积计算。门洞、空圈、暖气包槽、壁龛的开口部分并入相应的工程量内
011104002	竹、木(复合)地板		
011104003	金属复合地板		
011104004	防静电活动地板		

五、踢脚线

根据《房屋建筑与装饰工程工程量计算规范》（GB 50854—2013）的规定，踢脚线工程量计算规则见表 3-7。

表 3-7　踢脚线工程量计算规则（编码：011105）

项目编码	项目名称	计量单位	计算规则
011105001	水泥砂浆踢脚线	(1)m^2 (2)m	(1)按设计图示长度乘以高度以面积计算 (2)按延长米计算
011105002	石材踢脚线		
011105003	块料踢脚线		
011105004	塑料板踢脚线		
011105005	木质踢脚线		
011105006	金属踢脚线		
011105007	防静电踢脚线		

六、楼梯面层

根据《房屋建筑与装饰工程工程量计算规范》（GB 50854—2013）的规定，楼梯面层工程量计算规则见表 3-8。

表 3-8　楼梯面层工程量计算规则（编码：011106）

项目编码	项目名称	计量单位	计算规则
011106001	石材楼梯面层	m^2	按设计图示尺寸以楼梯(包括踏步、休息平台及≤500mm 的楼梯井)水平投影面积计算。楼梯与楼地面相连时，算至梯口梁内侧边沿；无梯口梁者，算至最上一层踏步边沿加 300mm
011106002	块料楼梯面层		
011106003	拼碎块料楼梯面层		
011106004	水泥砂浆楼梯面层		
011106005	现浇水磨石楼梯面层		
011106006	地毯楼梯面层		
011106007	木板楼梯面层		
011106008	橡胶板楼梯面层		
011106009	塑料板楼梯面层		

七、台阶装饰

根据《房屋建筑与装饰工程工程量计算规范》（GB 50854—2013）的规定，台阶装饰工程量计算规则见表 3-9。

表 3-9 台阶装饰工程量计算规则（编码：011107）

项目编码	项目名称	计量单位	计算规则
011107001	石材台阶面	m^2	按设计图示尺寸以台阶(包括最上层踏步边沿加 300mm)水平投影面积计算
011107002	块料台阶面		
011107003	拼碎块料台阶面		
011107004	水泥砂浆台阶面		
011107005	现浇水磨石台阶面		
011107006	剁假石台阶面		

解析：

① 在描述碎石材项目的面层材料特征时可不用描述规格和颜色；

② 石材、块料与黏结材料的结合面刷防渗材料的种类在防护材料种类中描述。

八、零星装饰项目

根据《房屋建筑与装饰工程工程量计算规范》（GB 50854—2013）的规定，零星装饰项目工程量计算规则见表 3-10。

表 3-10 零星装饰项目工程量计算规则（编码：011108）

项目编码	项目名称	计量单位	计算规则
011108001	石材零星项目	m^2	按设计图示尺寸以面积计算
011108002	拼碎石材零星项目		
011108003	块料零星项目		
011108004	水泥砂浆零星项目		

解析：

① 楼梯、台阶牵边和侧面镶贴块料面层，不大于 $0.5m^2$ 的少量分散的楼地面镶贴块料面层，应按表 3-10 执行；

② 石材、块料与黏结材料的结合面刷防渗材料的种类在防护材料类中描述。

第三节 楼地面工程计算实例

一、楼地面工程图纸识读

楼地面施工图纸以图 3-8 为例进行识读。

图 3-8 识读要点：从图中可以看出每个户型中每个房间的使用功能，每个房间的开间及进深尺寸、每个房间内物品的摆放位置及面积等内容。如Ⓓ轴交 2 轴处的卧室面积为 $11.83m^2$，开间尺寸为 3700mm，进深尺寸为 3600mm，厨房面积为 $8.38m^2$，灶台和水槽沿轴线墙设置，餐桌和椅子沿轴线墙布置。

二、楼地面工程量计算

楼地面工程量以图 3-8 标注的部位进行计算解析。

1. 计算起居室兼卧室楼地面工程量

地面积＝(3600－120－60)×(5100－120－60)＝16.8264(m^2)

块料面积＝(3600－120－60)×(5100－120－60)＝16.8264(m^2)

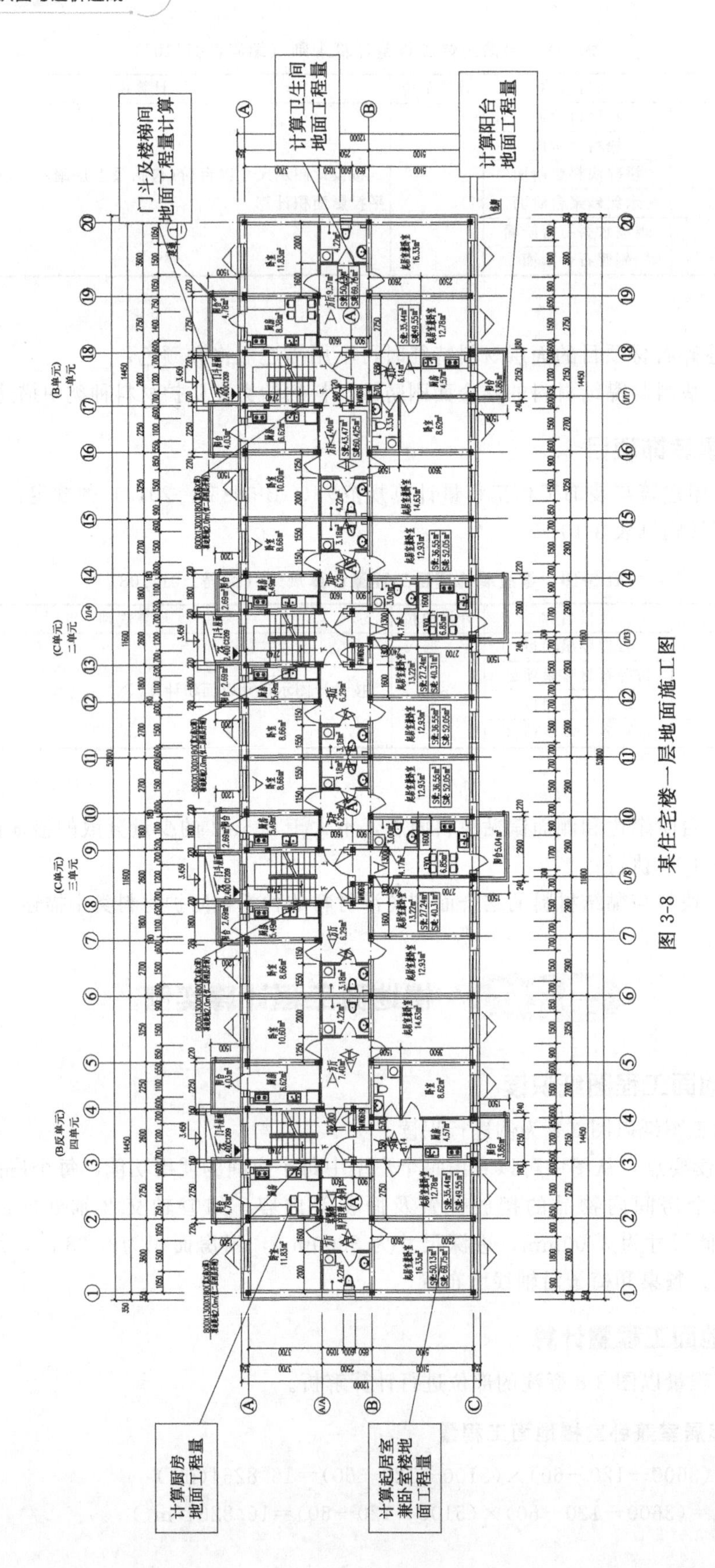

图 3-8 某住宅楼一层地面施工图

地面周长＝(3600＋5100)×2＝17.4(m)

计算解析：3600mm 为房间的长度、5100mm 为房间的长度、120mm 为建筑外墙中心线宽度，60mm 为内墙中心线长度。

2. 计算厨房地面工程量

地面面积＝2750×3700＝10.175(m^2)

块料地面积＝2750×3700＝10.175(m^2)

地面周长＝(2750＋3700)×2＝12.9(m)

水平防水面积＝2750×3700＝10.175(m^2)

计算解析：2750mm 为厨房宽度、3700mm 为厨房高度。

3. 计算卫生间地面工程量

地面面积＝2000×2500＝5(m^2)

块料地面积＝2000×2500＝5(m^2)

地面周长＝(2000＋2500)×2＝9(m)

水平防水面积＝2000×2500＝5(m^2)

计算解析：2000mm 为卫生间宽度、2500mm 为卫生间高度。

4. 计算阳台地面工程量

地面面积＝1500×2150＝3.225(m^2)

块料地面积＝1500×2150＝3.225(m^2)

地面周长＝(1500＋2150)×2＝7.3(m)

计算解析：1500mm 为阳台宽度、2150mm 为阳台高度。

5. 门斗及楼梯间地面工程量计算

地面面积＝(2600－120)×(3700＋350＋1750)＝14.348(m^2)

块料地面积＝(2600－120)×(3700＋350＋1750)＝14.348(m^2)

地面周长＝(2600＋3700＋350＋1750)×2＝16.8(m)

计算解析：2600mm 为门斗及楼梯间的宽度、(3700＋350＋1750)mm 为门斗及楼梯间的长度（350mm 为外墙厚、1750mm 为门斗长度）。

三、楼地面工程计价

把从图 3-8 工程量计算得出的数据代入表 3-11 中，即可得到该部分工程量的价格。

表 3-11 楼地面工程计价表

序号	项目编码	名称	项目特征描述	计量单位	工程量	金额/元		
						综合单价	合价	暂估价
1	011101001001	图 3-8 中①水泥砂浆楼地面	(1)水泥浆一道(内掺建筑胶) (2) 20mm 厚 1∶2.5 预拌水泥砂浆	m^2	16.8264	20.2	339.89	—
2	011102001001	图 3-8 中①块料地面	(1)水泥浆一道(内掺建筑胶) (2)30mm 厚 1∶3 干硬性水泥砂浆结合层,表面撒水泥粉	m^2	16.8264	129.04	2171.28	—

续表

序号	项目编码	名称	项目特征描述	计量单位	工程量	金额/元		
						综合单价	合价	暂估价
3	011101001001	图 3-8 中②水泥砂浆楼地面	(1)水泥浆一道(内掺建筑胶) (2)20mm 厚 1∶2.5 预拌水泥砂浆	m^2	10.175	20.2	205.53	—
4	011102001001	图 3-8 中②块料地面	(1)水泥浆一道(内掺建筑胶) (2)30mm 厚 1∶3 干硬性水泥砂浆结合层,表面撒水泥粉	m^2	10.175	129.04	1312.98	—
5	011101001001	图 3-8 中③水泥砂浆楼地面	(1)水泥浆一道(内掺建筑胶) (2)20mm 厚 1∶2.5 预拌水泥砂浆	m^2	5	20.2	101	—
6	011102001001	图 3-8 中③块料地面	(1)水泥浆一道(内掺建筑胶) (2)30mm 厚 1∶3 干硬性水泥砂浆结合层,表面撒水泥粉	m^2	5	129.04	645.2	—
7	011101001001	图 3-8 中④水泥砂浆楼地面	(1)水泥浆一道(内掺建筑胶) (2)20mm 厚 1∶2.5 预拌水泥砂浆	m^2	3.225	20.2	65.145	—
8	011102001001	图 3-8 中④块料地面	(1)水泥浆一道(内掺建筑胶) (2)30mm 厚 1∶3 干硬性水泥砂浆结合层,表面撒水泥粉	m^2	3.225	129.04	416.15	—
9	011101001001	图 3-8 中⑤水泥砂浆楼地面	(1)水泥浆一道(内掺建筑胶) (2)20mm 厚 1∶2.5 预拌水泥砂浆	m^2	14.348	20.2	289.83	—
10	011102001001	图 3-8 中⑤块料地面	(1)水泥浆一道(内掺建筑胶) (2)30mm 厚 1∶3 干硬性水泥砂浆结合层,表面撒水泥粉	m^2	14.348	129.04	1851.47	—

注：1. 表中的工程量是图 3-8 中工程量计算得出的数据。

2. 表中的综合单价是根据《2010 年黑龙江省建设工程计价依据》得出的，在计算过程中可根据该工程所使用的定额计算出综合单价。

第四节　楼地面工程清单项目解析

一、整体面层及找平层清单项目解释

1. 水泥砂浆楼地面（编码：011101001）

(1) 项目特征　找平层厚度、砂浆配合比；素水泥浆遍数；面层厚度、砂浆配合比；面

层做法要求。

(2) 工作内容　基层清理；抹找平层；抹面层；材料运输。

(3) 子目解释　水泥砂浆楼地面是指用1：3或1：2.5的水泥砂浆在基层上抹15～20mm厚，抹平后待其终凝前再用铁板压光而成的楼面或地面，水泥砂浆面层所用水泥一般采用强度等级不低于42.5级的硅酸盐水泥。

2. 现浇水磨石楼地面（编码：011101002）

(1) 项目特征　找平层厚度、砂浆配合比；面层厚度、水泥石子浆配合比；嵌条材料种类、规格；石子种类、规格、颜色；颜料种类、颜色；图案要求；磨光、酸洗、打蜡要求。

(2) 工作内容　基层清理；抹找平层；面层铺设；嵌缝条安装；磨光、酸洗打蜡；材料运输。

(3) 子目解释　现浇水磨石楼地面是指将天然石料的石子，用水泥浆拌和在一起，浇抹结硬，再经磨光、打蜡而成的地面，可依据设计制作成各种颜色的图案。

3. 细石混凝土楼地面（编码：011101003）

(1) 项目特征　找平层厚度、砂浆配合比；面层厚度、混凝土强度等级。

(2) 工作内容　基层清理；抹找平层；面层铺设；材料运输。

(3) 子目解释　细石混凝土楼地面是指在结构层上做细石混凝土，浇好后随即用木板拍表浆或用铁磙滚压，待水泥浆液到表面时，再撒上水泥浆，最后用铁板压光地面。

4. 菱苦土楼地面（编码：011101004）

(1) 项目特征　找平层厚度、砂浆配合比；面层厚度；打蜡要求。

(2) 工作内容　基层清理；抹找平层；面层铺设；打蜡；材料运输。

(3) 子目解释　菱苦土楼地面是以菱苦土为胶结料，锯木屑（锯末）为主要填充料，加入适量具有一定浓度的氯化镁溶液，调制成可塑性胶泥铺设而成的一种整体楼地面工程。为使其表面光滑、色泽美观，调制时可加入少量滑石粉和矿物颜料；有时为了耐磨，还掺入一些砂砾或石屑。菱苦土面层具有耐火、保温、隔热、隔声及绝缘等特点，而且质地坚硬. 并且具有一定的弹性，适用于住宅、办公楼、教学楼、医院、俱乐部、托儿所及纺织车间等的楼地面。

5. 自流平楼地面（编码：011101005）

(1) 项目特征　找平层砂浆配合比、厚度；界面剂材料种类；中层漆材料种类、厚度；面漆材料种类、厚度；面层材料种类。

(2) 工作内容　基层处理；抹找平层；涂界面剂；涂刷中层漆；打磨、吸尘；镘自流平面漆（浆）；拌和自流平浆料；铺面层。

6. 平面砂浆找平层（编码：011101006）

(1) 项目特征　找平层砂浆配合比、厚度。

(2) 工作内容　基层处理；抹找平层；材料运输。

二、块料面层清单项目解析

1. 石材楼地面（编码：011102001）

(1) 项目特征　找平层厚度、砂浆配合比；结合层厚度、砂浆配合比；面层材料品种、规格、颜色；嵌缝材料种类；防护层材料种类；酸洗、打蜡要求。

（2）工作内容　基层清理；抹找平层；面层铺设、磨边；嵌缝；刷防护材料；酸洗、打蜡；材料运输。

（3）子目解释　石材楼地面包括大理石楼地面和花岗石楼地面等。

2. 碎石材楼地面（编码：011102002）

（1）项目特征　找平层厚度、砂浆配合比；结合层厚度、砂浆配合比；面层材料品种、规格、颜色；嵌缝材料种类；防护层材料种类；酸洗、打蜡要求。

（2）工作内容　基层清理；抹找平层；面层铺设、磨边；嵌缝；刷防护材料；酸洗、打蜡；材料运输。

3. 块料楼地面（编码：011102003）

（1）项目特征　找平层厚度、砂浆配合比；结合层厚度、砂浆配合比；面层材料品种、规格、颜色；嵌缝材料种类；防护层材料种类；酸洗、打蜡要求。

（2）工作内容　基层清理；抹找平层；面层铺设、磨边；嵌缝；刷防护材料；酸洗、打蜡；材料运输。

（3）子目解释　块料楼地面包括砖面层、预制板块面层和料石面层等。

三、橡塑面层清单项目解释

1. 橡胶板楼地面（编码：011103001）

（1）项目特征　黏结层厚度、材料种类；面层材料品种、规格、颜色；压线条种类。

（2）工作内容　基层清理；面层铺贴；压线条装钉；材料运输。

（3）子目解释　橡胶板楼地面多用于有电绝缘或清洁、耐磨要求的场所。

2. 橡胶板卷材楼地面（编码：011103002）

（1）项目特征　黏结层厚度、材料种类；面层材料品种、规格、颜色；压线条种类。

（2）工作内容　基层清理；面层铺贴；压线条装钉；材料运输。

3. 塑料板楼地面（编码：011103003）

（1）项目特征　黏结层厚度、材料种类；面层材料品种、规格、颜色；压线条种类。

（2）工作内容　基层清理；面层铺贴；压线条装钉；材料运输。

（3）子目解释　塑料板楼地面是采用塑料板块、卷材，并以粘贴、干铺的方法在现浇整体式的水泥类基础上铺设而成。

4. 塑料卷材楼地面（编码：011103004）

（1）项目特征　黏结层厚度、材料种类；面层材料品种、规格、颜色；压线条种类。

（2）工作内容　基层清理；面层铺贴；压线条装钉；材料运输。

（3）子目解释　聚氯乙烯（PVC）铺地卷材分为单色、印花和印花发泡等类型，常用规格为宽900～1900mm，每卷长度为9～20m，厚度为1.5～3.0mm。

四、其他材料面层清单项目解释

1. 地毯楼地面（编码：011104001）

（1）项目特征　面层材料品种、规格、颜色；防护材料种类；黏结材料种类；压线条种类。

（2）工作内容　基层清理；铺贴面层；刷防护材料；装钉压条；材料运输。

(3) 子目解释　地毯楼地面可分为天然纤维和合成纤维两类，由面层、防松涂层和背衬构成。

2. 竹、木（复合）地板（编码：011104002）

(1) 项目特征　龙骨材料种类、规格、铺设间距；基层材料种类、规格；面层材料品种、规格、颜色；防护材料种类。

(2) 工作内容　基层清理；龙骨铺设；基层铺设；面层铺贴；刷防护材料；材料运输。

3. 金属复合地板（编码：011104003）

(1) 项目特征　龙骨材料种类、规格、铺设间距；基层材料种类、规格；面层材料品种、规格、颜色；防护材料种类。

(2) 工作内容　基层清理；龙骨铺设；基层铺设；面层铺贴；刷防护材料；材料运输。

(3) 子目解释　金属复合地板多用于一些特殊场所，如金属弹簧地板可用于舞厅中舞池地面；激光钢化夹层玻璃地砖因其抗冲击、耐磨、装饰效果美观，多用于酒店、宾馆、酒吧等娱乐休闲场所的地面。

4. 防静电活动地板（编码：011104004）

(1) 项目特征　支架高度、材料种类；面层材料品种、规格、颜色；防护材料种类。

(2) 工作内容　基层清理；固定支架安装；活动面层安装；刷防护材料；材料运输。

五、踢脚线清单项目解释

1. 水泥砂浆踢脚线（编码：011105001）

(1) 项目特征　踢脚线高度；底层厚度、砂浆配合比；面层厚度、砂浆配合比。

(2) 工作内容　基层清理；底层和面层抹灰；材料运输。

(3) 子目解释　踢脚线是地面与墙面交接处的构造处理，起遮盖墙面与地面之间接缝的作用，并可防止碰撞墙面或擦洗地面时弄脏墙面。

2. 石材踢脚线（编码：011105002）

(1) 项目特征　踢脚线高度；黏结层厚度、材料种类；面层材料品种、规格、颜色；防护材料种类。

(2) 工作内容　基层清理；底层抹灰；面层铺贴、磨边；擦缝；磨光、酸洗、打蜡；刷防护材料；材料运输。

3. 块料踢脚线（编码：011105003）

(1) 项目特征　踢脚线高度；黏结层厚度、材料种类；面层材料品种、规格、颜色；防护材料种类。

(2) 工作内容　基层清理；底层抹灰；面层铺贴、磨边；擦缝；磨光、酸洗、打蜡；刷防护材料；材料运输。

4. 塑料板踢脚线（编码：011105004）

(1) 项目特征　踢脚线高度；黏结层厚度、材料种类；面层材料品种、规格、颜色。

(2) 工作内容　基层清理；基层铺贴；面层铺贴；材料运输。

5. 木质踢脚线（编码：011105005）

(1) 项目特征　踢脚线高度；基层材料种类、规格；面层材料品种、规格、颜色。

(2) 工作内容　基层清理；基层铺贴；面层铺贴；材料运输。

6. 金属踢脚线（编码：011105006）

（1）项目特征 踢脚线高度；基层材料种类、规格；面层材料品种、规格、颜色。

（2）工作内容 基层清理；基层铺贴；面层铺贴；材料运输。

7. 防静电踢脚线（编码：011105007）

（1）项目特征 踢脚线高度；基层材料种类、规格；面层材料品种，规格、颜色。

（2）工作内容 基层清理；基层铺贴；面层铺贴；材料运输。

六、楼梯面层清单项目解释

1. 石材楼梯面层（编码：011106001）

（1）项目特征 找平层厚度、砂浆配合比；黏结层厚度、材料种类；面层材料品种、规格、颜色；防滑条材料种类、规格；勾缝材料种类；防护材料种类；酸洗、打蜡要求。

（2）工作内容 基层清理；抹找平层；面层铺贴、磨边；贴嵌防滑条；勾缝；刷防护材料；酸洗、打蜡；材料运输。

2. 块料楼梯面层（编码：011106002）

（1）项目特征 找平层厚度、砂浆配合比；黏结层厚度、材料种类；面层材料品种、规格、颜色；防滑条材料种类、规格；勾缝材料种类；防护材料种类；酸洗、打蜡要求。

（2）工作内容 基层清理；抹找平层；面层铺贴、磨边；贴嵌防滑条；勾缝；刷防护材料；酸洗、打蜡；材料运输。

3. 拼碎块料楼梯面层（编码：011106003）

（1）项目特征 找平层厚度、砂浆配合比；黏结层厚度、材料种类；面层材料品种、规格、颜色；防滑条材料种类、规格；勾缝材料种类；防护材料种类；酸洗、打蜡要求。

（2）工作内容 基层清理；抹找平层；面层铺贴、磨边；贴嵌防滑条；勾缝；刷防护材料；酸洗、打蜡；材料运输。

4. 水泥砂浆楼梯面层（编码：011106004）

（1）项目特征 找平层厚度、砂浆配合比；面层厚度、砂浆配合比；防滑条材料种类、规格。

（2）工作内容 基层清理；抹找平层；抹面层；抹防滑条；材料运输。

5. 现浇水磨石楼梯面层（编码：011106005）

（1）项目特征 找平层厚度、砂浆配合比；面层厚度、水泥石子浆配合比；防滑条材料种类、规格；石子种类、规格、颜色；颜料种类、颜色；酸洗、打蜡要求。

（2）工作内容 基层清理；抹找平层；抹面层；贴嵌防滑条；磨光、酸洗、打蜡；材料运输。

6. 地毯楼梯面层（编码：011106006）

（1）项目特征 基层种类；面层材料品种、规格、颜色；防护材料种类；黏结材料种类；固定配件材料种类、规格。

（2）工作内容 基层清理；铺贴面层；固定配件安装；刷防护材料；材料运输。

7. 木板楼梯面层（编码：011106007）

（1）项目特征 基层材料种类、规格；面层材料品种、规格、颜色；防护材料种类；黏结材料种类。

(2) 工作内容　基层清理；基层铺贴；面层铺贴；刷防护材料；材料运输。

8. 橡胶板楼梯面层（编码：011106008）

(1) 项目特征　黏结层厚度、材料种类；面层材料品种、规格、颜色；压线条种类。

(2) 工作内容　基层清理；面层铺贴；压缝条装钉；材料运输。

9. 塑料板楼梯面层（编码：011106009）

(1) 项目特征　黏结层厚度、材料种类；面层材料品种、规格、颜色；压线条种类。

(2) 工作内容　基层清理；面层铺贴；压缝条装钉；材料运输。

七、台阶装饰清单项目解释

1. 石材台阶面（编码：011107001）

(1) 项目特征　找平层厚度、砂浆配合比；黏结材料种类；面层材料品种、规格、颜色；防滑条材料种类、规格；勾缝材料种类；防护材料种类。

(2) 工作内容　基层清理；抹找平层；面层铺贴；贴嵌防滑条；勾缝；刷防护材料；材料运输。

2. 块料台阶面（编码：011107002）

(1) 项目特征　找平层厚度、砂浆配合比；黏结材料种类；面层材料品种、规格、颜色；防滑条材料种类、规格；勾缝材料种类；防护材料种类。

(2) 工作内容　基层清理；抹找平层；面层铺贴；贴嵌防滑条；勾缝；刷防护材料；材料运输。

3. 拼碎块料台阶面（编码：011107003）

(1) 项目特征　找平层厚度、砂浆配合比；黏结材料种类；面层材料品种、规格、颜色：防滑条材料种类、规格；勾缝材料种类；防护材料种类。

(2) 工作内容　基层清理；抹找平层；面层铺贴；贴嵌防滑条；勾缝；刷防护材料；材料运输。

4. 水泥砂浆台阶面（编码：011107004）

(1) 项目特征　找平层厚度、砂浆配合比；面层厚度、砂浆配合比；防滑条材料种类。

(2) 工作内容　基层清理；抹找平层；抹面层；抹防滑条；材料运输。

5. 现浇水磨石台阶面（编码：011107005）

(1) 项目特征　找平层厚度、砂浆配合比；面层厚度、水泥石子浆配合比；防滑条材料种类、规格；石子种类、规格、颜色；颜料种类、颜色；磨光、酸洗、打蜡要求。

(2) 工作内容　清理基层；抹找平层；抹面层；贴嵌防滑条；打磨、酸洗、打蜡；材料运输。

6. 剁假石台阶面（编码：011107006）

(1) 项目特征　找平层厚度、砂浆配合比；面层厚度、砂浆配合比；剁假石要求。

(2) 工作内容　清理基层；抹找平层；抹面层；剁假石；材料运输。

八、零星装饰项目清单项目解释

1. 石材零星项目（编码：011108001）

(1) 项目特征　工程部位；找平层厚度、砂浆配合比；贴结合层厚度、材料种类；面层材料品种、规格、颜色；勾缝材料种类；防护材料种类；酸洗、打蜡要求。

(2) 工作内容　基层清理；抹找平层；面层铺贴、磨边；勾缝；刷防护材料；酸洗、打蜡；材料运输。

2. 拼碎石材零星项目（编码：011108002）

(1) 项目特征　工程部位；找平层厚度、砂浆配合比；贴结合层厚度、材料种类；面层材料品种、规格、颜色；勾缝材料种类；防护材料种类；酸洗、打蜡要求。

(2) 工作内容　基层清理；抹找平层；面层铺贴、磨边；勾缝；刷防护材料；酸洗、打蜡；材料运输。

3. 块料零星项目（编码：011108003）

(1) 项目特征　工程部位；找平层厚度、砂浆配合比；贴结合层厚度、材料种类；面层材料品种、规格、颜色；勾缝材料种类；防护材料种类；酸洗、打蜡要求。

(2) 工作内容　基层清理；抹找平层；面层铺贴、磨边；勾缝；刷防护材料；酸洗、打蜡；材料运输。

4. 水泥砂浆零星项目（编码：011108004）

(1) 项目特征　工程部位；找平层厚度、砂浆配合比；面层厚度、砂浆配合比。

(2) 工作内容　基层清理；抹找平层；抹面层；材料运输。

第五节　楼地面工程清单工程量和定额工程量计算的比较

楼地面工程清单工程量和定额工程量计算比较的内容见表3-12。

表3-12　楼地面工程清单工程量和定额工程量计算比较的内容

	名称	内容
相同点	水泥砂浆楼地面	按设计图示尺寸以面积计算。扣除凸出地面构筑物、设备基础、室内铁道、地沟等所占面积，不扣除间壁墙和0.3m^{2}以内的柱、垛、附墙烟囱及孔洞所占面积。门洞、空圈、暖气包槽、壁龛的开口部分不增加面积
	现浇水磨石楼地面	按设计图示尺寸以面积计算。扣除凸出地面构筑物、设备基础、室内铁道、地沟等所占面积，不扣除间壁墙和0.3m^{2}以内的柱、垛、附墙烟囱及孔洞所占面积。门洞、空圈、暖气包槽、壁龛的开口部分不增加面积
	橡胶楼板地面	按设计图示尺寸以面积计算。门洞、空圈、暖气包槽、壁龛的开口部分并入相应的工程量内
	楼地面地毯	按设计图示尺寸以面积计算。门洞、空圈、暖气包槽、壁龛的开口部分并入相应的工程量内
	石材楼梯面层	按设计图示尺寸以楼梯(包括踏步、休息平台及500mm以内的楼梯井)水平投影面积计算。楼梯与楼地面相连时，算至梯口梁内侧边沿；无梯口梁者，算至最上层踏步边沿加300mm
	块料楼梯面层	按设计图示尺寸以楼梯(包括踏步、休息平台及500mm以内的楼梯井)水平投影面积计算。楼梯与楼地面相连时，算至梯口梁内侧边沿；无梯口梁者，算至最上层踏步边沿加300mm
	水泥砂浆楼梯面	按设计图示尺寸以楼梯(包括踏步、休息平台及500mm以内的楼梯井)水平投影面积计算。楼梯与楼地面相连时，算至梯口梁内侧边沿；无梯口梁者，算至最上层踏步边沿加300mm
	现浇水磨石楼梯面	按设计图示尺寸以楼梯(包括踏步、休息平台及500mm以内的楼梯井)水平投影面积计算。楼梯与楼地面相连时，算至梯口梁内侧边沿；无梯口梁者，算至最上层，踏步边沿加300mm
	金属扶手带栏杆、栏板	按设计图示尺寸以扶手中心线长度(包括弯头长度)计算

续表

	名称	内容
相同点	硬木扶手带栏杆、栏板	按设计图示尺寸以扶手中心线长度(包括弯头长度)计算
	石材台阶面	按设计图示尺寸以台阶(包括最上层踏步边沿加 300mm)水平投影面积计算
	块料台阶面	按设计图示尺寸以台阶(包括最上层踏步边沿加 300mm)水平投影面积计算
	水泥砂浆台阶面	按设计图示尺寸以台阶(包括最上层踏步边沿加 300mm)水平投影面积计算
	现浇水磨石台阶面	按设计图示尺寸以台阶(包括最上层踏步边沿加 300mm)水平投影面积计算
不同点	名称	内　容
	现浇水磨石踢脚线	清单工程量和定额工程量的最大区别在于定额工程量按延长米计算,且洞口、空圈长度不扣除,洞口、空圈、附墙烟囱等侧壁长度也不增加;清单工程量按设计图示长度乘以高度以面积计算,应扣除门洞、空圈长度,同时增加门洞、空圈、垛、附墙烟囱等侧壁长度(门厚忽略不计)
	石材踢脚线	清单工程量和定额工程量计算的最大区别在于定额工程量按延长米计算,且洞口、空圈长度不扣除,洞口、空圈、附墙烟囱等侧壁长度也不增加;清单工程量按设计图示长度乘以高度以面积计算,应扣除门洞、空圈长度,同时增加门洞、空圈、垛、附墙烟囱等侧壁长度(门厚忽略不计)
	水泥砂浆踢脚线	清单工程量和定额工程量计算的最大区别在于定额工程量按延长米计算,且洞口、空圈长度不扣除,洞口、空圈、附墙烟囱等侧壁长度也不增加;清单工程量按设计图示长度乘以高度以面积计算,应扣除门洞、空圈长度,同时增加门洞、空圈、垛、附墙烟囱等侧壁长度(门厚忽略不计)
	块料楼地面	清单工程量与定额工程量计算的最大区别在于门洞、空圈、暖气包槽和壁龛的开口部分的定额工程量并入相应的面层内计算,而清单工程量不计算
	石材楼地面	清单工程量与定额工程量计算的最大区别在于门洞、空圈、暖气包槽和壁龛的开口部分的定额工程量并入相应的面层内计算,而清单工程量不计算

第四章 墙、柱面工程

第一节 墙、柱面施工图识读及解析

一、贴面类墙体施工图识读

1. 面砖饰面

面砖饰面图纸识读以图4-1和图4-2为例进行解读。

图4-1识读解析：面砖饰面构造的做法是先在基层上抹20mm厚1∶3水泥砂浆做底灰打底（一般分两层抹平），粘贴砂浆用1∶0.2∶2.5水泥、石灰混合砂浆，厚度为10mm；然后在其上贴面砖，再用1∶1白色水泥砂浆填缝，并清理面砖表面。

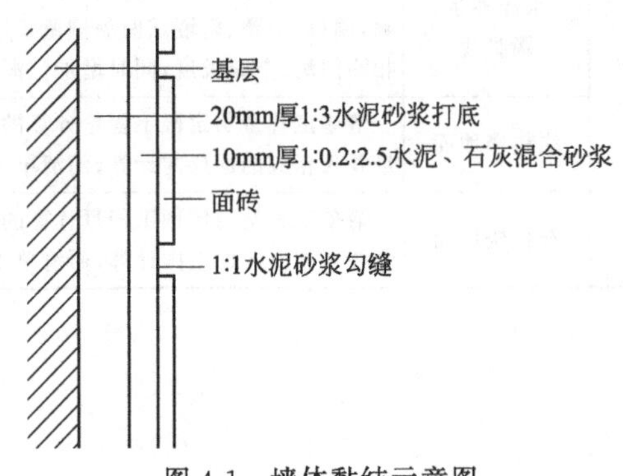

图4-1 墙体黏结示意图

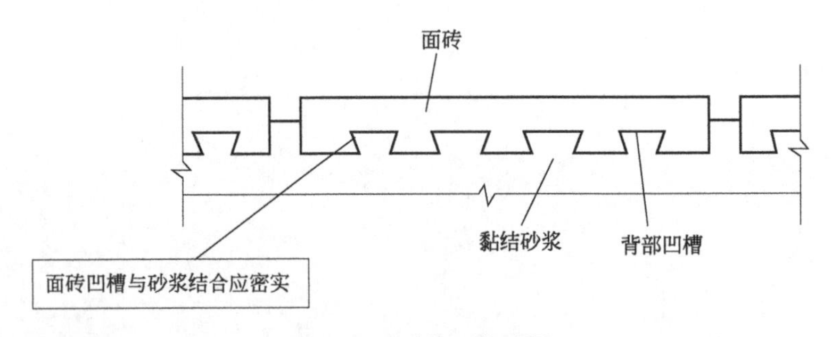

图4-2 面砖饰面构造图

2. 天然石材饰面

天然石材饰面构造做法以图4-3～图4-5为例进行解读。

图4-3识读解析：用聚酯砂浆固定饰面石材时，在灌浆前先用胶砂比为（1∶4.5）～（1∶5）的聚酯砂浆固定板材四角并填满板材之间的缝隙，待聚酯砂浆固化并能起到固定拉紧作用以后，再进行分层灌浆操作。分层灌浆的高度每层不能超过15cm，初凝后方能进行第二次灌浆。不论灌浆次数及高度如何，每层板上口应留5cm余量作为上层板材灌浆的结合层。

图4-4识读解析：钢筋网固定挂贴法具体做法是，按施工要求在板材侧面打孔洞，以便不锈钢挂钩或穿绑铜丝与墙面预埋钢筋骨架固定；然后，将加成型的石材绑扎在钢筋网上，或用不锈钢挂钩与基层的钢筋网套紧，石材与墙面之间的距离一般为30～50mm，墙面与石

材之间灌注 1∶2.5 水泥砂浆，每次不宜超过 200mm 及板材高度的 1/3，待初凝再灌第二层至板材高度的 1/2，第三层灌浆至板材上口 80～100mm，所留余量为上排板材灌浆的结合层，以使上下排连成整体。

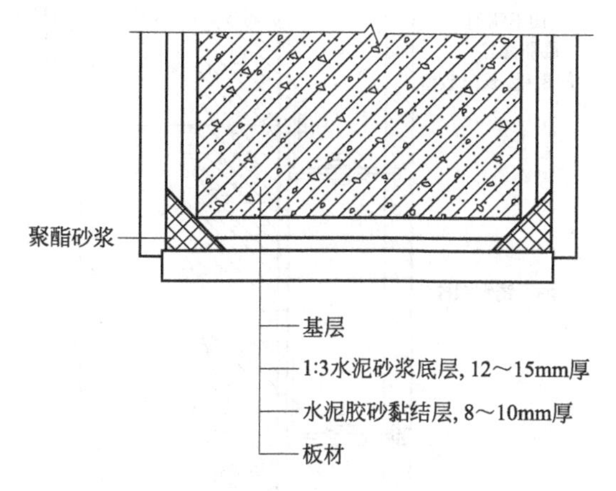

图 4-3 聚酯砂浆粘贴构造示意图

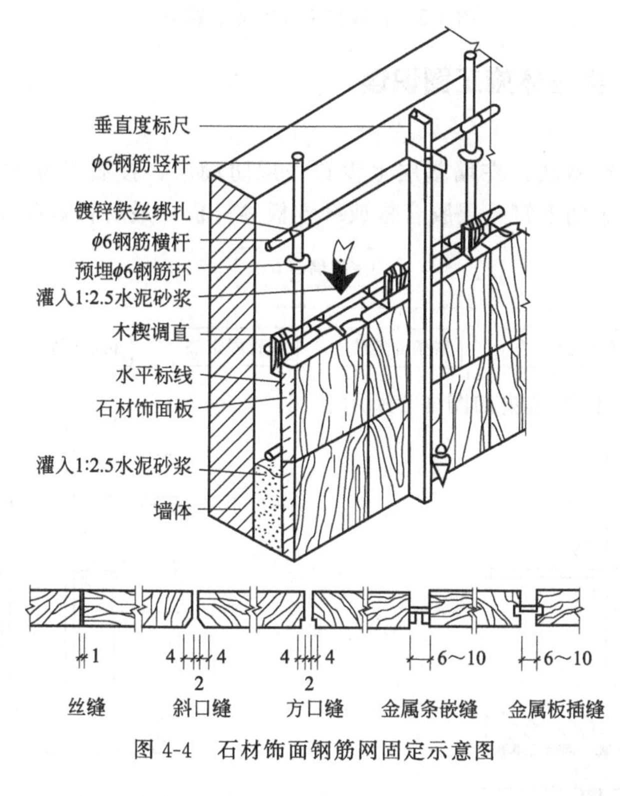

图 4-4 石材饰面钢筋网固定示意图

图 4-5 识读要点：直接用不锈钢塑材或金属连接件将石板材支托并锚固在墙体基面上，而不采用灌浆湿作业的方法称为干挂法。干挂法的优点是，石板背面与墙基体之间形成空气层，可避免墙体析出的水分、盐分等对石材饰面板的影响。干挂法构造要点是，按照设计在墙体基面上电钻打孔，固定不锈钢膨胀螺栓；将不锈钢挂件安装在膨胀螺栓上；安装石板，并调整固定。

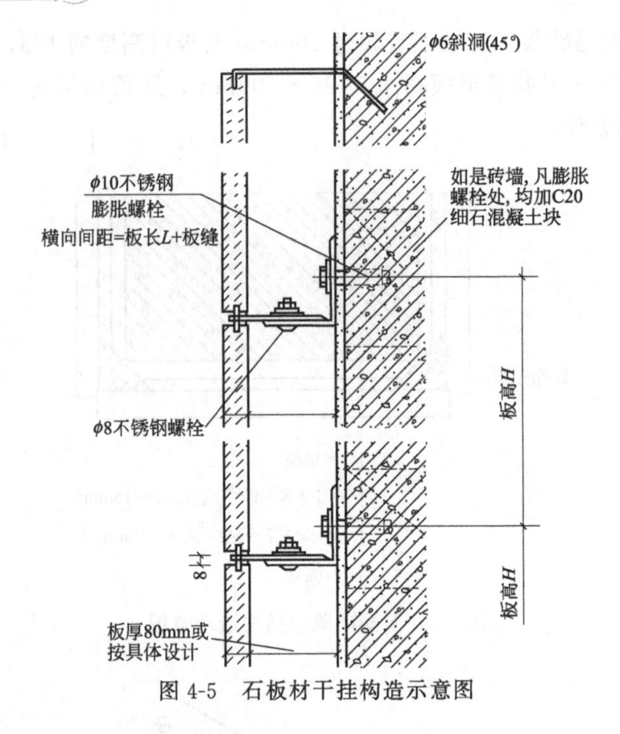

图 4-5　石板材干挂构造示意图

二、镶板（材)类墙体施工图识读

1. 玻璃饰面

玻璃饰面基本构造做法：在墙基层上设置一层防潮层；按要求立木筋，间距按玻璃尺寸，做成木框格；在木筋上钉一层胶合板或纤维板等衬板；最后将玻璃固定在木边框上。

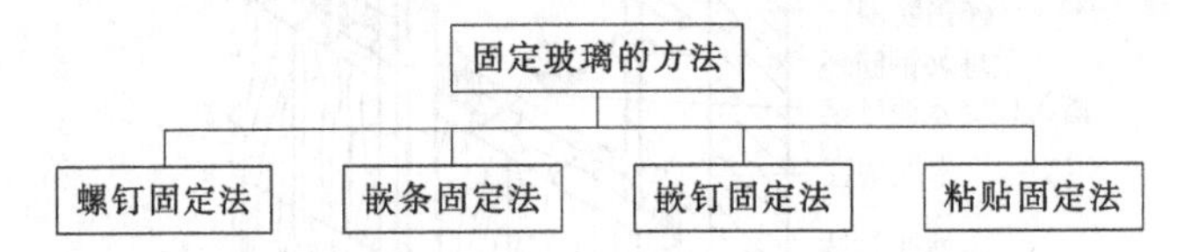

① 螺钉固定法的具体做法如图 4-6 所示。

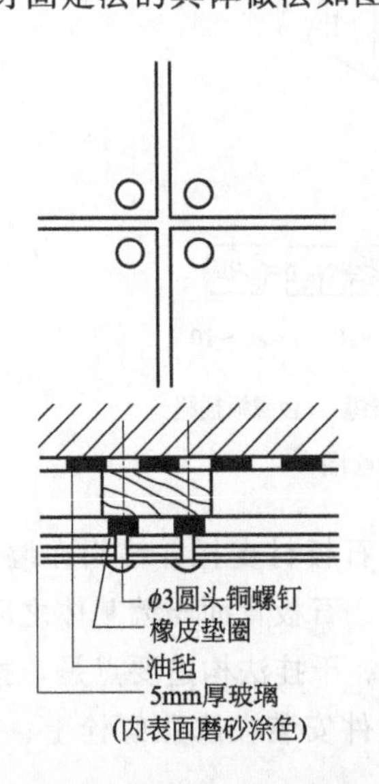

图 4-6　螺钉固定示意图

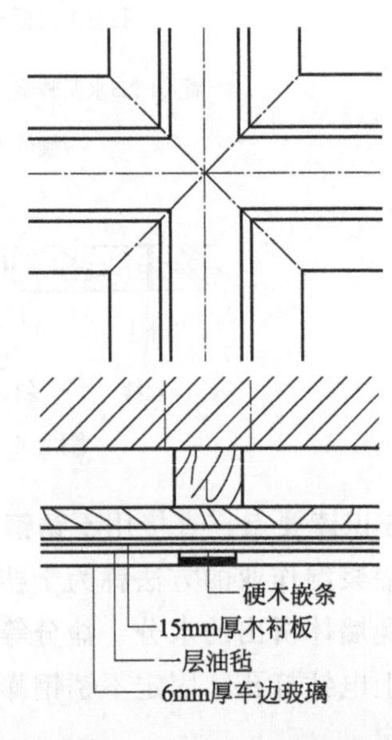

图 4-7　嵌条固定示意图

图 4-6 识读要点：螺钉固定法的特点是在玻璃上钻孔，用不锈钢螺钉或铜螺钉直接把玻璃固定在板筋上。

② 嵌条固定法的具体做法如图 4-7 所示。

图 4-7 识读要点：嵌条固定法的特点是，用硬木、塑料、金属（铝合金、不锈钢、铜）等压条压住玻璃，压条用螺钉固定在板筋上。

③ 嵌钉固定法的具体做法如图 4-8 所示。

图 4-8 识读要点：嵌钉固定法的特点是在玻璃的交点用嵌钉固定。

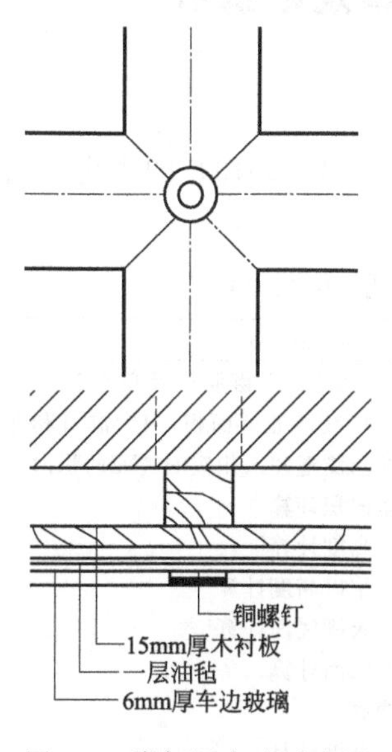

图 4-8 嵌钉固定法示意图

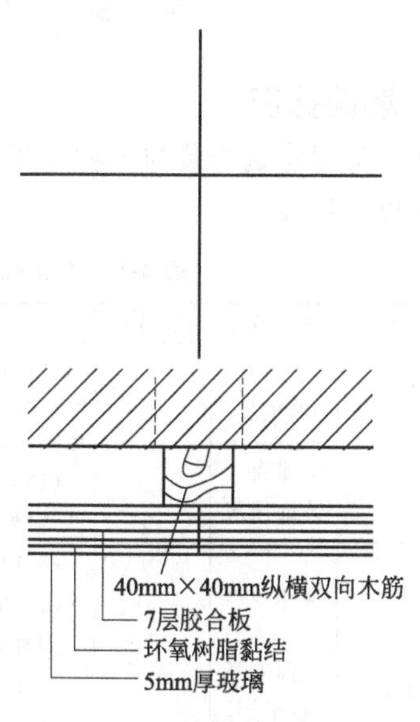

图 4-9 粘贴固定法示意图

④ 粘贴固定法的具体做法如图 4-9 所示。

图 4-9 识读要点：粘贴固定法的特点是用环氧树脂把玻璃直接粘贴在衬板上。

2. 石膏板饰面

① 石膏板是用建筑石膏加入纤维填充料、胶黏剂、缓凝剂、发泡剂等材料，两面用纸板辊压成的板状装饰材料。它具有可钉、可锯、可钻、可黏结等加工性能，表面可油漆、喷刷涂料以及裱糊壁纸，且有防火、隔声、质轻、不受虫蛀等优点。

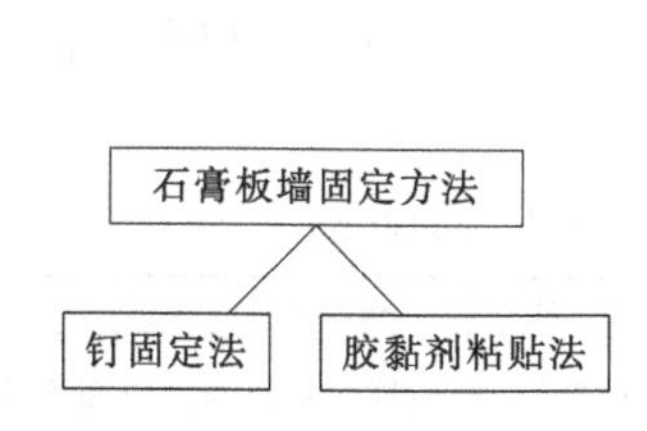

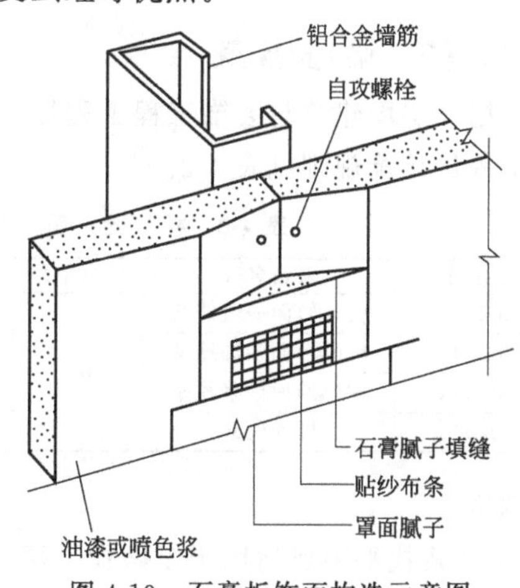

图 4-10 石膏板饰面构造示意图

② 石膏板饰面构造如图 4-10 所示。

图 4-10 识读解析：用钉固定的方法，首先在墙体上涂刷防潮涂料，然后在墙体上铺设龙骨，将石膏板钉在龙骨上，最后进行板面修饰。龙骨用木材或金属制作，金属墙筋用于防火要求较高的墙面，采用木龙骨时，石膏板可直接用钉或螺栓固定；采用金属龙骨时，则应先在石膏板和龙骨上钻孔，然后用自攻螺栓固定。

第二节 墙、柱面工程计算规则解析

一、墙面抹灰

根据《房屋建筑与装饰工程工程量计算规范》（GB 50854—2013）的规定，墙面抹灰工程量计算规则见表 4-1。

表 4-1　墙面抹灰工程量计算规则（编码：011201）

项目编码	项目名称	计量单位	计算规则
011201001	墙面一般抹灰	m^2	按设计图示尺寸以面积计算。扣除墙裙、门窗洞口及单个＞$0.3m^2$ 的孔洞面积。不扣除踢脚线、挂镜线和墙与构件交接处的面积，门窗洞口和孔洞的侧壁及顶面不增加面积。附墙柱、梁、垛、烟囱侧壁并入相应的墙面面积内 (1)外墙抹灰面积按外墙垂直投影面积计算 (2)外墙裙抹灰面积按其长度乘以高度计算 (3)内墙抹灰面积按主墙间的净长乘以高度计算 ①无墙裙的，高度按室内楼地面至天棚底面计算 ②有墙裙的，高度按墙裙顶至天棚底面计算 ③有吊顶天棚抹灰，高度算至天棚底 (4)内墙裙抹灰面按内墙净长乘以高度计算
011201002	墙面装饰抹灰		
011201003	墙面勾缝		
011201004	立面砂浆找平层		

解析：

① 立面砂浆找平项目适用于仅做找平层的立面抹灰；

② 墙面抹石灰砂浆、水泥砂浆、混合砂浆、聚合物水泥砂浆、麻刀石灰浆、石膏灰浆等按表 4-1 中墙面一般抹灰列项，墙面水刷石、干粘石、假面砖等按表 4-1 中墙面装饰抹灰列项；

③ 飘窗突出外墙面增加的抹灰并入外墙工程量内；

④ 有吊顶天棚的内墙面抹灰，抹至吊顶以上部分在综合单价中考虑。

二、柱（梁）面抹灰

根据《房屋建筑与装饰工程工程量计算规范》（GB 50854—2013）的规定，柱（梁）面抹灰工程量计算规则见表 4-2。

表 4-2　柱（梁）面抹灰工程量计算规则（编码：011202）

项目编码	项目名称	计量单位	计算规则
011202001	柱(梁)面一般抹灰	m^2	(1)柱面抹灰：按设计图示柱断面周长乘以高度以面积计算 (2)梁面抹灰：按设计图示梁断面周长乘以长度以面积计算
011202002	柱(梁)面装饰抹灰		
011202003	柱(梁)面砂浆找平		
011202004	柱面勾缝		按设计图示柱断面周长乘以高度以面积计算

解析：

① 砂浆找平项目适用于仅做找平层的柱（梁）面抹灰；

② 柱（梁）面抹灰石灰砂浆、水泥砂浆、混合砂浆、聚合物水泥砂浆、麻刀石灰浆、

石膏灰浆等按表4-2中一般抹灰列项，柱（梁）面水刷石、干粘石、假面砖等按表4-2中柱（梁）面装饰抹灰编码列项。

三、零星抹灰

根据《房屋建筑与装饰工程工程量计算规范》(GB 50854—2013）的规定，零星抹灰工程量计算规则见表4-3。

表4-3　零星抹灰工程量计算规则（编码：011203）

项目编码	项目名称	计量单位	计算规则
011203001	零星项目一般抹灰	m^2	按设计图示尺寸以面积计算
011203002	零星项目装饰抹灰		
011203003	零星项目砂浆找平		

解析：

① 零星项目抹石灰砂浆、水泥砂浆、混合砂浆、聚合物水泥砂浆、麻刀石灰浆、石膏灰浆等按表4-3中零星项目一般抹灰编码列项，水刷石、斩假石、干粘石、假面砖等按表4-3中零星项目装饰抹灰编码列项；

② 墙（柱）面≤$0.5m^2$的少量分散的抹灰按表4-3中零星项目编码列项。

四、墙面块料面层

根据《房屋建筑与装饰工程工程量计算规范》(GB 50854—2013）的规定，墙面块料面层工程量计算规则见表4-4。

表4-4　墙面块料面层工程量计算规则（编码：011204）

项目编码	项目名称	计量单位	计算规则
011204001	石材墙面	m^2	按镶贴表面积计算
011204002	拼碎石材墙面		
011204003	块料墙面		
011204004	干挂石材钢骨架	t	按设计图示以质量计算

解析：

① 在描述碎块项目的面层材料特征时可不用描述规格和颜色；

② 石材、块料与黏结材料的结合面刷防渗材料的种类在防护层材料种类中描述。

③ 安装方式可描述为砂浆或黏结剂粘贴、挂贴、干挂等，不论哪种安装方式，都要详细描述与组价相关的内容。

五、柱（梁）面镶贴块料

根据《房屋建筑与装饰工程工程量计算规范》(GB 50854—2013）的规定，柱（梁）面镶贴块料工程量计算规则见表4-5。

表4-5　柱（梁）面镶贴块料工程量计算规则（编码：011205）

项目编码	项目名称	计量单位	计算规则
011205001	石材柱面	m^2	按镶贴表面积计算
011205002	块料柱面		
011205003	拼碎块柱面		
011205004	石材梁面		
011205005	块料梁面		

解析：

① 在描述碎块项目的面层材料特征时可不用描述规格和颜色；

② 石材、块料与粘接材料的结合面刷防渗材料的种类在防护层材料种类中描述。

六、镶贴零星块料

根据《房屋建筑与装饰工程工程量计算规范》(GB 50854—2013) 的规定，镶贴零星块料工程量计算规则见表4-6。

表4-6　镶贴零星块料工程量计算规则（编码：011206）

项目编码	项目名称	计量单位	计算规则
011206001	石材零星项目	m^2	按镶贴表面积计算
011206002	块料零星项目		
011206003	拼碎块零星项目		

解析：

① 在描述碎块项目的面层材料特征时可不用描述规格和颜色；

② 石材、块料与粘接材料的结合面刷防渗材料的种类在防护材料种类中描述；

③ 墙柱面≤$0.5m^2$ 的少量分散的镶贴块料面层按表4-6中零星项目执行。

七、墙饰面

根据《房屋建筑与装饰工程工程量计算规范》(GB 50854—2013) 的规定，墙饰面工程量计算规则见表4-7。

表4-7　墙饰面工程量计算规则（编码：011207）

项目编码	项目名称	计量单位	计算规则
011207001	墙面装饰板	m^2	按设计图示墙净长乘以净高，以面积计算。扣除门窗洞口及单个＞$0.3m^2$ 的孔洞所占面积
011207002	墙面装饰浮雕		按设计图示尺寸以面积计算

八、柱（梁）饰面

根据《房屋建筑与装饰工程工程量计算规范》(GB 50854—2013) 的规定，柱（梁）饰面工程量计算规则见表4-8。

表4-8　柱（梁）饰面工程量计算规则（编码：011208）

项目编码	项目名称	计量单位	计算规则
011208001	柱(梁)面装饰	m^2	按设计图示饰面外围尺寸以面积计算。柱帽、柱墩并入相应柱饰面工程量内
011208002	成品装饰柱	(1)根 (2)m	(1)以根计量，按设计数量计算 (2)以m计量，按设计长度计算

第三节　墙、柱面工程计算实例

一、墙、柱面工程图纸识读

楼地面施工图纸以图4-11为例进行解读。

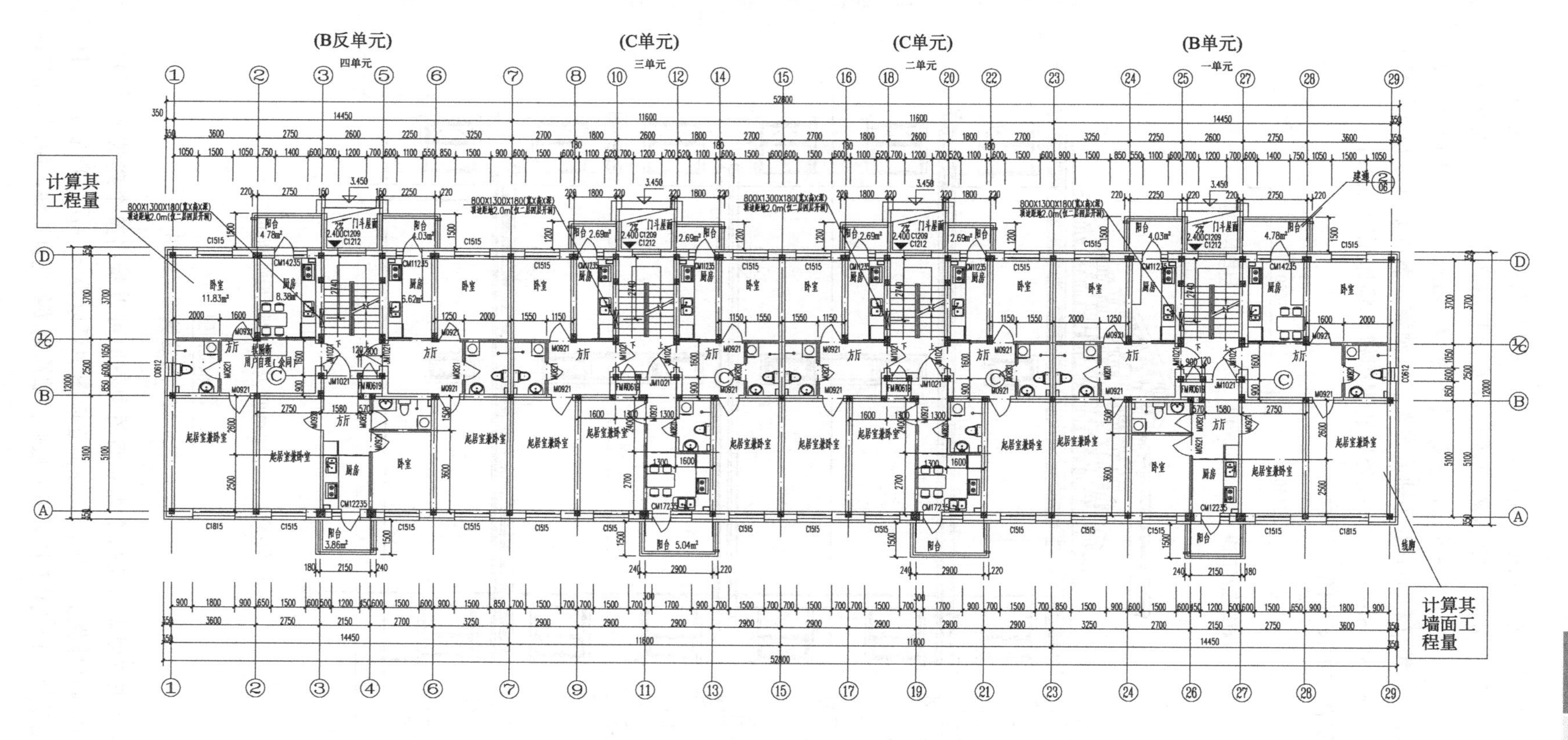

图 4-11 某建筑标准层墙柱平面图

图 4-11 识读要点：从图中可以看出每个户型中每个房间的使用功能，每个房间的开间及进深尺寸、每个房间内物品的摆放位置及面积等内容。如Ⓓ轴交②轴处的卧室面积为 11.83m^2，开间尺寸为 3700mm，进深尺寸为 3600mm，厨房面积为 8.38m^2，灶台和水槽沿③轴墙设置，餐桌和椅子沿②轴墙布置。唯独需注意的是在 4 单元楼梯间内有一个屋面上人孔（800mm×800mm），上人孔处安装钢爬梯，爬梯距地 200mm。

某建筑侧立面图如图 4-12 所示。

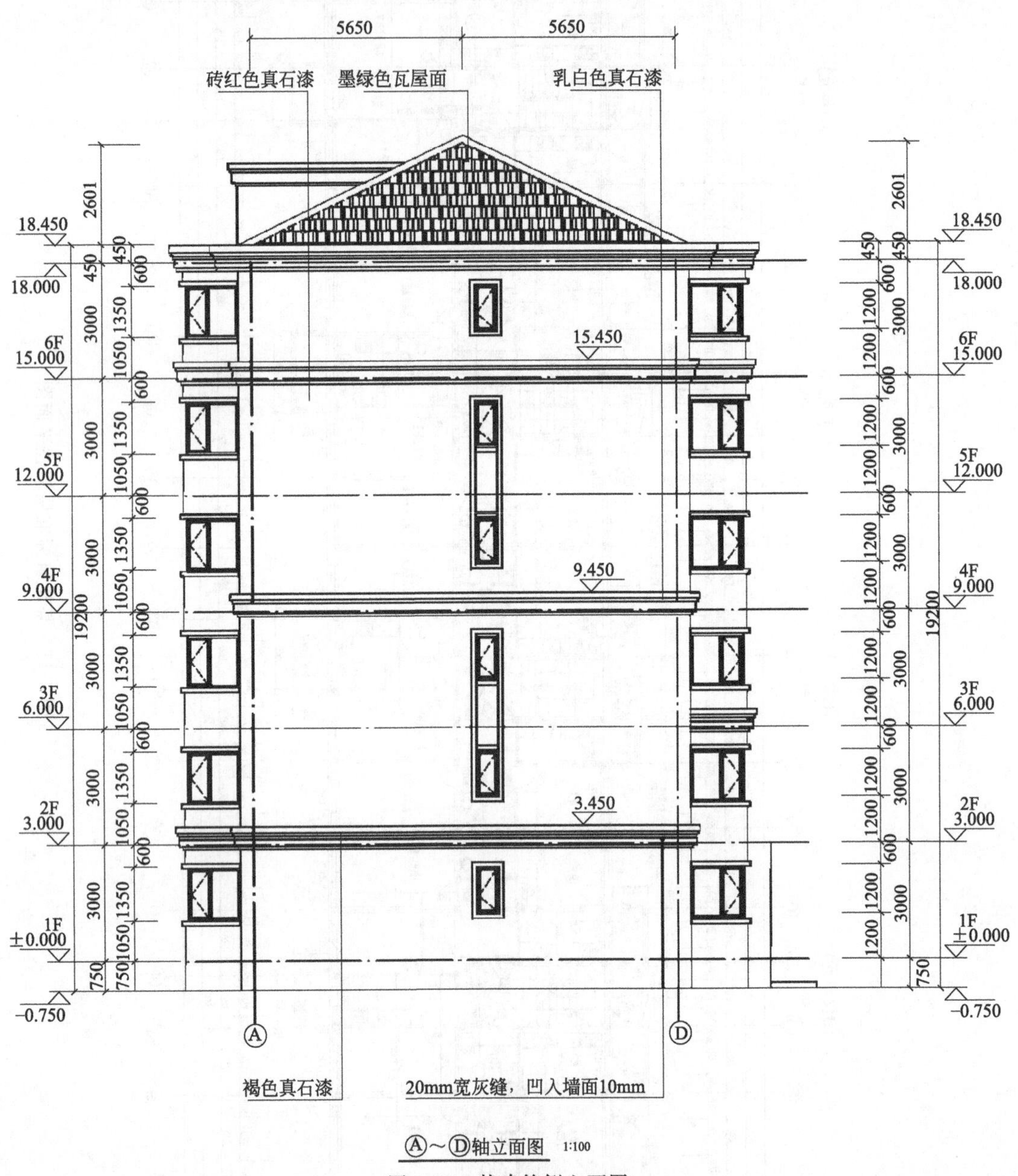

图 4-12　某建筑侧立面图

图 4-12 识读要点：从这个侧立面图中不但可以看出整个建筑及其每层的标高，还可得出侧面装饰的具体做法，从Ⓐ～Ⓓ轴立面图中可以得知一层顶部墙面采用褐色真石漆，四至六层造型处涂刷乳白色真石漆，五六层侧面墙涂刷砖红色真石漆，屋顶采用墨绿色瓦进行铺设。

二、墙、柱工程量计算

① 结合图 4-11 和图 4-12 计算该建筑物外墙抹灰工程量。

外墙抹灰工程量＝(外墙面长度＋外墙面宽度)×2×墙面高度－窗面积

＝(52800＋12000)×2×3000－[(1500×1500×20)＋(4×1200×1200)＋(2×1800×1500)＋(2×600×1200)]＝331.2(m^2)

计算解析：52800mm 为该建筑的长度，12000mm 为该建筑的宽度，3000mm 为该建筑的高度、(1500×1500×20)mm^2 为 20 个 C1515 的面积，(4×1200×1200)mm^2 为 4 个 C1212 的面积，(2×1800×1500)mm^2 为 2 个 C1815 的面积，(2×600×1200)mm^2 为 2 个 C0612 的面积。

② 结合图 4-11 计算其内墙墙面工程量。

a. 起居室兼卧室墙面工程量计算。

墙面抹灰面积＝原始抹灰面积－扣除门窗所占面积＝(3600＋5100)×2×3000－(1800×1500)－(900×2100)＝47.61(m^2)

墙面块料面积＝原始抹灰面积－扣除门窗所占面积＝(3600＋5100)×2×3000－(1800×1500)－(900×2100)＝47.61(m^2)

墙面抹灰面积(不分材质)＝(3600＋5100)×2×3000－(1800×1500)－(900×2100)＝47.61(m^2)

砖墙抹灰面积＝(3600＋5100)×2×3000－(1800×1500)－(900×2100)＝47.61(m^2)

计算解析：3600mm 为起居室兼卧室的宽度，5100mm 为起居室兼卧室的长度，1800mm×1500mm 为 C1815 的尺寸，900mm×2100mm 为 M0921 的尺寸。

b. 厨房墙面工程量计算。

墙面抹灰面积＝原始抹灰面积－扣连门窗所占面积＝(2750＋3700×2)×3000－(1400×2350)＝27.16(m^2)

墙面块料面积＝原始抹灰面积－扣除窗所占面积＝(2750＋3700×2)×3000－(1400×2350)＝27.16(m^2)

墙面抹灰面积(不分材质)＝(2750＋3700×2)×3000－(1400×2350)＝27.16(m^2)

砖墙抹灰面积＝(2750＋3700×2)×3000－(1400×2350)＝27.16(m^2)

计算解析：2750mm 为厨房的宽度，3700mm 为厨房的长度，(1400×2350)mm^2 为 CM14235 的尺寸。

三、墙面抹灰工程计价

把图 4-11 和图 4-12 工程量计算得出的数据代入表 4-9 中，即可得到该部分工程量的价格。

表 4-9 墙面抹灰工程计价表

序号	项目编码	名称	项目特征描述	计量单位	工程量	金额/元		
						综合单价	合价	暂估价
1	011201001004	外墙抹灰	(1)20mm 厚 1∶2.5 水泥砂浆找平层 (2)部位:外墙	m^2	331.2	25.13	8323.06	—
2	011201001002	图 4-11 中①墙面抹灰	(1)9mm 厚 1∶3 水泥砂浆打底扫毛或划出纹道 (2)2.5mm 厚 1∶2.5 水泥砂浆抹平	m^2	47.61	24.65	1173.59	—
3	011201001002	图 4-11 中②墙面抹灰	(1)水泥浆一道(内掺建筑胶) (2)20mm 厚 1∶2.5 预拌水泥砂浆	m^2	27.16	24.65	669.49	—

注：1. 表中的工程量是图 4-11 和图 4-12 中工程量计算得出的数据。

2. 表中的综合单价是根据《2010 年黑龙江省建设工程计价依据》得出的，在计算过程中可根据该工程所使用的定额计算出综合单价。

第四节 墙、柱面工程清单项目解析

一、墙面抹灰清单项目解析

1. 墙面一般抹灰（编码：011201001）

（1）项目特征　墙体类型；底层厚度、砂浆配合比；面层厚度、砂浆配合比；装饰面材料种类；分格缝宽度、材料种类。

（2）工作内容　基层清理；砂浆制作、运输；底层抹灰；抹面层；抹装饰面；勾分格缝。

（3）子目解释　一般抹灰工程质量分为普通抹灰和高级抹灰，主要工序为普通抹灰——分层赶平、修整，表面压光；高级抹灰——阴阳角找平，设置标筋，分层赶平、修整，表面压光。墙面抹灰由底层抹灰（起黏结作用）、中层抹灰（起找平作用）和面层抹灰（起装饰作用）组成。石灰砂浆、水泥砂浆、水泥混合砂浆、聚合物水泥砂浆、膨胀珍珠岩水泥砂浆、麻刀石灰、纸筋石灰、石膏灰等的抹灰应按此项目编码列项。计算时应注意，墙面抹灰不扣除与构件交接处的面积是指墙与梁的交接处所占面积，不包括墙与楼板的交接；外墙裙抹灰面积，按其长度乘以高度计算，是指按外墙裙的长度。

2. 墙面装饰抹灰（编码：011201002）

（1）项目特征　墙体类型；底层厚度、砂浆配合比；面层厚度、砂浆配合比；装饰面材料种类；分格缝宽度、材料种类。

（2）工作内容　基层清理；砂浆制作、运输；底层抹灰；抹面层；抹装饰面；勾分格缝。

3. 墙面勾缝（编码：011201003）

（1）项目特征　勾缝类型；勾缝材料种类。

（2）工作内容　基层清理；砂浆制作、运输；勾缝。

（3）子目解释　墙面勾缝有平缝、平凹缝、圆凹缝、凸缝和斜缝五种形式。其中，平缝勾成的墙面平整，用于外墙及内墙的勾缝；凹缝照墙面退进2～3mm深；凸缝是将灰缝做成圆形凸线，使线条清晰明显、墙面美观，多用于石墙；斜缝是将水平缝中的上部勾缝砂浆压紧一下，使其成为一个斜面向上的缝，该缝排水方便，多用于烟囱。

4. 立面砂浆找平层（编码：011201004）

（1）项目特征　基层类型；找平层砂浆厚度、配合比。

（2）工作内容　基层清理；砂浆制作、运输；抹灰找平。

二、柱（梁）面抹灰清单项目解析

1. 柱（梁）面一般抹灰（编码：011202001）

（1）项目特征　柱（梁）体类型；底层厚度、砂浆配合比；面层厚度、砂浆配合比；装饰面材料种类；分格缝宽度、材料种类。

（2）工作内容　基层清理；砂浆制作、运输；底层抹灰；抹面层；勾分格缝。

2. 柱（梁）面装饰抹灰（编码：011202002）

（1）项目特征 柱（梁）体类型；底层厚度、砂浆配合比；面层厚度、砂浆配合比；装饰面材料种类；分格缝宽度、材料种类。

（2）工作内容 基层清理；砂浆制作、运输；底层抹灰；抹面层；勾分格缝。

3. 柱（梁）面砂浆找平（编码：011202003）

（1）项目特征 柱（梁）体类型；找平的砂浆厚度、配合比。

（2）工作内容 基层清理；砂浆制作、运输；抹灰找平。

4. 柱面勾缝（编码：011202004）

（1）项目特征 勾缝类型；勾缝材料种类。

（2）工作内容 基层清理；砂浆制作、运输；勾缝。

三、零星抹灰清单项目解析

1. 零星项目一般抹灰（编码：011203001）

（1）项目特征 基层类型、部位；底层厚度、砂浆配合比；面层厚度、砂浆配合比；装饰面材料种类；分格缝宽度、材料种类。

（2）工作内容 基层清理；砂浆制作、运输；底层抹灰；抹面层；抹装饰面；勾分格缝。

2. 零星项目装饰抹灰（编码：011203002）

（1）项目特征 基层类型部位；底层厚度、砂浆配合比；面层厚度、砂浆配合比；装饰面材料种类；分格缝宽度、材料种类。

（2）工作内容 基层清理；砂浆制作、运输；底层抹灰；抹面层；抹装饰面；勾分格缝。

3. 零星项目砂浆找平（编码：011203003）

（1）项目特征 基层类型部位；找平的砂浆厚度、配合比。

（2）工作内容 基层清理；砂浆制作、运输；抹灰找平。

四、墙面块料面层清单项目解析

1. 石材墙面（编码：011204001）

（1）项目特征 墙体类型；安装方式；面层材料品种、规格、颜色；缝宽、嵌缝材料种类；防护材料种类；磨光、酸洗、打蜡要求。

（2）工作内容 基层清理；砂浆制作、运输；黏结层铺贴；面层安装；嵌缝；刷防护材料；磨光、酸洗、打蜡。

（3）子目解释 镶贴块料常用的材料有天然大理石、花岗石、人造石饰面材料等。

2. 拼碎石材墙面（编码：011204002）

（1）项目特征 墙体类型；安装方式；面层材料品种、规格、颜色；缝宽、嵌缝材料种类；防护材料种类；磨光、酸洗、打蜡要求。

（2）工作内容 基层清理；砂浆制作、运输；黏结层铺贴；面层安装；嵌缝；刷防护材料；磨光、酸洗、打蜡。

（3）子目解释 拼碎石材墙面是指使用裁切石材剩下的边角余料经过分类加工作为填充

材料，有不饱和聚酯树脂（或水泥）为胶黏剂，经搅拌成形、研磨、抛光等工序组合而成的墙面装饰项目。常见的拼碎石材墙面一般为拼碎大理石墙面。

3. 块料墙面（编码：011204003）

（1）项目特征　墙体类型；安装方式；面层材料品种、规格、颜色；缝宽、嵌缝材料种类；防护材料种类；磨光、酸洗、打蜡要求。

（2）工作内容　基层清理；砂浆制作、运输；黏结层铺贴；面层安装；嵌缝；刷防护材料；磨光、酸洗、打蜡。

（3）子目解释　块料墙面包括釉面砖墙面、陶瓷锦砖墙面等。

4. 干挂石材钢骨架（编码：011204004）

（1）项目特征　骨架种类、规格；防锈漆品种遍数。

（2）工作内容　骨架制作、运输、安装；刷漆。

（3）子目解释　干挂石材是采用金属挂件将石材饰面直接悬挂在柱体结构上，形成一种完整的维护结构体系。有两种方式：一是直接干挂法，是通过不锈钢膨胀螺栓、不锈钢挂件、不锈钢连接件、不锈钢钢针等，将外墙饰面板连接在外墙墙面；二是间接干挂法，是通过固定在墙、柱、梁上的龙骨，再通过各种挂件固定外墙饰面板。钢骨架常采用型钢龙骨、轻钢龙骨、铝合金龙骨等材料。常用于干挂石材钢骨架的连接方式有两种：第一种是角钢在槽钢的外侧，这种连接方式成本较高，占用空间较大，适合室外使用；第二种是角钢在槽钢的内侧，这种连接方式成本较低，占用空间小，适合室内使用。

五、柱（梁）面镶贴块料清单项目解析

1. 石材柱面（编码：011205001）

（1）项目特征　柱截面类型、尺寸；安装方式；面层材料品种、规格、颜色；缝宽、嵌缝材料种类；防护材料种类；磨光、酸洗、打蜡要求。

（2）工作内容　基层清理；砂浆制作、运输；黏结层铺贴；面层安装；嵌缝；刷防护材料；磨光、酸洗、打蜡。

2. 块料柱面（编码：011205002）

（1）项目特征　柱截面类型、尺寸；安装方式；面层材料品种、规格、颜色；缝宽、嵌缝材料种类；防护材料种类；磨光、酸洗、打蜡要求。

（2）工作内容　基层清理；砂浆制作、运输；黏结层铺贴；面层安装；嵌缝；刷防护材料；磨光、酸洗、打蜡。

3. 拼碎块柱面（编码：011205003）

（1）项目特征　柱截面类型、尺寸；安装方式；面层材料品种、规格、颜色；缝宽、嵌缝材料种类；防护材料种类；磨光、酸洗、打蜡要求。

（2）工作内容　基层清理；砂浆制作、运输；黏结层铺贴；面层安装；嵌缝；刷防护材料；磨光、酸洗、打蜡。

4. 石材梁面（编码：011205004）

（1）项目特征　安装方式；面层材料品种、观格、颜色；缝宽、嵌缝材料种类；防护材料种类；磨光、酸洗、打蜡要求。

（2）工作内容　基层清理；砂浆制作、运输；黏结层铺贴；面层安装；嵌缝；刷防护材

料；磨光、酸洗、打蜡。

5. 块料梁面（编码：011205005)

(1) 项目特征 安装方式；面层材料品种、规格、颜色；缝宽、嵌缝材料种类；防护材料种类；磨光、酸洗、打蜡要求。

(2) 工作内容 基层清理；砂浆制作、运输；黏结层铺贴；面层安装；嵌缝；刷防护材料；磨光、酸洗、打蜡。

六、镶贴零星块料清单项目解析

1. 石材零星项目（编码：011206001)

(1) 项目特征 基层类型、部位；安装方式；面层材料品种、规格、颜色；缝宽、嵌缝材料种类；防护材料种类；磨光、酸洗、打蜡要求。

(2) 工作内容 基层清理；砂浆制作、运输；面层安装；嵌缝；刷防护材料；磨光、酸洗、打蜡。

2. 块料零星项目（编码：011206002)

(1) 项目特征 基层类型、部位；安装方式；面层材料品种、规格、颜色；缝宽、嵌缝材料种类；防护材料种类；磨光、酸洗、打蜡要求。

(2) 工作内容 基层清理；砂浆制作、运输；面层安装；嵌缝；刷防护材料；磨光、酸洗、打蜡。

3. 拼碎块零星项目（编码：011206003)

(1) 项目特征 基层类型、部位；安装方式；面层材料品种、规格、颜色；缝宽、嵌缝材料种类；防护材料种类；磨光、酸洗、打蜡要求。

(2) 工作内容 基层清理；砂浆制作、运输；面层安装；嵌缝；刷防护材料；磨光、酸洗、打蜡。

七、墙饰面清单项目解析

1. 墙面装饰板（编码：011207001)

(1) 项目特征 龙骨材料种类、规格、中距；隔离层材料种类、规格；基层材料种类、规格；面层材料品种、规格、颜色；压条材料种类、规格。

(2) 工作内容 基层清理；龙骨制作、运输、安装；钉隔离层；基层铺钉；面层铺贴。

(3) 子目解释 常用的墙面装饰板有金属饰面板、塑料饰面板、镜面玻璃装饰板等。

2. 墙西装饰浮雕（编码：011207002)

(1) 项目特征 基层类型；浮雕材料种类；浮雕样式。

(2) 工作内容 基层清理；材料制作、运输；安装成型。

八、柱（梁）饰面清单项目解析

1. 柱（梁）面装饰（编码：011208001)

(1) 项目特征 龙骨材料种类、规格、中距；隔离层材料种类；基层材料种类、规格；面层材料品种、规格、颜色；压条材料种类、规格。

(2) 工作内容 基层清理；龙骨制作、运输、安装；钉隔离层；基层铺钉；面层铺贴。

2. 成品装饰柱（编码：011208002）

（1）项目特征　柱截面、高度尺寸；柱材质。

（2）工作内容　柱运输、固定、安装。

第五节　墙、柱面工程清单工程量和定额工程量计算的比较

1. 墙面（一般、装饰）**抹灰**

墙面抹灰的定额工程量和清单工程量计算规则相同，均应按设计图示尺寸以面积计算。扣除墙裙、门窗洞口及单个 0.3m^2 以外的孔洞面积，不扣除踢脚线、挂镜线和墙与构件交接处的面积，门窗洞口和孔洞的侧壁及顶面不增加面积。附墙柱、梁、垛、烟囱侧壁并入相应的墙面面积内。

① 外墙抹灰面积按外墙垂直投影面积计算。

② 外墙裙抹灰面积按其长度乘以高度计算。

③ 内墙抹灰面积按主墙间的净长乘以高度计算。

a. 无墙裙的，高度按室内楼地面至天棚底面计算。

b. 有墙裙的，高度按墙裙顶至天棚底面计算。

④ 内墙裙抹面按内墙净长乘以高度计算。

2. 墙面勾缝

墙面勾缝的定额工程量和清单工程量计算规则相同，均应按垂直投影面积计算，应扣除墙裙和墙面抹灰的面积，不扣除门窗洞口、门窗套、腰线等零星抹灰所占的面积，附墙柱和门窗洞口侧面的勾缝面积也不增加。独立柱、房上烟囱勾缝，按图示尺寸以平方米计算。

3. 柱面（一般、装饰）**抹灰**

柱面抹灰的定额工程量和清单工程量计算规则相同，均应按设计图示柱断面周长乘以高度以面积计算。

4. 零星项目（一般、装饰）**抹灰**

零星项目抹灰的定额工程量和清单工程量计算规则相同，均应按设计图示面积计算。

5. 墙面镶贴块料

石材墙面、块料墙面的定额工程量和清单工程量计算规则相同，均应按设计图示尺寸以镶贴表面积计算。

6. 柱面镶贴块料

石材柱面、拼碎石材柱面、块料柱面的定额工程量和清单工程量计算规则相同，均应按设计图示尺寸以镶贴表面积计算。

7. 零星镶贴块料

石材零星项目、块料零星项目的定额工程量和清单工程量计算规则相同，均应按设计图示尺寸以镶贴表面积计算。

8. 墙饰面

装饰板墙面的定额工程量和清单工程量计算规则相同，均应按设计图示墙净长乘以净高

以面积计算。扣除门窗洞口及单个 0.3m^2 以上的孔洞所占面积。

9. 柱（梁）饰面

柱（梁）面装饰的定额工程量和清单工程量计算规则相同，均应按设计图示饰面外围尺寸以面积计算。柱帽、柱墩并入相应柱饰面工程量内。

10. 隔断

隔断的定额工程量和清单工程量计算规则相同，均应按设计图示框外围尺寸以面积计算。扣除单个 0.3m^2 以上的孔洞所占面积。

木隔断、墙裙、护壁板，均按图示尺寸长度乘以高度按实铺面积以平方米计算。

玻璃隔墙按上横档顶面至下横档底面之间的高度乘以宽度（两边立梃外边线之间）以平方米计算；

浴厕木隔断，按下横档底面至上横档顶面之间的高度乘以图示长度以平方米计算，浴厕门的材质与隔断相同时，门的面积并入隔断面积内。

第五章 天棚工程

第一节 天棚施工图识读及解析

1. 直接抹灰天棚

① 在上部屋面板或楼板的底面上直接抹灰的天棚，称为直接抹灰天棚。

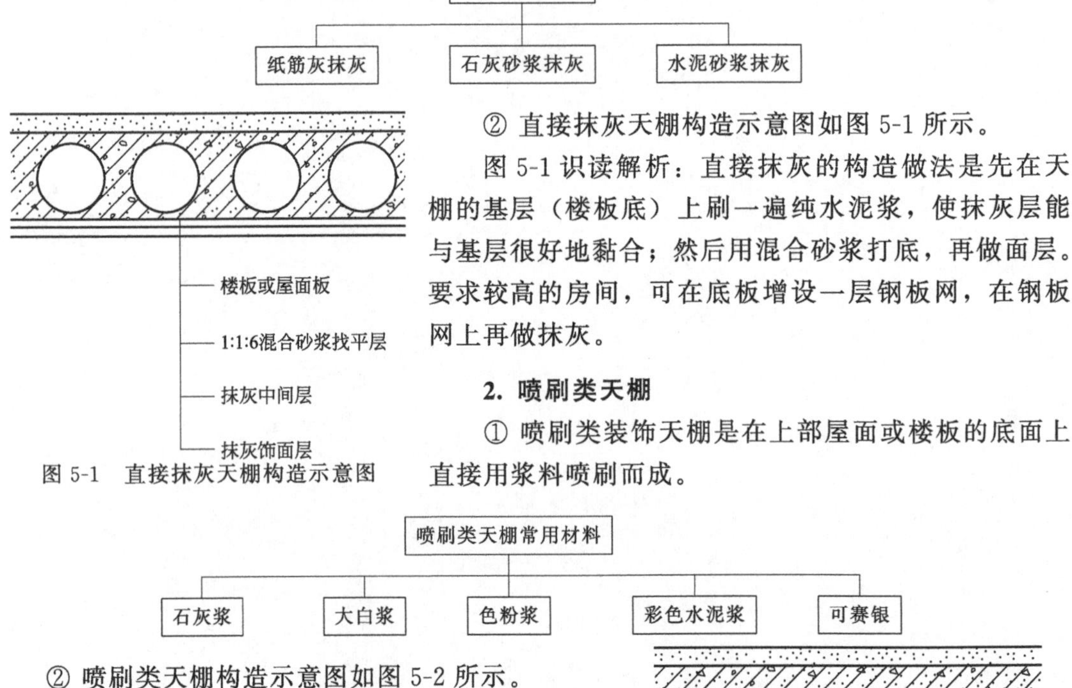

图 5-1　直接抹灰天棚构造示意图

② 直接抹灰天棚构造示意图如图 5-1 所示。

图 5-1 识读解析：直接抹灰的构造做法是先在天棚的基层（楼板底）上刷一遍纯水泥浆，使抹灰层能与基层很好地黏合；然后用混合砂浆打底，再做面层。要求较高的房间，可在底板增设一层钢板网，在钢板网上再做抹灰。

2. 喷刷类天棚

① 喷刷类装饰天棚是在上部屋面或楼板的底面上直接用浆料喷刷而成。

② 喷刷类天棚构造示意图如图 5-2 所示。

图 5-2 识读解析：对于楼板底较平整又没有特殊要求的房间，可在楼板底嵌缝后，直接喷刷浆料。

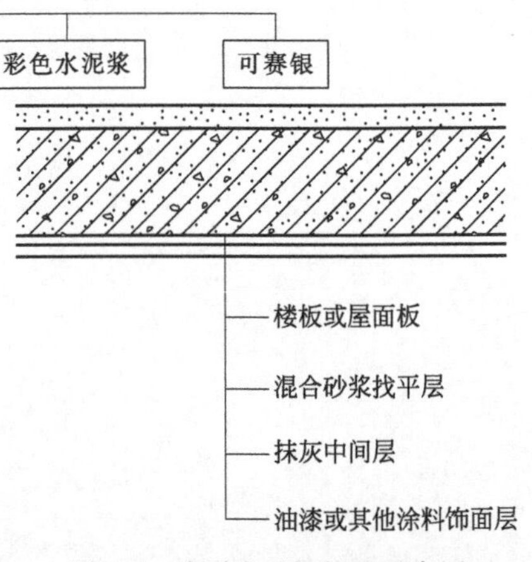

图 5-2　喷刷类天棚构造示意图

3. 结构式天棚

① 将屋盖或楼盖结构暴露在外，利用结构本身的造型做装饰，不再另做天棚，称为结构式天棚。

② 结构式天棚充分利用屋顶结构构件，并巧妙地组合照明、通风、防火、吸声等设备，形成和谐统一的空间景观，结构式天棚构造示意图如图 5-3 所示。

图 5-3 结构式天棚构造示意图

图 5-3 识读解析：结构式天棚一般应用于体育馆、展览厅等大型公共性建筑。

第二节 天棚工程计算规则解析

一、天棚抹灰

根据《房屋建筑与装饰工程工程量计算规范》（GB 50854—2013）的规定，天棚抹灰工程量计算规则见表 5-1。

表 5-1 天棚抹灰工程量计算规则（编码：011301）

项目编码	项目名称	计量单位	计算规则
011301001	天棚抹灰	m^2	按设计图示尺寸以水平投影面积计算。不扣除间壁墙垛、柱、附墙烟囱、检查口和管道所占的面积，带梁天棚的梁两侧抹灰面积并入天棚面积内，板式楼梯底面抹灰按斜面积计算，锯齿形楼梯底板抹灰按展开面积计算

二、天棚吊顶

根据《房屋建筑与装饰工程工程量计算规范》（GB 50854—2013）的规定，天棚吊顶工程量计算规则见表 5-2。

表 5-2 天棚吊顶工程量计算规则（编码：011302）

项目编码	项目名称	计量单位	计算规则
011302001	吊顶天棚	m^2	按设计图示尺寸以水平投影面积计算。天棚面中的灯槽、跌级以及锯齿形、吊挂式、藻井式天棚面积不展开计算。不扣除间壁墙、检查口、附墙烟囱、柱垛和管道所占面积，扣除单个＞0.3m^2 的孔洞、独立柱及与天棚相连的窗帘盒所占的面积
011302002	格栅天棚		按设计图示尺寸以水平投影面积计算
011302003	吊筒天棚		
011302004	藤条造型悬挂吊顶		
011302005	织物软雕吊顶		
011302006	装饰网架吊顶		

三、采光天棚

根据《房屋建筑与装饰工程工程量计算规范》（GB 50854—2013）的规定，采光天棚工程量计算规则见表 5-3。

表 5-3 采光天棚工程量计算规则（编码：011303）

项目编码	项目名称	计量单位	计算规则	备注
011303001	采光天棚	m^2	按框外围展开面积计算	采光天棚骨架不包括在本项目中，应单独按金属结构工程相关项目编码列项

项目解析：采光天棚骨架不包括在本节中，应单独编码立项。

四、天棚其他装饰

根据《房屋建筑与装饰工程工程量计算规范》（GB 50854—2013）的规定，天棚其他装饰工程量计算规则见表 5-4。

表 5-4 天棚其他装饰工程量计算规则（编码：011304）

项目编码	项目名称	计量单位	计 算 规 则
011304001	灯带(槽)	m^2	按设计图示尺寸以框外围面积计算
011304002	送风口、回风口	个	按设计图示数量计算

第三节 天棚工程计算实例

一、天棚工程施工图识读

天棚工程施工图以图 5-4 为例进行识读。

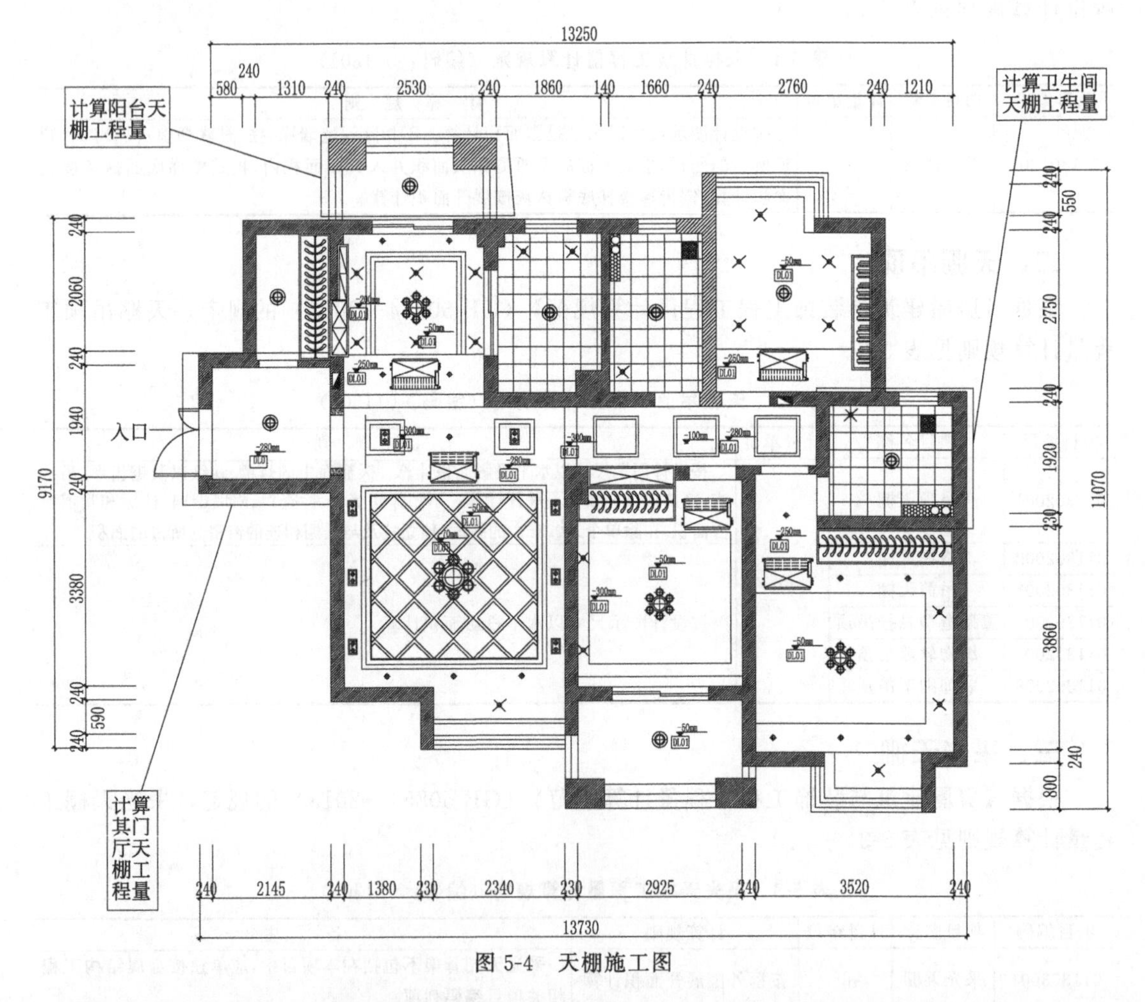

图 5-4 天棚施工图

图 5-4 识读要点：通过阅读天棚施工图可以得出每个房间及部位天棚的具体做法及所使用的装饰材料，其中吊顶的具体做法及尺寸应参见图纸设计说明或施工说明。

二、天棚工程施工图计算

以图 5-4 为例进行天棚施工图工程量计算的解读。

1. 门厅天棚工程量计算

天棚抹灰面积＝长×宽＝(580＋240＋1310)×1940＝4.1322(m^2)

天棚装饰面积＝长×宽＝(580＋240＋1310)×1940＝4.1322(m^2)

天棚投影面积＝长×宽＝(580＋240＋1310)×1940＝4.1322(m^2)

计算解释：1940mm 为门厅的宽度，(580＋240＋1310)mm 为门厅的总长度。

2. 计算卫生间天棚工程量

天棚抹灰面积＝长×宽＝1920×1920＝3.6864(m^2)

天棚装饰面积＝长×宽＝1920×1920＝3.6864(m^2)

天棚投影面积＝长×宽＝1920×1920＝3.6864(m^2)

计算解析：因为图中卫生间为正方形，所为长、宽均为 1920mm。

3. 计算阳台天棚工程量

天棚抹灰面积＝长×宽＝2530×1800＝4.554(m^2)

天棚装饰面积＝长×宽＝2530×1800＝4.554(m^2)

天棚投影面积＝长×宽＝2530×1800＝4.554(m^2)

计算解析：阳台长 2530mm、阳台宽 1800mm。

三、天棚抹灰工程计价

把图 5-4 工程量计算得出的数据代入表 5-5 中，即可得到该部分工程量的价格。

表 5-5 天棚抹灰工程计价表

序号	项目编码	名称	项目特征描述	计量单位	工程量	金额/元		
						综合单价	合价	暂估价
1	011407001001	图 5-4 中①天棚抹灰	(1)3～5mm 厚底基防裂腻子分遍找平 (2)2mm 厚面层耐水腻子刮平 (3)涂料饰面	m^2	4.1322	4.74	19.59	—
2	011407001001	图 5-4 中②天棚抹灰	(1)3～5mm 厚底基防裂腻子分遍找平 (2)2mm 厚面层耐水腻子刮平 (3)涂料饰面	m^2	3.6864	4.74	17.47	—
3	011407001001	图 5-4 中③天棚抹灰	(1)3～5mm 厚底基防裂腻子分遍找平 (2)2mm 厚面层耐水腻子刮平 (3)涂料饰面	m^2	4.554	4.74	21.59	—

注：1. 表中的工程量是图 5-5 中工程量计算得出的数据。

2. 表中的综合单价是根据《2010 年黑龙江省建设工程计价依据》得出的，在计算过程中可根据该工程所使用的定额计算出综合单价。

第四节 天棚工程清单项目解析

一、天棚抹灰清单项目解析

天棚抹灰（编码：011301001）。

（1）项目特征　基层类型；抹灰厚度、材料种类；砂浆配合比。

（2）工作内容　基层清理；底层抹灰；抹面层。

（3）子目解释　天棚抹灰，即天花板抹灰，从抹灰级别上可分为普、中、高3个等级；从抹灰材料上可分为石灰麻刀灰浆、水泥麻刀灰浆、涂刷涂料等；从天棚基层可分为混凝土基层抹灰、板条基层抹灰、钢丝网基层抹灰、密肋井字梁天棚抹灰等。

二、天棚吊顶清单项目解析

1. 吊顶天棚（编码：011302001）

（1）项目特征　吊顶形式、吊杆规格、高度；龙骨材料种类、规格、中距；基层材料种类、规格；面层材料品种、规格；压条材料种类、规格；嵌缝材料种类；防护材料种类。

（2）工作内容　基层清理、吊杆安装；龙骨安装；基层板铺贴；面层铺贴；嵌缝；刷防护材料。

2. 格栅天棚（编码：011302002）

（1）项目特征　龙骨材料种类、规格、中距；基层材料种类、规格；面层材料品种、规格；防护材料种类。

（2）工作内容　基层清理；龙骨安装；基层板铺贴；面层铺贴；刷防护材料。

3. 吊筒天棚（编码：011302003）

（1）项目特征　吊筒形状、规格；吊筒材料种类；防护材料种类。

（2）工作内容　基层清理；吊筒制作安装；刷防护材料。

4. 藤条造型悬挂吊顶（编码：011302004）

（1）项目特征　骨架材料种类、规格；面层材料品种、规格。

（2）工作内容　基层清理；龙骨安装；面层铺贴。

5. 织物软雕吊顶（编码：011302005）

（1）项目特征　骨架材料种类、规格；面层材料品种、规格。

（2）工作内容　基层清理；龙骨安装；面层铺贴。

6. 装饰网架吊顶（编码：011302006）

（1）项目特征　网架材料品种、规格。

（2）工作内容　基层清理；网架制作安装。

三、采光天棚清单项目解析

采光天棚（编码：011303001）。

（1）项目特征　骨架类型；固定类型、固定材料品种、规格；面层材料品种、规格；嵌缝、塞口材料种类。

（2）工作内容　清理基层；面层安装；嵌缝、塞口；清洗。

四、天棚其他装饰清单项目解析

1. 灯带（槽）（编码：011304001）

（1）项目特征　灯带型式、尺寸；格栅片材料品种、规格；安装固定方式。

（2）工作内容　安装、固定。

(3) 子目解释　灯带（槽）是指把LED灯用特殊的加工工艺焊接在铜线或者带状柔性线路板上面。再连接上电源发光。因其发光时形状如一条光带而得名。

2. 送风口、回风口（编码：011304002）

(1) 项目特征　风口材料品种、规格；安装固定方式；防护材料种类。

(2) 工作内容　安装、固定；刷防护材料。

(3) 子目解释　送风口的布置应根据室内温湿度、允许风速，并结合建筑物的特点、内部装修、工艺情况及设备散热等因素综合考虑。具体来说，对于一般的空调房间，就是要均匀布置，保证不留死角。一般一个柱网布置4个风口。回风口是将室内污浊空气回抽，一部分通过空调口过滤送回室内，一部分通过排风口排出室外。送风口、回风口适用于金属、塑料、木质风口。

第五节　天棚工程清单工程量和定额工程量计算的比较

一、天棚工程

(1) 清单工程量计算规则　按设计图示尺寸以水平投影面积计算。天棚面中的灯槽、跌级以及锯齿形、吊挂式、藻井式天棚面积不展开计算。不扣除间壁墙、检查口、附墙烟囱、柱、垛和管道所占面积，扣除单个0.3m^2以外的孔洞，独立柱及与天棚相连的窗帘盒所占的面积。

(2) 定额工程量计算规则　各种吊顶天棚龙骨按主墙间净空面积计算，不扣除间壁墙、检查口、附墙烟囱、柱、垛和管道所占的面积，但天棚中的折线、跌级等圆弧形、高低吊灯槽等面积也不展开计算。

二、天棚抹灰

(1) 清单工程量计算规则　按设计图示尺寸以水平投影面积计算。

(2) 定额工程量计算规则　按主墙间净空面积计算。

第六章 门窗工程

第一节 门窗施工图识读及解析

一、塑钢门施工图识读

塑钢门施工图以图 6-1 为例进行识读。

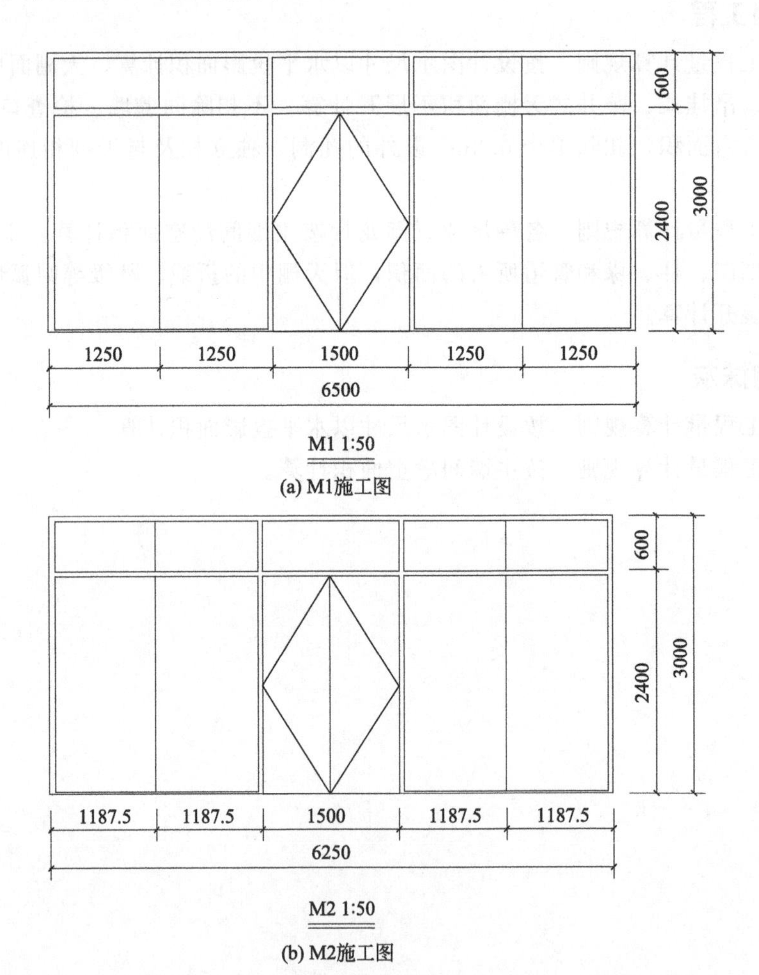

图 6-1 某建筑塑钢门施工图

图 6-1 识读解析如下。

① M1 基本信息：洞口尺寸 6500mm×3000mm。开启方式：平开。材质：拉丝不锈钢。

② M2 基本信息：洞口尺寸 6250mm×3000mm。开启方式：平开。材质：拉丝不锈钢。

二、塑钢窗施工图识读

塑钢窗施工图以图 6-2 为例进行识读。

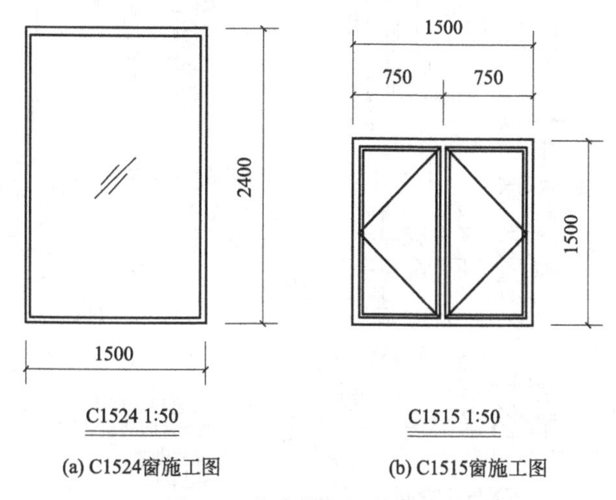

(a) C1524窗施工图　　(b) C1515窗施工图

图 6-2　某建筑塑钢窗施工图

图 6-2 识读解析如下。

① C1524 基本信息：洞口尺寸 1500mm×2400mm。开启方式：固定。材质：拉丝不锈钢。

② C1515 基本信息：洞口尺寸 1500mm×1500mm。开启方式：外开。材质：塑钢。

三、防火卷帘门装饰施工图识读

① 卷帘门由金属片相互扣接而成，有普通卷帘门与防火卷帘们两种，通常用于保护门窗和封闭洞口，经常用于商业建筑、工业建筑等。

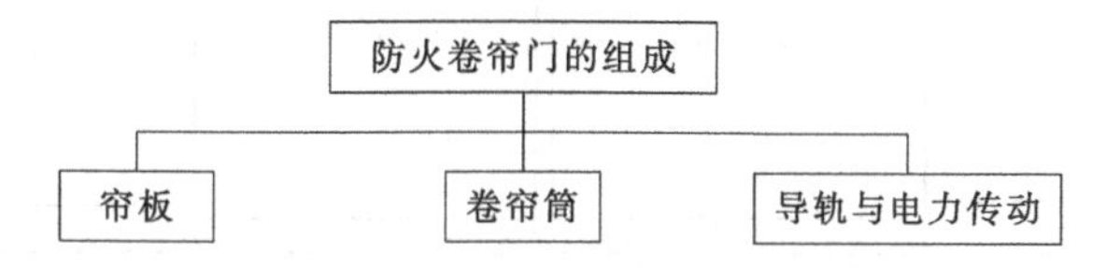

② 防火卷帘门施工图以图 6-3 为例进行识读。

图 6-3 识读解析：图中包括防火卷帘门立面图，剖面图，8 型、14 型、16 型节点图。施工过程中还要与图纸设计说明和图例等相结合去看图。

四、自动推拉门装饰施工图识读

① 自动推拉门的门扇采用铝合金或不锈钢做外框，也可以是无框的全玻璃门，其开启控制有超声波控制、电磁场控制、光电控制、接触板控制等。

② 自动推拉门施工图以图 6-4 为例进行识读。

图 6-4 识读解析：图中标出了自动推拉门的基本构造，施工过程中要与图纸说明和详图相结合去看图，从而指导施工。

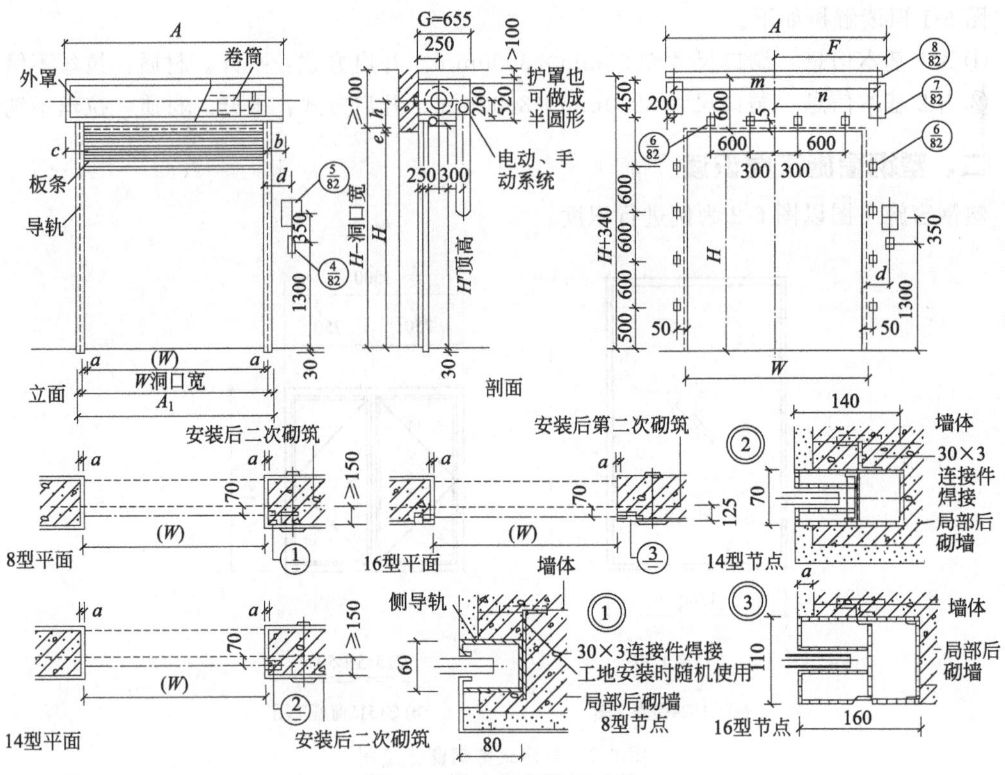

图 6-3　防火卷帘门施工图

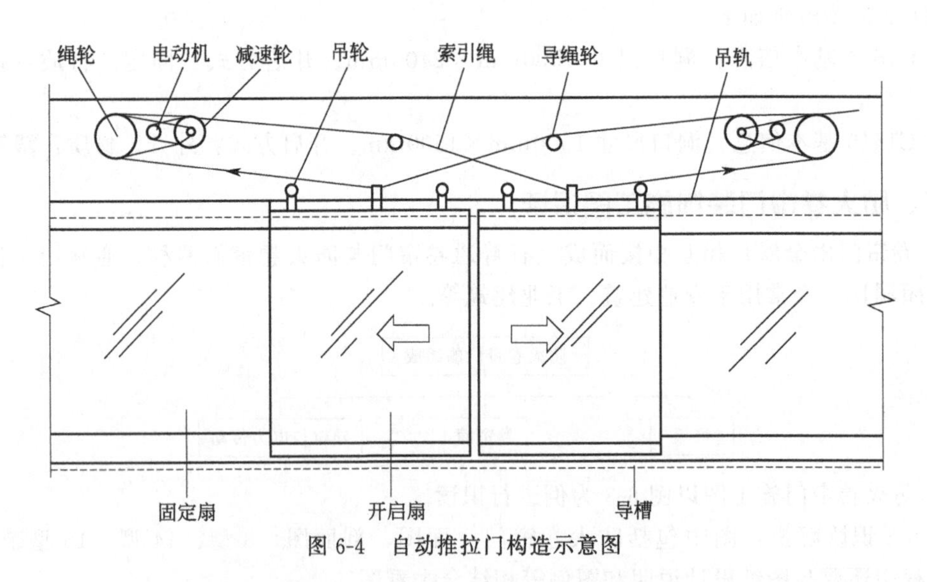

图 6-4　自动推拉门构造示意图

第二节　门窗工程计算规则解析

一、木门

根据《房屋建筑与装饰工程工程量计算规范》（GB 50854—2013）的规定，天棚其他装饰工程量计算规则见表 6-1。

表 6-1 天棚其他装饰工程量计算规则（编码：010801）

项目编码	项目名称	计量单位	计算规则
010801001	木质门	(1)樘 (2)m^2	(1)以樘计量，按设计图示数量计算 (2)以平方米计量，按设计图示洞口尺寸以面积计算
010801002	木质门带套		
010801003	木质连窗门		
010801004	木质防火门		
010801005	木门框	(1)樘 (2)m	(1)以樘计量，按设计图示数量计算 (2)以米计量，按设计图示框的中心线以延长米计算
010801006	门锁安装	个(套)	按设计图示数量计算

解析：

① 木质门应区分镶板木门、企口木板门、实木装饰门、胶合板门、夹板装门、木纱门、全玻门（带木质扇框）、木质半玻门（带木质扇框）等项目，分别编码列项；

② 木质门带套计量按洞口尺寸以面积计算，不包括门套的面积，但门套应计算在综合单价中；

③ 以樘计算，项目特征必须描述洞口尺寸；以平方米计量，项目特征可不描述洞口尺寸。

二、金属门

根据《房屋建筑与装饰工程工程量计算规范》（GB 50854—2013）的规定，金属门工程量计算规则见表 6-2。

表 6-2 金属门工程量计算规则（编码：010802）

项目编码	项目名称	计量单位	计算规则
010802001	金属（塑钢）门	(1)樘 (2)m^2	(1)以樘计量，按设计图示数量计算 (2)以平方米计量，按设计图示洞口尺寸以面积计算
010802002	彩板门		
010802003	钢质防火门		
010802004	防盗门		

三、金属卷帘门

根据《房屋建筑与装饰工程工程量计算规范》（GB 50854—2013）的规定，金属卷帘门工程量计算规则见表 6-3。

表 6-3 金属卷帘门工程量计算规则（编码：010803）

项目编码	项目名称	计量单位	计算规则
010803001	金属卷帘（闸）门	(1)樘 (2)m^2	(1)以樘计量，按设计图示数量计算 (2)以平方米计量，按设计图示洞口尺寸以面积计算
010803002	防火卷帘（闸）门		

解析：

以樘计量，项目特征必须描述洞口尺寸；以平方米计量，项目特征可不描述洞洞口尺寸。

四、厂房库大门、特种门

根据《房屋建筑与装饰工程工程量计算规范》（GB 50854—2013）的规定，厂房库大门、特种门工程量计算规则见表6-4。

表6-4 厂房库大门、特种门工程量计算规则（编码：010804）

项目编码	项目名称	计量单位	计算规则
010804001	木板大门	(1)樘 (2)m^2	(1)以樘计量，按设计图示数量计算 (2)以平方米计量，按设计图示洞口尺寸以面积计算
010804002	钢木大门		
010804003	全钢板大门		
010804004	防护铁丝门		(1)以樘计量，按设计图示数量计算 (2)以平方米计量，按设计图示门框或扇以面积计算
010804005	金属格栅门		(1)以樘计量，按设计图示数量计算 (2)以平方米计量，按设计图示洞口尺寸以面积计算
010804006	钢质花饰大门		(1)以樘计量，按设计图示数量计算 (2)以平方米计量，按设计图示门框或扇以面积计算
010804007	特种门		(1)以樘计量，按设计图示数量计算 (2)以平方米计量，按设计图示洞口尺寸以面积计算

五、其他门

根据《房屋建筑与装饰工程工程量计算规范》（GB 50854—2013）的规定，其他门工程量计算规则见表6-5。

表6-5 其他门工程量计算规则（编码：010805）

项目编码	项目名称	计量单位	计算规则
010805001	电子感应门	(1)樘 (2)m^2	(1)以樘计量，按设计图示数量计算 (2)以平方米计量，按设计图示洞口尺寸以面积计算
010805002	旋转门		
010805003	电子对讲门		
010805004	电动伸缩门		
010805005	全玻自由门		
010805006	镜面不锈钢饰面门		
010805007	复合材料门		

六、木窗

根据《房屋建筑与装饰工程工程量计算规范》（GB 50854—2013）的规定，木窗工程量计算规则见表6-6。

表6-6 木窗工程量计算规则（编码：010806）

项目编码	项目名称	计量单位	计算规则
010806001	木质窗	(1)樘 (2)m^2	(1)以樘计量，按设计图示数量计算 (2)以平方米计量，按设计图示洞口尺寸以面积计算
010806002	木飘(凸)窗		(1)以樘计量，按设计图示数量计算 (2)以平方米计量，按设计图示尺寸以框外围展开面积计算
010806003	木橱窗		
010806004	木纱窗		(1)以樘计量，按设计图示数量计算 (2)以平方米计量，按框的外围尺寸以面积计算

七、金属窗

根据《房屋建筑与装饰工程工程量计算规范》（GB 50854—2013）的规定，金属窗工程量计算规则见表6-7。

表 6-7 金属窗工程量计算规则（编码：010807）

项目编码	项目名称	计量单位	计算规则
010807001	金属（塑钢、断桥）窗	(1)樘 (2)m^2	(1)以樘计量，按设计图示数量计算 (2)以平方米计量，按设计图示洞口尺寸以面积计算
010807002	金属防火窗		
010807003	金属百叶窗		(1)以樘计量，按设计图示数量计算 (2)以平方米计量，按设计图示洞口尺寸以面积计算
010807004	金属纱窗		(1)以樘计量，按设计图示数量计算 (2)以平方米计量，按框的外围尺寸以面积计算
010807005	金属格栅窗		(1)以樘计量，按设计图示数量计算 (2)以平方米计量，按设计图示洞口尺寸以面积计算
010807006	金属（塑钢、断桥）橱窗		(1)以樘计量，按设计图示数量计算 (2)以平方米计量，按设计图示尺寸以框外围展开面积计算
010807007	金属（塑钢、断桥）飘（凸）窗		
010807008	彩板窗		(1)以樘计量，按设计图示数量计算 (2)以平方米计量，按设计图示洞口尺寸或框外围以面积计算
010807009	复合材料窗		

八、门窗套

根据《房屋建筑与装饰工程工程量计算规范》（GB 50854—2013）的规定，门窗套工程量计算规则见表 6-8。

表 6-8 门窗套工程量计算规则（编码：010808）

项目编码	项目名称	计量单位	计算规则
010808001	木门窗套	(1)樘 (2)m^2 (3)m	(1)以樘计量，按设计图示数量计算 (2)以平方米计量，按设计图示尺寸以展开面积计算 (3)以米计量，按设计图示中心以延长米计算
010808002	木筒子板		
010808003	饰面夹板筒子板		
010808004	金属门窗套		
010808005	石材门窗套		
010808006	门窗木贴脸	(1)樘 (2)m	(1)以樘计量，按设计图示数量计算 (2)以米计量，按设计图示尺寸以延长米计算
010808007	成品木门窗套	(1)樘 (2)m^2 (3)m	(1)以樘计量，按设计图示数量计算 (2)以平方米计量，按设计图示尺寸以展开面积计算 (3)以米计量，按设计图示中心以延长米计算

第三节 门窗工程计算实例

一、图纸识读

1. 门窗大样图识读

门窗大样图以图 6-5 为例进行识读。

图 6-5 识读要点：从中可知门窗的适用范围、门窗尺寸及其洞口的具体尺寸，如 C1212（1209）适用于楼梯间外窗，洞口尺寸为 1200mm×1200mm。

2. 门窗表识读

门窗表以图 6-6 为例进行识读。

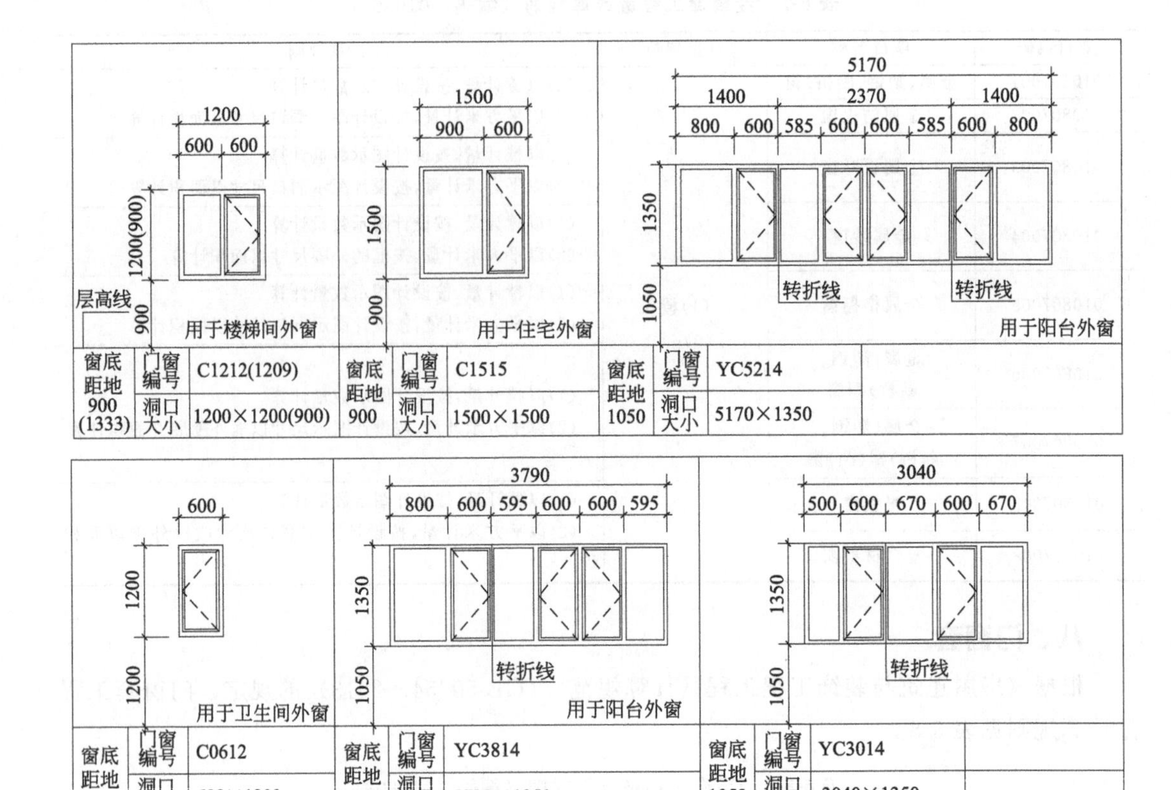

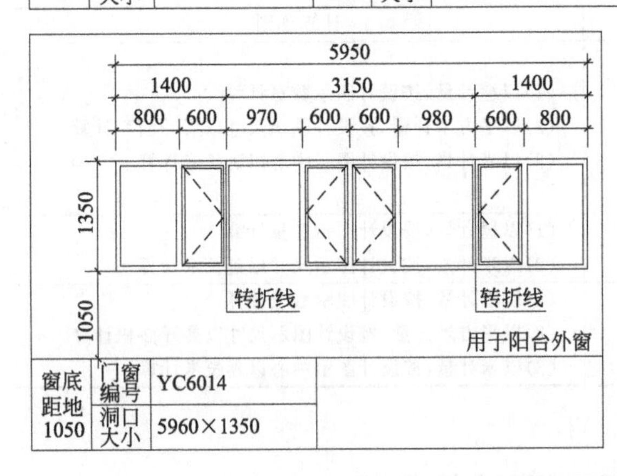

图 6-5 门窗大样图

图 6-6 识读要点：从中可得知每个门窗名称、洞口尺寸及每层中的门窗数量。

3. 首层门窗平面图识读

首层门窗平面图以图 6-7 为例进行识读。

图 6-7 识读要点如下。

① 图 6-7 识读要点：在 1 轴交Ⓓ轴处设一个水簸箕，其做法见图集 11J930。

② 在 1 轴交Ⓐ轴墙处有一个水暖进户洞口，洞口尺寸为 800mm×500mm，洞顶标高为室外地面下 0.7m。

③ 4 单元楼梯间内有一个夹层检修口（尺寸为 700mm×700mm）。

类型	门窗名称	洞口尺寸/mm		门窗数量				门窗类型	传热系数/[W/(m^2·K)]	备注
		宽度	高度	1层	2～6层	网顶层	合计			
塑钢窗	C0512	600	1200	2	2×5		12	中空三玻塑钢窗	2.0	专业厂家订做安装
	C1209	1200	900		4		4			
	C1212	1200	1200		4×4		16			
	C1515	1500	1500	20	20×5		120			
	C1815	1800	1500	2	2×5		12			
门连窗	CM11235	1100	2350	6	6×5		36	中空三玻塑钢门联窗门芯板高1050mm	2.0	专业厂家订做安装
	CM12235	1200	2350	2	2×5		12			
	CM14235	1400	2350	2	2×5		12			
	CM17235	1700	2350	2	2×5		12			
电子门	DZM1224	1200	2400	4	1	2	4	可视单元对讲门	1.5	专业厂家订做安装
进户门	JM1021	1000	2100	12	12×5		72	防火防寒防盗门		乙级防火门(耐火极限1.0h)
内门	M0821	800	2100	12	12×5		72	预扇湘口		用户自理
	M0921	900	2100	22	22×5		132			
防盗门	WM1220	1200	2000	4			4	钢制防盗门	1.5	专业厂家订做安装
防火门	FM丙0619	600	1900	4	4×5		24	丙级防火门		丙级防火门(耐火极限0.5h)距地200mm
	FM甲0815	800	1500			3	3	甲级防火门		甲级防火门(耐火极限1.5h)距地300mm
阳台窗	YC3014	3040	1350		4×5		20	中空双玻塑钢窗	2.5	专业厂家订做安装
	YC3814	3790	1350		2×5		10			
	YC4314	4290	1350		2×5		10			
	YC5214	5170	1350	2	2×5		12			
	YC6014	5960	1350	2	2×5		12			
	YC4114	4050	1350	2						
	YC3614	3550	1350	2						
	YC2814	2800	1350	4						

附注：

1. 门窗所标尺寸均为洞口尺寸，所有门窗均应现场放样无误后再进行制作；
2. 门窗玻璃的选用应遵照《建筑玻璃应用技术规程》JGJ113和《建筑安全玻璃管理规定》发改运行[2003] 2116的有关规定；
3. 门窗立樘：外门窗立樘与外墙平齐，内门窗立樘除图中另有注明者外，双向平开门立樘墙中，单向平开门立樘开启方向墙面平；
4. 所有门窗个数均以现场核实为准；确认无误后方可施工；
5. 所有门窗技术要求见国家标准图集。

图6-6 门窗表

④ 可知道本层每种窗户及门的类型、门窗所在的位置、门窗的具体数量，门窗的洞口及标高尺寸需查看门窗表和门窗大样图。

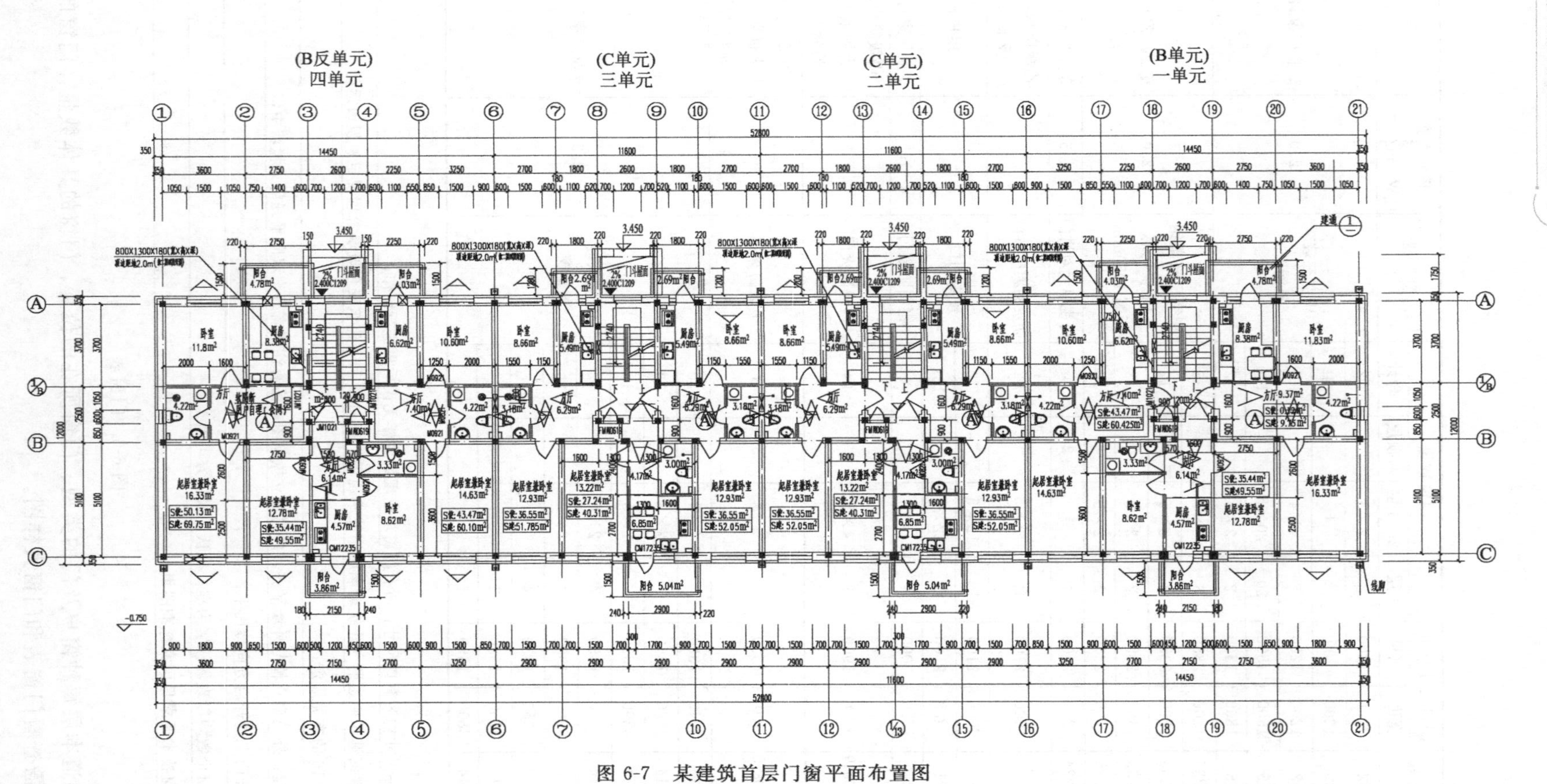

图 6-7 某建筑首层门窗平面布置图

二、门窗工程量计算

1. 首层窗工程量计算（图 6-7）

通过阅读图纸可知在首层中窗的类型有三种，即为 C0612、C1515、C1815。下面以 C0612（图 6-8）、C1515（图 6-9）工程量计算为例进行识读。

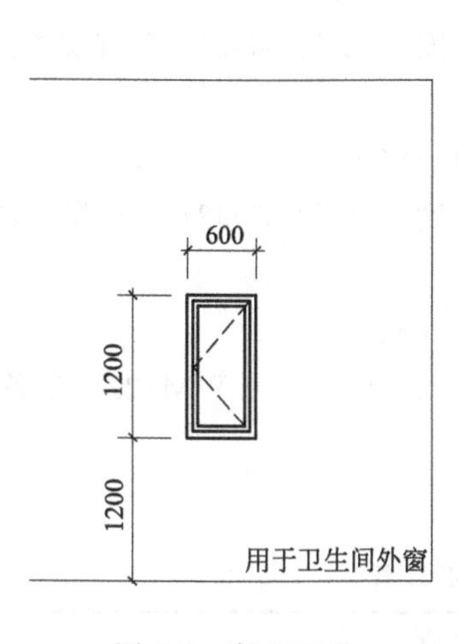

图 6-8 窗 C0612

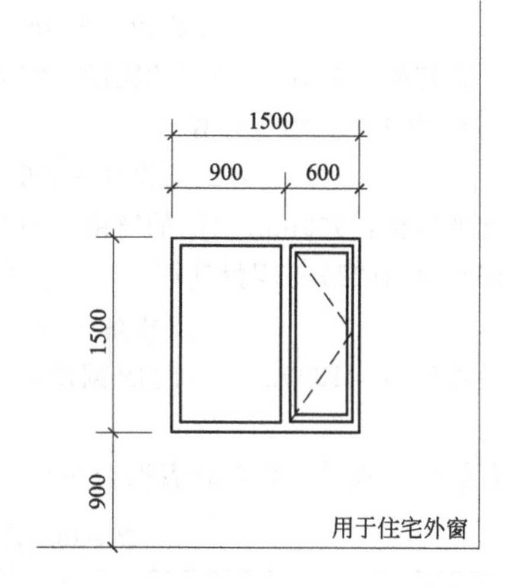

图 6-9 窗 C1515

$$工程量=1200\times600\times2=1.44(m^2)$$

计算解析：1200mm 是窗的高度，600mm 是窗的宽度，2 是窗 C0612 在首层中的个数。

$$工程量=1500\times1500\times20=45(m^2)$$

计算解析：1500mm 是窗的高度，1500mm 是窗的宽度，20 是窗 C1515 在首层中的个数。

首层窗工程量计算汇总表见表 6-9。

表 6-9 首层窗工程量计算汇总表

分类条件		工程量名称						
楼层	名称	洞口面积/m^2	框外围面积/m^2	数量/樘	洞口三面长度/m	洞口宽度/m	洞口高度/m	洞口周长/m
首层	C0612	1.44	1.44	2	6	1.2	2.4	7.2
	C1515	45	45	20	90	30	30	120
	C1815	5.4	5.4	2	9.6	3.6	3	13.2
总计		51.84	51.84	24	105.6	34.8	35.4	140.4

2. 首层门工程量计算（图 6-7）

通过图 6-7 可知共有 DZM1224 四个、FM 丙 0619 四个、JM1021 十二个、M0821 十二个、M0921 二十二个、WM1220 四个。

通过图 6-6 可知图 6-7 门的基本尺寸信息。

（1）DZM1224 工程量计算

$$工程量=1200\times2400\times4=11.52(m^2)$$

计算解析：1200mm 为门的宽度，2400mm 为门的高度，4 为 DZM1224 在首层中的个数。

（2）FM 丙 0619 工程量计算

$$工程量=600\times1900\times4=4.56(m^2)$$

计算解析：600mm 为门的宽度，1900mm 为门的高度，4 为 FM 丙 0619 在首层中的个数。

(3) JM1021 工程量计算

$$工程量=1000\times2100\times12=25.2(m^2)$$

计算解析：1000mm 为门的宽度，2100mm 为门的高度，12 为 JM1021 在首层中的个数。

(4) M0821 工程量计算

$$工程量=800mm\times2100\times12=20.16(m^2)$$

计算解析：800mm 为门的宽度，2100mm 为门的高度，12 为 M0821 在首层中的个数。

(5) M0921 工程量计算

$$工程量=900\times2100\times22=41.58(m^2)$$

计算解析：900mm 为门的宽度，2100mm 为门的高度，22 为 M0921 在首层中的个数。

(6) WM1220 工程量计算

$$工程量=1200\times2000\times4=22.68(m^2)$$

计算解析：1200mm 为门的宽度，2000mm 为门的高度，4 为 WM1220 在首层中的个数。

首层门工程量计算汇总表见表 6-10。

表 6-10　首层门工程量计算汇总表

分类条件		工程量名称						
楼层	名称	洞口面积/m²	框外围面积/m²	数量/樘	洞口三面长度/m	洞口宽度/m	洞口高度/m	洞口周长/m
首层	DZM1224	11.52	11.52	4	24	4.8	9.6	28.8
	FM丙 0619	4.56	4.56	4	17.6	2.4	7.6	20
	JM1021	25.2	25.2	12	62.4	12	25.2	74.4
	M0821	20.16	20.16	12	60	9.6	25.2	69.6
	M0921	41.58	41.58	22	112.2	19.8	46.2	132
	WM1220	9.6	9.6	4	20.8	4.8	8	25.6
总计		112.62	112.62	58	297	53.4	121.8	350.4

三、门窗工程计价

把图 6-7 工程量计算得出的数据代入表 6-11 中，即可得到该部分工程量的价格。

表 6-11　门窗工程计价表

序号	项目编码	名称	项目特征描述	计量单位	工程量	金额/元		
						综合单价	合价	暂估价
1	010807001001	图 6-7 中 C0612 塑钢窗	(1)材料品种：中空三玻塑钢窗 (2)洞口尺寸：600mm×1200mm	樘	2	288	576	—
2	010807001002	图 6-7 中 C1515 塑钢窗	(1)材料品种：中空三玻塑钢窗 (2)洞口尺寸：1500mm×1500mm	樘	20	900	18000	—
3	010807001003	图 6-7 中 C1815 塑钢窗	(1)材料品种：中空三玻塑钢窗 (2)洞口尺寸：1800mm×1500mm	樘	2	1080	2160	—
4	010802003001	图 6-7 中 DZM1224 电子门	(1)材料品种：电子门 (2)洞口尺寸：1200mm×2400mm	樘	4	4752	19008	—
5	010802003002	图 6-7 中 FM 丙 0619 电子门	(1)门代号：FM 丙 (2)洞口尺寸：600mm×1900mm	樘	4	592.8	2371.2	—
6	010802003003	图 6-7 中 JM1021 进户门	(1)材料品种：防火防寒防盗门(乙级防火门，耐火极限 1.0h) (2)洞口尺寸：1000mm×2100mm	樘	12	1470	17640	—

续表

序号	项目编码	名称	项目特征描述	计量单位	工程量	金额/元		
						综合单价	合价	暂估价
7	010802003004	图 6-7 中 M0821 内门	(1)材料品种:房间内实木门 (2)洞口尺寸:800mm×2100mm	樘	12	1180	14160	—
8	010802003005	图 6-7 中 M0921 内门	(1)材料品种:房间内实木门 (2)洞口尺寸:900mm×2100mm	樘	22	1280	28160	—
9	010802003006	图 6-7 中 WM1220 外门	(1)门代号:外门 (2)洞口尺寸:1200mm×2000mm	樘	4	1560	6240	—

注：1. 表中的工程量是图 6-7 中工程量计算得出的数据。

2. 表中的综合单价是根据《2010 年黑龙江省建设工程计价依据》得出的，在计算过程中可根据该工程所使用的定额计算出综合单价。

第四节 门窗工程清单项目解析

一、木门

1. 木质门（编码：010801001）

(1) 项目特征　门代号及洞口尺寸；镶嵌玻璃品种、厚度。

(2) 工作内容　门安装；玻璃安装；五金安装。

2. 木质门带套（编码：010801002）

(1) 项目特征　门代号及洞口尺寸；镶嵌玻璃品种、厚度。

(2) 工作内容　门安装；玻璃安装；五金安装。

3. 木质连窗门（编码：010801003）

(1) 项目特征　门代号及洞口尺寸；镶嵌玻璃品种、厚度。

(2) 工作内容　门安装；玻璃安装；五金安装。

4. 木质防火门（编码：010801004）

(1) 项目特征　门代号及洞口尺寸；镶嵌玻璃品种、厚度。

(2) 工作内容　门安装；玻璃安装；五金安装。

5. 木门框（编码：010801005）

(1) 项目特征　门代号及洞口尺寸；框截面尺寸；防护材料种类。

(2) 工作内容　木门框制作、安装；运输；刷防护材料。

6. 门锁安装（编码：010801006）

(1) 项目特征　锁品种；锁规格。

(2) 工作内容　安装。

二、金属门

1. 金属（塑钢）门（编码：010802001）

(1) 项目特征　门代号及洞口尺寸；门框或扇外围尺寸；门框、扇材质；玻璃品种、厚度。

(2) 工作内容　门安装；五金安装；玻璃安装。

2. 彩板门（编码：010802002）

（1）项目特征　门代号及洞口尺寸；门框或扇外围尺寸。

（2）工作内容　门安装；五金安装；玻璃安装。

3. 钢质防火门（编码：010802003）

（1）项目特征　门代号及洞口尺寸；门框或扇外围尺寸；门框、扇材质。

（2）工作内容　门安装；五金安装。

4. 防盗门（编码：010802004）

（1）项目特征　门代号及洞口尺寸；门框或扇外围尺寸；门框、扇材质。

（2）工作内容　门安装；五金安装。

三、金属卷帘门

1. 金属卷帘（闸）门（编码：010803001）

（1）项目特征　门代号及洞口尺寸；门材质；启动装置品种、规格。

（2）工作内容　门运输、安装；启动装置、活动小门、五金安装。

（3）子目解释　卷帘门由帘板、卷筒体、导轨、电气传动装置等部分组成。

2. 防火卷帘（闸）门（编码：010803002）

（1）项目特征　门代号及洞口尺寸；门材质；启动装置品种、规格。

（2）工作内容　门运输、安装；启动装置、活动小门、五金安装。

（3）子目解释　防火卷帘门由帘板、卷筒体、导轨、电气传动装置组成，另配温感、烟感、光感报警系统以及水幕喷淋系统，遇有火情自动报警，自动喷淋，门体自控下降，定时延时关闭。

四、厂房库大门、特种门

1. 木板大门（编码：010804001）

（1）项目特征　门代号及洞口尺寸；门框或扇外围尺寸；门框、扇材质；五金种类、规格；防护材料种类。

（2）工作内容　门（骨架）制作、运输；门、五金配件安装；刷防护材料。

（3）子目解释　木板大门适用于厂库房的平开、推拉、带观察窗、不带观察窗等各类型模板大门。

2. 钢木大门（编码：010804002）

（1）项目特征　门代号及洞口尺寸；门框或扇外围尺寸；门框、扇材质；五金种类、规格；防护材料种类。

（2）工作内容　门（骨架）制作、运输；门、五金配件安装；刷防护材料。

（3）子目解释　钢木大门的门框一般由混凝土制成，门扇由骨架和面板构成，门扇的骨架常用型钢制成，门芯板一般用 15mm 厚的木板，用螺栓与钢骨架相连接。该项目适用于厂库房的平开、推拉、单面铺木板、双单铺木板、防风型、保暖型等各类型钢木大门。应注意：钢骨架制作安装包括在报价内；防风型钢木门应描述防风材料或保暖材料。

3. 全钢板大门（编码：010804003）

（1）项目特征　门代号及洞口尺寸；门框或扇外围尺寸；门框、扇材质；五金种类、规格；防护材料种类。

(2) 工作内容　门（骨架）制作、运输；门、五金配件安装；刷防护材料。

(3) 子目解释　全钢板大门适用于厂库房的平开、推拉、折叠、单面平钢板、双面铺钢板等各类型全钢板门。

4. 防护铁丝门（编码：010804004）

(1) 项目特征　门代号及洞口尺寸；门框或扇外围尺寸；门框、扇材质；五金种类、规格；防护材料种类。

(2) 工作内容　门（骨架）制作、运输；门、五金配件安装；刷防护材料。

5. 金属格栅门（编码：010804005）

(1) 项目特征　门代号及洞口尺寸；门框或扇外围尺寸；门框、扇材质；启动装置品种、规格。

(2) 工作内容　门安装；启动装置、五金配件安装。

6. 钢质花饰大门（编码：010804006）

(1) 项目特征　门代号及洞口尺寸；门框或扇外围尺寸；门框、扇材质。

(2) 工作内容　门安装；五金配件安装。

7. 特种门（编码：010804007）

(1) 项目特征　门代号及洞口尺寸；门框或扇外围尺寸；门框、扇材质。

(2) 工作内容　门安装；五金配件安装。

五、其他门

1. 电子感应门（编码：010805001）

(1) 项目特征　门代号及洞口尺寸；门框或扇外围尺寸；门框、扇材质；玻璃品种、厚度；启动装置的品种、规格；电子配件品种、规格。

(2) 工作内容　门安装；启动装置、五金、电子配件安装。

(3) 子目解释　电子感应门多以铝合金型材制作而成，其感应系统采用电磁感应的方式，具有外观新颖、结构精巧、运行噪声小、功耗低、启动灵活、可靠、节能等特点，适用于高级宾馆、饭店、医院、候机楼、车间等自动门安装设备。

2. 旋转门（编码：010805002）

(1) 项目特征　门代号及洞口尺寸；门框或扇外围尺寸；门框、扇材质；玻璃品种、厚度；启动装置的品种、规格；电产配件品种、规格。

(2) 工作内容　门安装；启动装置、五金、电子配件安装。

(3) 子目解释　旋转门主要用于宾馆、机场、商店、银行等中高级公告建筑中。转门项目适用于电子感应和人力推动的转门。

3. 电子对讲门（编码：010805003）

(1) 项目特征　门代号及洞口尺寸；门框或扇外围尺寸；门材质；玻璃品种、厚度；启动装置的品种、规格；电子配件品种、规格。

(2) 工作内容　门安装；启动装置、五金、电子配件安装。

(3) 子目解释　电子对讲门多安装于住宅、楼宇及要求安全防卫场所的入口，具有选择呼叫、对讲、控制等功能，一般由门框、门扇、门铰链、闭门器、电控锁等部件组成。

4. 电动伸缩门（编码：010805004）

(1) 项目特征　门代号及洞口尺寸；门框或扇外围尺寸；门材质；玻璃品种、厚度；启动装置的品种、规格；电子配件品种、规格。

(2) 工作内容　门安装；启动装置、五金、电子配件安装。

(3) 子目解释　电动伸缩门多用于小区、公园、学校、建筑工地等大门，一般分为有轨和无轨两种，通常采用铝合金或不锈钢。

六、木窗

1. 木质窗（编码：010806001）

(1) 项目特征　窗代号及洞口尺寸；玻璃品种、厚度。

(2) 工作内容　窗安装；五金、玻璃安装。

(3) 子目解释　木窗主要是由窗框与窗扇两部分组成。

2. 木飘（凸）窗（编码：010806002）

(1) 项目特征　窗代号及洞口尺寸；玻璃品种、厚度。

(2) 工作内容　窗安装；五金、玻璃安装。

3. 木橱窗（编码：010806003）

(1) 项目特征　窗代号；框截面及外围展开面积；玻璃品种、厚度；防护材料种类。

(2) 工作内容　窗制作、运输、安装；五金、玻璃安装；刷防护材料。

4. 木纱窗（编码：010806004）

(1) 项目特征　窗代号及框的外围尺寸；窗纱材料品种、规格。

(2) 工作内容　窗安装；五金安装。

七、金属窗

1. 金属（塑钢、断桥）窗（编码：010807001）

(1) 项目特征　窗代号及洞口尺寸；框、扇材质；玻璃品种、厚度。

(2) 工作内容　窗安装；五金、玻璃安装。

2. 金属防火窗（编码：010807002）

(1) 项目特征　窗代号及洞口尺寸；框、扇材质；玻璃品种、厚度。

(2) 工作内容　窗安装；五金、玻璃安装。

3. 金属百叶窗（编码：010807003）

(1) 项目特征　窗代号及洞口尺寸；框、扇材质；玻璃品种、厚度。

(2) 工作内容　窗安装；五金安装。

4. 金属纱窗（编码：010807004）

(1) 项目特征　窗代号及洞口尺寸；框材质；窗纱材料品种、规格。

(2) 工作内容　窗安装；五金安装。

5. 金属格栅窗（编码：010807005）

(1) 项目特征　窗代号及洞口尺寸；框外围尺寸；框、扇材质。

（2）工作内容　窗安装；五金安装。

6. 金属（塑钢、断桥）**橱窗**（编码：010807006）

（1）项目特征　窗代号；框外围展开面积；框、扇材质；玻璃品种、厚度；防护材料种类。

（2）工作内容　窗制作、运输、安装；五金、玻璃安装；刷防护材料。

7. 金属（塑钢、断桥）**飘**（凸）**窗**（编码：010807007）

（1）项目特征　窗代号；框外围展开面积；框、扇材质；玻璃品种、厚度。

（2）工作内容　窗安装；五金、玻璃安装。

8. 彩板窗（编码：010807008）

（1）项目特征　窗代号及洞口尺寸；框外围尺寸；框、扇材质；玻璃品种、厚度。

（2）工作内容　窗安装；五金、玻璃安装。

9. 复合材料窗（编码：010807009）

（1）项目特征　窗代号及洞口尺寸；框外围尺寸；框、扇材质；玻璃品种、厚度。

（2）工作内容　窗安装；五金、玻璃安装。

八、门窗套

1. 木门窗套（编码：010808001）

（1）项目特征　窗代号及洞口尺寸；门窗套展开宽度；基层材料种类；面层材料品种、规格；线条品种、规格；防护材料种类。

（2）工作内容　清理基层；立筋制作、安装；基层板安装；面层铺贴；线条安装；刷防护材料。

（3）子目解释　门窗套是在门窗洞口的两个立边垂直面，可突出外墙形成边框，也可与外墙平齐；既要立边垂直，又要满足墙面平整，故此质量要求很高。门窗套可起到保护墙体边线的作用，门套还起到固定门扇的作用，而窗套则可在装饰过程中修补窗框密封不实、通风漏气的缺点。

2. 木筒子板（编码：010808002）

（1）项目特征　筒子板宽度；基层材料种类；面层材料品种、规格；线条品种、规格；防护材料种类。

（2）工作内容　清理基层；立筋制作、安装；基层板安装；面层铺贴；线条安装；刷防护材料。

（3）子目解释　在一些高级装饰的房间中门窗洞口周边墙面（外门窗在洞口内侧墙面）、过厅门洞的周边或装饰洞口周围，用装饰板饰面的做法，称为筒子板。

3. 饰面夹板筒子板（编码：010808003）

（1）项目特征　筒子板宽度；基层材料种类；面层材料品种、规格；线条品种、规格；防护材料种类。

（2）工作内容　清理基层；立筋制作、安装；基层板安装；面层铺贴；线条安装；刷防护材料。

4. 金属门窗套（编码：010808004）

（1）项目特征　窗代号及洞口尺寸；门窗套展开宽度；基层材料种类；面层材料品种、规格；防护材料种类。

（2）工作内容　清理基层；立筋制作、安装；基层板安装；面层铺贴；刷防护材料。

5. 石材门窗套（编码：010808005）

（1）项目特征　窗代号及洞口尺寸；门窗套展开宽度；黏结层厚度、砂浆配合比；面层材料品种、规格；线条品种、规格。

（2）工作内容　清理基层；立筋制作、安装；基层抹灰；面层铺贴；线条安装。

6. 门窗木贴脸（编码：010808006）

（1）项目特征　门窗代号及洞口尺寸；贴脸板宽度；防护材料种类。

（2）工作内容　安装。

（3）子目解释　门窗贴脸也称门窗头线，指镶在门窗外的木板。

第五节　门窗工程清单工程量和定额工程量计算的比较

一、木窗台板

（1）清单工程量计算规则　按设计图示尺寸以展开面积计算。

（2）定额工程量计算规则　按设计图示尺寸以延长米，两端共加 100mm 乘以宽度以面积计算。

二、木组合窗

（1）清单工程量计算规则　按设计图示数量或设计图示洞口尺寸以面积计算。

（2）定额工程量计算规则　按设普通窗上部带有半圆窗的工程量应分别按半圆窗和普通窗以“平方米”计算。

三、金属卷帘门

（1）清单工程量计算规则　按设计图示数量或设计图示洞口尺寸以面积计算。

（2）定额工程量计算规则　按洞口高度增加 600mm 乘以门实际宽度以“平方米”计算。

第七章 油漆、涂饰、裱糊工程

第一节 油漆、涂饰、裱糊工程计算规则解析

一、门油漆

根据《房屋建筑与装饰工程工程量计算规范》（GB 50854—2013）的规定，门油漆工程量计算规则见表7-1。

表7-1 门油漆工程量计算规则（编码：011401）

项目编码	项目名称	计量单位	计算规则
011401001	木门油漆	(1)樘	(1)以樘计量,按设计图示数量计量
011401002	金属门油漆	(2)m^2	(2)以平方米计量,按设计图示洞口尺寸以面积计算

解析：

① 木门油漆应区分木大门、单层木门、双层（一玻一纱）木门、双层（单裁口）木门、全玻自由门、半玻自由门、装饰门及有框门或无框门等项目，分别编码列项；

② 金属门油漆应区分平开门、推拉门、钢制防火门等项目，分别编码列项；

③ 以平方米计量，项目特征可不必描述洞口尺寸。

二、窗油漆

根据《房屋建筑与装饰工程工程量计算规范》（GB 50854—2013）的规定，窗油漆工程量计算规则见表7-2。

表7-2 窗油漆工程量计算规则（编码：011402）

项目编码	项目名称	计量单位	计算规则
011402001	木窗油漆	(1)樘	(1)以樘计量,按设计图示数量计量
011402002	金属窗油漆	(2)m^2	(2)以平方米计量,按设计图示洞口尺寸以面积计算

解析：

① 木窗油漆应区分单层木门、双层（一玻一纱）木窗、双层框扇（单裁口）木窗、双层框扇（单裁口）木窗、双层框三层（两玻一纱）木窗、单层组合窗、双层组合窗、木百叶窗、木推拉窗等项目，分别编码列项；

② 金属窗油漆应区分平开窗、推拉窗、固定窗、组合窗、金属隔栅窗等项目，分别编码列项；

③ 以平方米计量，项目特征可不必描述洞口尺寸。

三、木扶手及其他板条、线条油漆

根据《房屋建筑与装饰工程工程量计算规范》（GB 50854—2013）的规定，木扶手及其他板条、线条油漆工程量计算规则见表7-3。

表7-3　木扶手及其他板条、线条油漆工程量计算规则（编码：011403）

项目编码	项目名称	计量单位	计算规则
011403001	木扶手油漆	m	按设计图示尺寸以长度计算
011403002	窗帘盒油漆		
011403003	封檐板、顺水板油漆		
011403004	挂衣板、黑板框油漆		
011403005	挂镜线、窗帘棍、单独木线油漆		

解析：木扶手应区分带托板与不带托板，分别编码列项，应包含在木栏杆油漆中。

四、木材面油漆

根据《房屋建筑与装饰工程工程量计算规范》（GB 50854—2013）的规定，木材面油漆工程量计算规则见表7-4。

表7-4　木材面油漆工程量计算规则（编码：011404）

项目编码	项目名称	计量单位	计算规则
011404001	木护墙、木墙裙油漆	m^2	按设计图示尺寸以面积计算
011404002	窗台板、筒子板、盖板、门窗套、踢脚线油漆		
011404003	清水板条天棚、檐口油漆		
011404004	木方格吊顶天棚油漆		
011404005	吸音板墙面、天棚面油漆		
011404006	暖气罩油漆		
011404007	其他木材面		
011404008	木间壁、木隔断油漆		按设计图示尺寸以单面外围面积计算
011404009	玻璃间壁露明墙筋油漆		
011404010	木栅栏、木栏杆(带扶手)油漆		
011404011	衣柜、壁柜油漆		按设计图示尺寸以油漆部分展开面积计算
011404012	梁柱饰面油漆		
011404013	零星木装修油漆		
011404014	木地板油漆		按设计图示尺寸以面积计算。空洞、空圈、暖气包槽、壁龛的开口部分并入相应的工程量内
011404015	木地板烫硬蜡面		

五、金属面油漆

根据《房屋建筑与装饰工程工程量计算规范》（GB 50854—2013）的规定，金属面油漆工程量计算规则见表7-5。

表7-5　金属面油漆工程量计算规则（编码：011405）

项目编码	项目名称	计量单位	计算规则
011405001	金属面油漆	(1)t (2)m^2	(1)以吨计量，按设计图示尺寸以质量计算 (2)以平方米计量，按设计展开面积计算

六、抹灰面油漆

根据《房屋建筑与装饰工程工程量计算规范》（GB 50854—2013）的规定，抹灰面油漆工程量计算规则见表7-6。

表 7-6 抹灰面油漆工程量计算规则（编码：011406）

项目编程	项目名称	计量单位	计算规则
011406001	抹灰面油漆	m^2	按设计图示尺寸以面积计算
011406002	抹灰线条油漆	m	按设计图示尺寸以长度计算
011406003	满刮腻子	m^2	按设计图示尺寸以面积计算

七、喷刷涂漆

根据《房屋建筑与装饰工程工程量计算规范》（GB 50854—2013）的规定，喷刷涂漆工程量计算规则见表 7-7。

表 7-7 喷刷涂漆工程量计算规则（编码：011407）

<table>
<tr><th>项目编码</th><th>项目名称</th><th>计量单位</th><th>计算规则</th><th>备注</th></tr>
<tr><td>011407001</td><td>墙面喷刷涂料</td><td rowspan="3">m²</td><td rowspan="2">按设计图示尺寸以面积计算</td><td rowspan="6">喷刷墙面涂料部位要注明内墙或外墙</td></tr>
<tr><td>011407002</td><td>天棚喷刷涂料</td></tr>
<tr><td>011407003</td><td>空花格、栏杆刷涂料</td><td>按设计图示尺寸以单面外围面积计算</td></tr>
<tr><td>011407004</td><td>线条刷涂料</td><td>m</td><td>按设计图示尺寸以长度计算</td></tr>
<tr><td>011407005</td><td>金属构件刷防火涂料</td><td>(1)m²
(2)t</td><td>(1)以吨计量,按设计图示尺寸以质量计算
(2)以平方米计量,按设计展开面积计算</td></tr>
<tr><td>011407006</td><td>木材构件喷刷防火涂料</td><td>m²</td><td>以平方米计量,按设计图示尺寸以面积计算</td></tr>
</table>

八、裱糊

根据《房屋建筑与装饰工程工程量计算规范》（GB 50854—2013）的规定，裱糊工程量计算规则见表 7-8。

表 7-8 裱糊工程量计算规则（编码：011408）

<table>
<tr><th>项目编码</th><th>项目名称</th><th>计量单位</th><th>计算规则</th></tr>
<tr><td>011408001</td><td>墙纸裱糊</td><td rowspan="2">m²</td><td rowspan="2">按设计图示尺寸以面积计算</td></tr>
<tr><td>011408002</td><td>织锦缎裱糊</td></tr>
</table>

第二节 油漆、涂饰、裱糊工程计算实例

一、油漆工程量计算

油漆工程量计算以图 7-1 为例进行识读，已知墙裙高 1.5m，窗台高 1.1m，窗洞侧油漆宽 200mm，计算图 7-1 中（起居室兼卧室）墙裙油漆工程量。

起居室兼卧室墙裙工程量计算如下。

墙裙油漆工程量＝墙裙长×墙裙高－扣除面积(扣除房间内门和窗所占的面积)＋增加的面积(窗洞侧油漆面积)

＝[(5100×2)＋(3250×2)]×1500－[1500×(1500－1100)＋1500×1500]＋(1500－1100)×2＋1500×200

＝25.05－2.85＋0.46＝22.66(m^2)

计算解析：5100mm 为卧室的长，3250mm 为卧室的宽，1500mm 为已知墙裙高，1500mm 为窗宽，1500mm 为门宽，1100mm 为已知窗台高，200mm 为已知窗洞侧油漆宽。

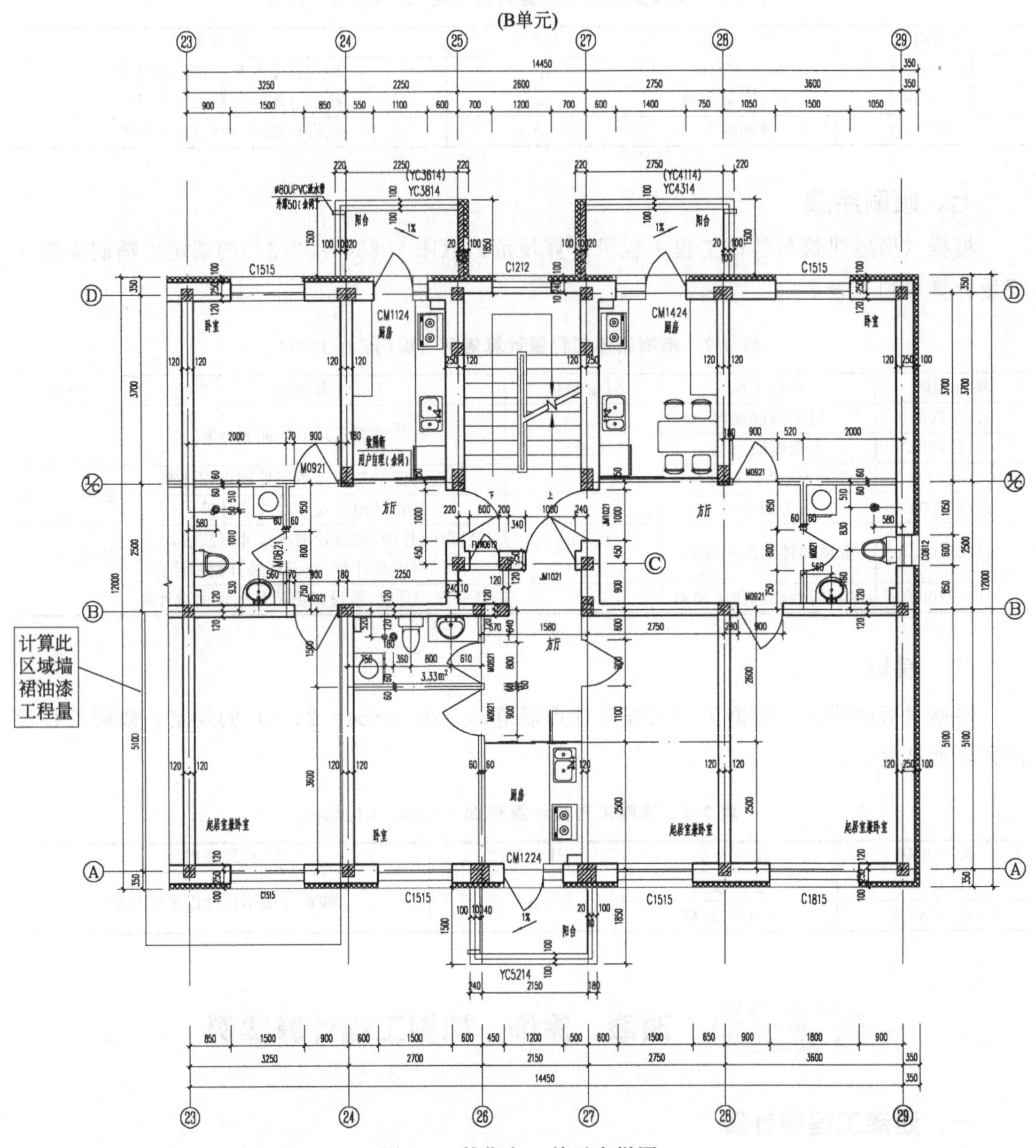

图 7-1 某住宅 B 单元大样图

二、油漆工程计价

把图 7-1 工程量计算得出的数据代入表 7-9 中，即可得到该部分工程量的价格。

表 7-9 油漆工程计价表

项目编码	名称	项目特征描述	计量单位	工程量	金额/元		
					综合单价	合价	暂估价
011405001	图 7-1 中标注墙裙油漆	(1)刮大白两遍 (2)墙裙红色真实漆	m^2	14.95	94.68	1415.45	—

注：1. 表中的工程量是图 7-1 中工程量计算得出的数据。

2. 表中的综合单价是根据《2010 年黑龙江省建设工程计价依据》得出的，在计算过程中可根据该工程所使用的定额计算出综合单价。

三、涂料工程量计算

涂料工程量的计算以图 7-2 为例进行解读，已知楼层每个房间内墙刷乳胶漆两遍，楼层高度为 2800mm、混凝土板厚为 240mm、门高为 2000mm、洞口尺寸为 2200mm × 1600mm，计算图 7-2 中（卧室）内墙涂料工程量。

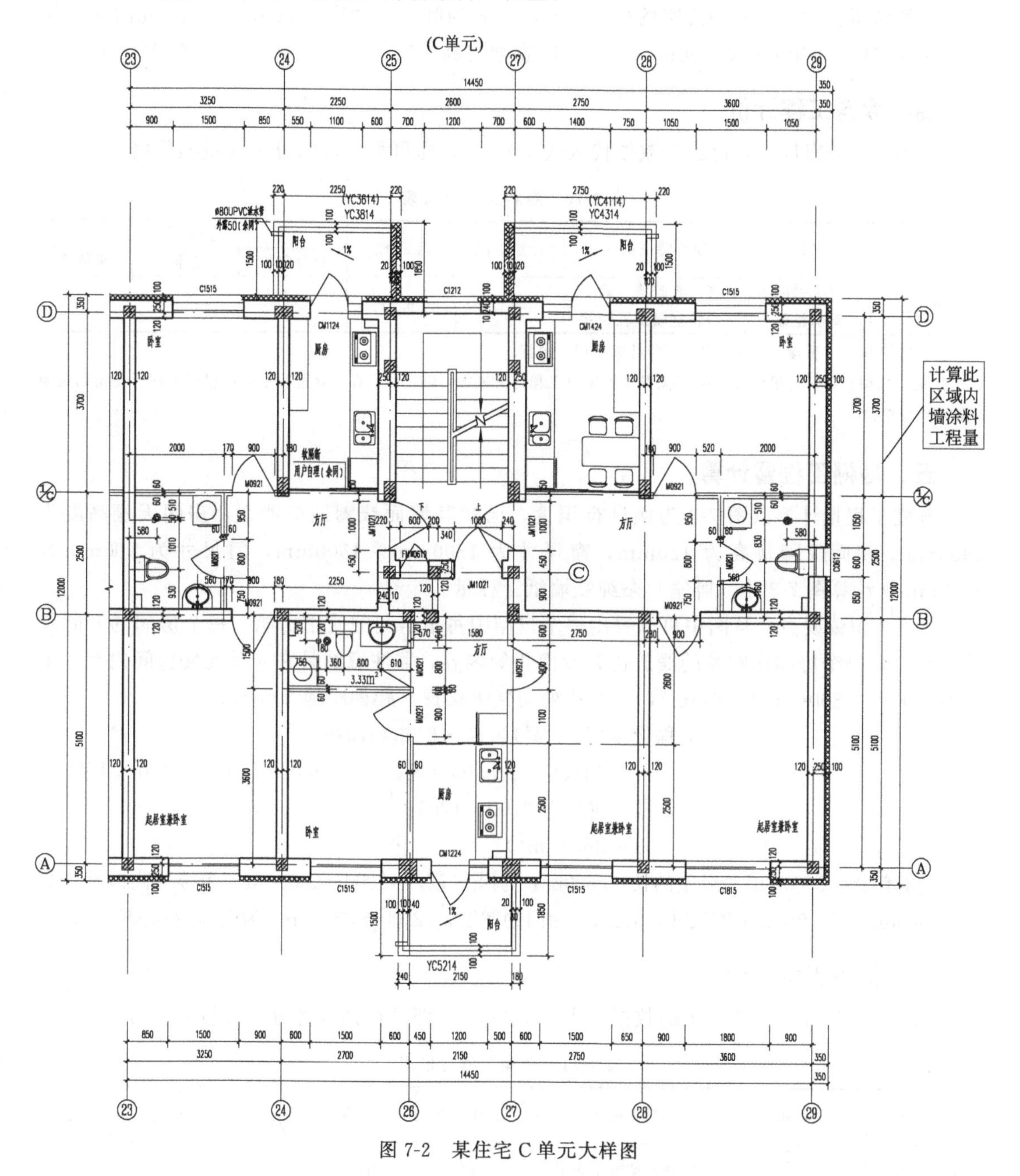

图 7-2　某住宅 C 单元大样图

图 7-2 识读要点：从 C 单元标准层大样图中可以看出本单元为三户，左右两户分别为两室一厅一厨一卫，中间一户的格局为一室一厅一厨一卫，从中可看出每个房间的使用面积和建筑面积，以及厨卫内部的布置信息。

工程量＝长×宽×高－应扣除面积

＝[(3700×2)×(2700×2)×(2800－240)]－900×2000－2200×1600

＝96.97(m^2)

计算解析：3700mm为卧室的长度，2700mm为卧室的宽度，(2800－240) mm为楼层高减楼板厚度，900mm×2000mm为卧室门宽乘门高，2200mm×1600mm为窗洞口尺寸。

四、涂料工程计价

把图7-2工程量计算得出的数据代入表7-10中，即可得到该部分工程量的价格。

表7-10 涂料工程计价表

项目编码	名称	项目特征描述	计量单位	工程量	金额/元		
					综合单价	合价	暂估价
011407002001	图7-2中标注涂料涂刷	(1)乳胶漆一遍 (2)卧室墙面乳胶漆	m^2	96.97	4.47	433.45	—

注：1. 表中的工程量是图7-2中工程量计算得出的数据。

2. 表中的综合单价是根据《2010年黑龙江省建设工程计价依据》得出的，在计算过程中可根据该工程所使用的定额计算出综合单价。

五、裱糊工程量计算

裱糊工程量计算以图7-3为例进行识读，已知其墙面裱糊纯纸墙纸，房间天棚高度为2900mm，房间踢脚板高为120mm，窗尺寸为1800mm×1500mm，门尺寸为900mm×2100mm，计算图7-3中（卧室）贴纯纸墙纸工程量。

图7-3识读要点：从图中可以看出每个户型中每个房间的使用功能，每个房间的开间及进深尺寸，每个房间内物品的摆放位置及面积等内容，需注意的是在4单元楼梯间内有一个屋面上人孔（800mm×800mm），上人孔处安装钢爬梯，爬梯距地200mm。

工程量＝(长＋宽)×高－应扣除面积

＝(3700×2＋3600×2)×(2900－120)－1800×1500－900×(2100－120)

＝36.1(m^2)

计算解析：3700mm为卧室的长，3600mm为卧室宽，(2900－120) mm为楼层高减踢脚板高，1800mm×1500mm为窗尺寸，900mm为门的宽度，(2100－120) mm为门高减踢脚板高。

六、裱糊工程计价

把图7-3工程量计算得出的数据代入表7-11中，即可得到该部分工程量的价格。

表7-11 裱糊工程计价表

项目编码	名称	项目特征描述	计量单位	工程量	金额/元		
					综合单价	合价	暂估价
011407002001	图7-3中标注部位裱糊工程	贴纯纸墙纸工程量	m^2	36.1	4.38	159.43	—

注：1. 表中的工程量是图7-3中工程量计算得出的数据。

2. 表中的综合单价是根据《2010年黑龙江省建设工程计价依据》得出的，在计算过程中可根据该工程所使用的定额计算出综合单价。

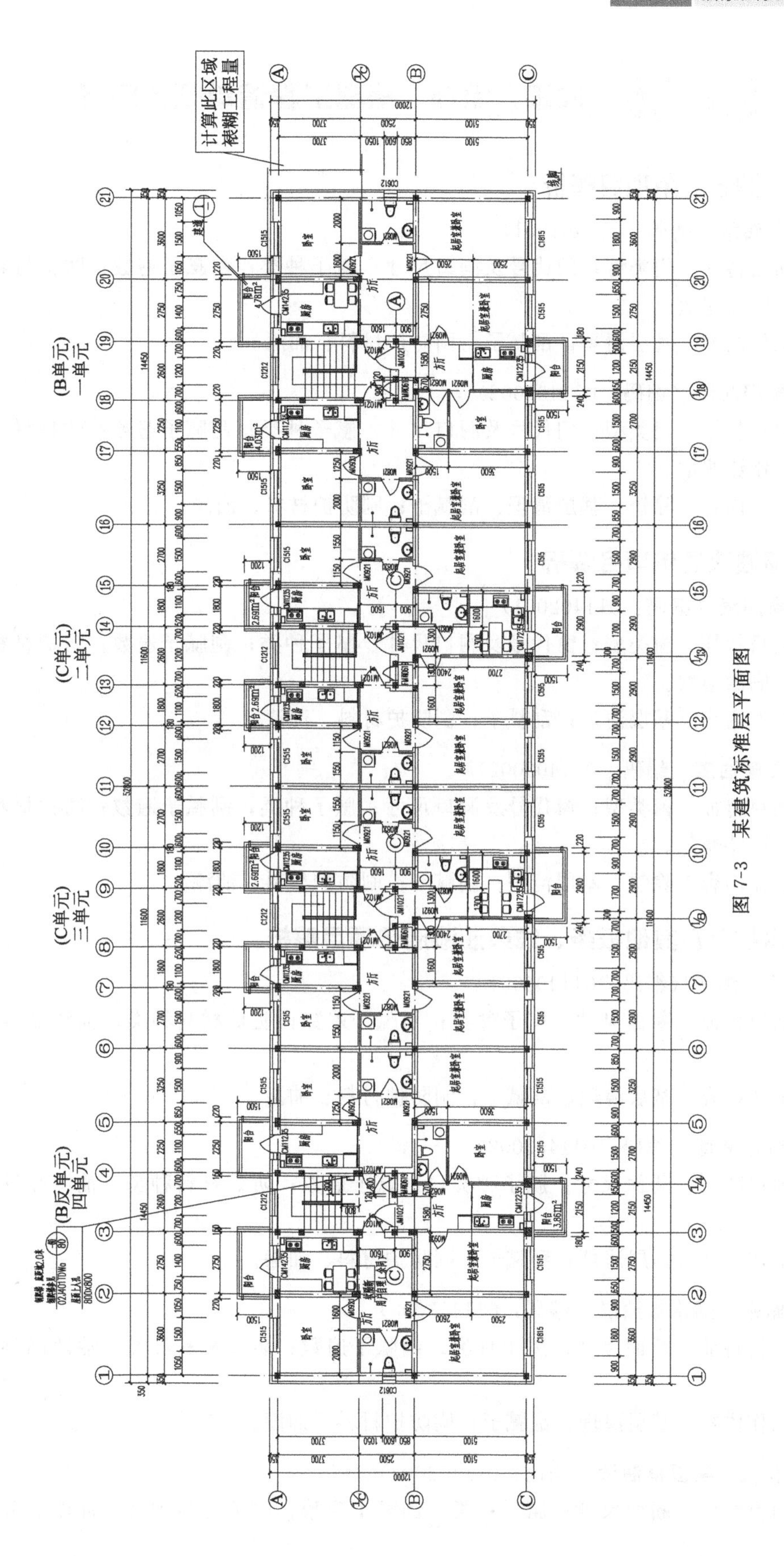

图 7-3 某建筑标准层平面图

第三节 油漆、涂饰、裱糊工程清单项目解析

一、门油漆清单项目解析

1. 木门油漆（编码：011401001）

（1）项目特征　门类型；门代号及洞口尺寸；腻子种类；刮腻子遍数；防护材料种类；油漆品种、刷漆遍数。

（2）工作内容　基层清理；刮腻子；刷防护材料、油漆。

2. 金属门油漆（编码：011401002）

（1）项目特征　门类型；门代号及洞口尺寸；腻子种类；刮腻子遍数；防护材料种类；油漆品种、刷漆遍数。

（2）工作内容　除锈、基层清理；刮腻子；刷防护材料、油漆。

二、窗油漆清单项目解析

1. 木窗油漆（编码：011402001）

（1）项目特征　窗类型；窗代号及洞口尺寸；腻子种类；刮腻子遍数；防护材料种类；油漆品种、刷漆遍数。

（2）工作内容　基层清理；刮腻子；刷防护材料、油漆。

2. 金属窗油漆（编码：011402002）

（1）项目特征　窗类型；窗代号及洞口尺寸；腻子种类；刮腻子遍数；防护材料种类；油漆品种、刷漆遍数。

（2）工作内容　除锈、基层清理；刮腻子；刷防护材料、油漆。

三、木扶手及其他板条、线条油漆清单项目解析

1. 木扶手油漆（编码：011403001）

（1）项目特征　断面尺寸；腻子种类；刮腻子遍数；防护材料种类；油漆品种、刷漆遍数。

（2）工作内容　基层清理；刮腻子；刷防护材料、油漆。

2. 窗帘盒油漆（编码：011403002）

（1）项目特征　断面尺寸；腻子种类；刮腻子遍数；防护材料种类；油漆品种、刷漆遍数。

（2）工作内容　基层清理；刮腻子；刷防护材料、油漆。

3. 封檐板、顺水板油漆（编码：011403003）

（1）项目特征　断面尺寸；腻子种类；刮腻子遍数；防护材料种类；油漆品种、刷漆遍数。

（2）工作内容　基层清理；刮腻子；刷防护材料、油漆。

4. 挂衣板、黑板框油漆（编码：011403004）

（1）项目特征　断面尺寸；腻子种类；刮腻子遍数；防护材料种类；油漆品种、刷漆

遍数。

(2) 工作内容　基层清理；刮腻子；刷防护材料、油漆。

5. 挂镜线、窗帘棍、单独木线油漆（编码：011403005）

(1) 项目特征　断面尺寸；腻子种类；刮腻子遍数；防护材料种类；油漆品种、刷漆遍数。

(2) 工作内容　基层清理；刮腻子；刷防护材料、油漆。

四、木材面油漆清单项目解析

1. 木护墙、木墙裙油漆（编码：011404001）

(1) 项目特征　腻子种类；刮腻子遍数；防护材料种类；油漆品种、刷漆遍数。

(2) 工作内容　基层清理；刮腻子；刷防护材料、油漆。

2. 窗台板、筒子板、盖板、门窗套、踢脚线油漆（编码：011404002）

(1) 项目特征　腻子种类；刮腻子遍数；防护材料种类；油漆品种、刷漆遍数。

(2) 工作内容　基层清理；刮腻子；刷防护材料、油漆。

3. 清水板条天棚、檐口油漆（编码：011404003）

(1) 项目特征　腻子种类；刮腻子遍数；防护材料种类；油漆品种、刷漆遍数。

(2) 工作内容　基层清理；刮腻子；刷防护材料、油漆。

4. 木方格吊顶天棚油漆（编码：011404004）

(1) 项目特征　腻子种类；刮腻子遍数；防护材料种类；油漆品种、刷漆遍数。

(2) 工作内容　基层清理；刮腻子；刷防护材料、油漆。

5. 吸音板墙面、天棚面油漆（编码：011404005）

(1) 项目特征　腻子种类；刮腻子遍数；防护材料种类；油漆品种、刷漆遍数。

(2) 工作内容　基层清理；刮腻子；刷防护材料、油漆。

6. 暖气罩油漆（编码：011404006）

(1) 项目特征　腻子种类；刮腻子遍数；防护材料种类；油漆品种、刷漆遍数。

(2) 工作内容　基层清理；刮腻子；刷防护材料、油漆。

7. 其他木材面（编码：011404007）

(1) 项目特征　腻子种类；刮腻子遍数；防护材料种类；油漆品种、刷漆遍数。

(2) 工作内容　基层清理；刮腻子；刷防护材料、油漆。

8. 木间壁、木隔断油漆（编码：011404008）

(1) 项目特征　腻子种类；刮腻子遍数；防护材料种类；油漆品种、刷漆遍数。

(2) 工作内容　基层清理；刮腻子；刷防护材料、油漆。

9. 玻璃间壁露明墙筋油漆（编码：011404009）

(1) 项目特征　腻子种类；刮腻子遍数；防护材料种类；油漆品种、刷漆遍数。

(2) 工作内容　基层清理；刮腻子；刷防护材料、油漆。

10. 木栅栏、木栏杆（带扶手）**油漆**（编码：011404010）。

(1) 项目特征　腻子种类；刮腻子遍数；防护材料种类；油漆品种、刷漆遍数。

（2）工作内容　基层清理；刮腻子；刷防护材料、油漆。

五、金属面油漆清单项目解析

金属面油漆（编码：011405001）。

（1）项目特征　构件名称；腻子种类；刮腻子遍数；防护材料种类；油漆品种、刷漆遍数。

（2）工作内容　基层清理；刮腻子；刷防护材料、油漆。

（3）子目解释　金属面油漆涂饰的目的之一是为了美观，更重要的是防锈。防锈的最主要工序为除锈和涂刷防锈漆或是底漆。对于中间层漆和面漆的选择，也要根据不同的基层，尤其是不同使用条件的情况选择适宜的油漆，才能达到防止锈蚀和保持美观的目的。

六、抹灰面油漆清单项目解析

1. 抹灰面油漆（编码：011406001）

（1）项目特征　基层类型；腻子种类；刮腻子遍数；防护材料种类；油漆品种、刷漆遍数；部位。

（2）工作内容　基层清理；刮腻子；刷防护材料、油漆。

（3）子目解释　抹灰面油漆是指在内、外墙及室内顶棚抹灰面层或混凝土表面进行的油漆涂刷工作，抹灰面油漆施工前应清理干净基层并刮腻子，一般采用机械喷涂作业。抹灰面的油漆涂料，应注意基层的类型，如一般抹灰墙柱面与拉条灰、拉毛灰、甩毛灰等油漆，涂料的耗工量与材料消耗量不同。

2. 抹灰线条油漆（编码：011406002）

（1）项目特征　线条宽度、道数；腻子种类；刮腻子遍数；防护材料种类；油漆品种，刷漆遍数。

（2）工作内容　基层清理；刮腻子；刷防护材料、油漆。

3. 满刮腻子（编码：011406003）

（1）项目特征　基层类型；腻子种类；刮腻子遍数。

（2）工作内容　基层清理；刮腻子。

七、喷刷涂漆清单项目解析

1. 墙面喷刷涂料（编码：011407001）

（1）项目特征　基层类型；喷刷涂料部位；腻子种类；刮腻子要求；涂料品种、喷刷遍数。

（2）工作内容　基层清理；刮腻子；刷、喷涂料。

（3）子目解释　刷喷涂料是利用压缩空气，将涂料从喷枪中喷出并雾化，在气流的带动下涂到被涂件表面上形成涂膜的一种涂装方法。

2. 天棚喷刷涂料（编码：011407002）

（1）项目特征　基层类型；喷刷涂料部位；腻子种类；刮腻子要求；涂料品种、喷刷遍数。

（2）工作内容　基层清理；刮腻子；刷、喷涂料。

3. 空花格、栏杆刷涂料（编码：011407003）

（1）项目特征　腻子种类；刮腻子遍数；涂料品种、喷刷遍数。

（2）工作内容　基层清理；刮腻子；刷、喷涂料。

4. 线条刷涂料（编码：011407004）

（1）项目特征　基层类型；线条宽度；刮腻子遍数；涂料品种、喷刷遍数。

（2）工作内容　基层清理；刮腻子；刷、喷涂料。

5. 金属构件刷防火涂料（编码：011407005）

（1）项目特征　喷刷防火涂料构件名称；防火等级要求；涂料品种、喷刷遍数。

（2）工作内容　基层清理；刷、喷涂料。

6. 木材构件喷刷防火涂料（编码：011407006）

（1）项目特征　喷刷防火涂料构件名称；防火等级要求；涂料品种、喷刷遍数。

（2）工作内容　基层清理；刷防火材料。

八、裱糊清单项目解析

1. 墙纸裱糊（编码：011408001）

（1）项目特征　基层类型；裱糊部位；腻子种类；刮腻子遍数；黏结材料种类；防护材料种类；面层材料品种、规格、颜色。

（2）工作内容　基层清理；刮腻子；面层铺贴；刷防护材料。

（3）子目解释　广泛用于室内墙面、柱面及顶棚的一种装饰。具有色彩丰富、质感性强、耐用、易清洗等优点。应注意对花还是不对花。

2. 织锦缎裱糊（编码：011408002）

（1）项目特征　基层类型；裱糊部位；腻子种类；刮腻子遍数；黏结材料种类；防护材料种类；面层材料品种、规格、颜色。

（2）工作内容　基层清理；刮腻子；面层铺贴；刷防护材料。

（3）子目解释　锦缎柔软光滑，极易变形，难以直接裱糊在木质基层面上。裱糊时，应先在锦缎背后上浆，并裱糊一层宣纸，使锦缎挺括，以便于裁剪和裱贴上墙。应注意对花还是不对花。

第四节　油漆、涂饰、裱糊工程清单工程量和定额工程量计算的比较

油漆、涂饰、裱糊工程清单工程量和定额工程量计算的比较见表 7-12。

表 7-12　油漆、涂饰、裱糊工程清单工程量和定额工程量计算的比较

	名称	内容
相同点	墙纸裱糊	墙纸裱糊工程量按设计图示尺寸以面积计算
	抹灰面油漆	抹灰面油漆工程量按设计图示尺寸以面积计算
	木方格吊顶天棚油漆	木方格吊顶天棚油漆工程量按设计图示尺寸以面积计算
	木护墙、幕墙群油漆	木护墙、木墙裙油漆工程量按设计图示尺寸以面积计算
	门油漆	门油漆工程量按设计图示数量或设计图示洞口面积计算
不同点	名称	内容
	窗油漆	清单工程量计算规则：按设计图示数量或设计图示洞口面积计算 定额工程量计算规则：按单面洞口面积计算，并乘以相应系数以平方米计算
	玻璃间壁露明墙筋油漆	清单工程量计算规则：按设计图示尺寸以单面外围面积计算 定额工程量计算规则：按单面外围面积计算，并乘以系数 1.65

第八章 工程造价经验指导

第一节 影响工程造价的因素

一、工期的影响

1. 工期对造价的影响

工期是指项目或项目的某个阶段、某项具体活动所需要的，或者实际花费的工作时间周期。在一个项目的全过程中，实现活动所消耗或占用的资源发生以后就会形成项目的成本，这些成本不断地沉淀下来、累积起来，最终形成项目的全部成本（工程造价），因此工程造价是时间的函数。由于在项目管理中，时间与工期是等价的概念，所以造价与工期是直接相关的，造价是随着工期的变化而变化的。形成这种相关与变化关系的根本原因有两个：一是项目所耗资源的价值会随着时间的推移而不断地沉淀成为项目的造价；二是项目消耗与占用的各种资源都具有一定的时间价值。确切地说，造价与工期的关系是由与时间（工期）本身这种特殊资源所具有的价值造成的。

项目消耗或占用的各种资源都可以被看成是对于资金的占用，因为这种资源消耗的价值最终都会通过项目的收益而获得补偿。因此，工程造价实际上可以被看成是在工程项目全生命周期中整个项目实现阶段所占用的资金。这种资金的占用，不管占用的是自有资金还是银行贷款，都有其自身的时间价值。这种资金的时间价值最根本的表现形式就是占用银行贷款所应付的利息。资金的时间价值既是构成工程造价的主要科目之一，又是造成工程造价变动的根本原因之一。

一个工程建设项目在不同的基本建设阶段，其造价作用和计价方法也不尽相同。但是无论在哪个阶段，影响工程造价的因素除了人工工资水平、材料价格水平、机械费用以及费用标准外，对其影响较大的是工期，工期是计算投资的重要依据。在工程建设过程中，要缩短工程工期必然要增加工程直接费用，因为要缩短工期，则要重新组织施工，加大劳动强度，加班加点，必然降低工效率，增加工程直接费用，而由于工期缩短却节省了工管理费。无故拖延工期，将增加人工费用以及机械租赁费用的开支，也会引起直接费用的增加，同时还增加管理人员费用的开支。工期及工程造价的关系如图 8-1 所示。

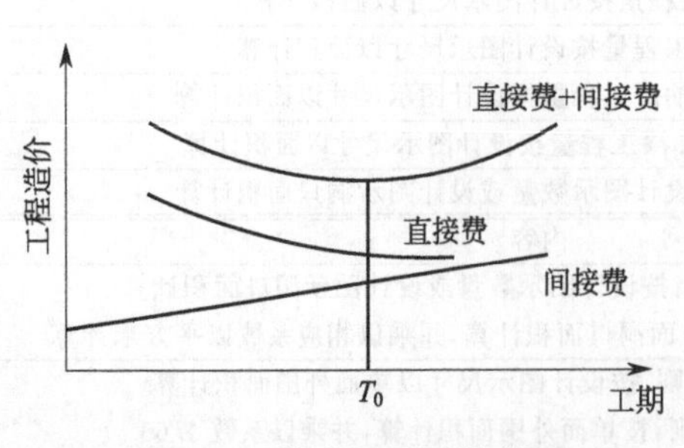

图 8-1 工期与工程造价关系

从图 8-1 中可以看出，工期在 T_0 点（理想工期）时，对应的工程投资最好。

2. 工程造价与工期的管理问题

在项目管理中，“时间（工期）就是金钱”是因为工程造价的发生时间、结算时间、占用时间等有关因素的变动都会给工程造价带来变动。但是现有造价管理方法并没有全面考虑项目工期与造价的集成管理问题，实际上现有方法对于项目工期与造价的管理是相互独立和相互割裂的。同时，现有方法无法将由于项目工期变动对造价的影响，和由于项目所耗资源数量及所耗资源价格变动的影响进行科学的区分，这些不同因素对项目造价变动的影响信息是混淆在一起的。

3. 工期长短对造价的影响

缩短工程工期的作用如下。

① 能使工程早日投产，从而提高经济效益。

② 能使施工企业的管理费用、机械设备及周转材料的租赁费降低，从而降低建筑工程的施工费用。

③ 能减少施工资金的银行贷款利息，有利于施工企业降低造价成本。

因此缩短工期和降低工程成本是提高施工企业的效益的重要途径，应该看到，不合理地缩短工期，也是不可取的，主要表现在以下几个方面。

① 施工资金流向过于集中，不利于资金的合理流动。

② 施工各工序间穿插困难，成品、半成品保护费用增加。

③ 合理的组织易被打乱，造成工程质量的控制困难，工程质量不易保证，进而返修率提高，成本加大。

4. 造成工期延期的原因

目前，在建设工程项目中普遍存在工期拖延的问题，造成这种现象的原因通常有以下几种情况。

① 对工程的水文、地质等条件估计不足，造成施工组织中的措施无针对性，从而使工期推迟。

② 施工合同的履行出现问题，主要表现为工程款不能及时到位等情况。

③ 工程变更、设计变更及材料供应等方面也是造成工期延误很重要的原因。

5. 缩短工期的措施

由于以上诸多因素的影响，要想合理地缩短工期，只有采取积极的措施，主要包括组织措施、技术措施、合同措施、经济措施和信息管理措施等，在实际工作中，应着重做好如下方面的工作。

① 建立健全科学合理、分工明确的项目班子。

② 做好施工组织设计工作。运用网络计划技术，合理安排各阶段的工作进度，最大限度地组织各项工作的同步交叉作业，抓关键线路。利用非关键线路的时差，更好地调动人力和物力，向关键线路要工期，向非关键线路要节约，从而达到又快又好的目的。

③ 组织均衡施工。施工过程中要保持适当的工作面，以便合理地组织各工种在同一时间配合施工并连续作业，同时使施工机械发挥连续使用的效率。组织均衡施工能最大限度地提高工作效率和设备利用率，从而降低工程造价。

④ 确保工程款的资金供应。

⑤ 通过计划工期与实际工期的动态比较，及时纠偏，并定期向建设方提供进度报告。

二、工程质量的影响

1. 质量对造价的影响

质量是指项目交付后能够满足业主或客户需求的功能特性与指标。一个项目的实现过程就是该项目质量的形成过程，在这一过程中达到项目的质量要求，需要开展两个方面的工作：一是质量的检验与保障工作；二是项目质量失败的补救工作。这两项工作都要消耗和占用资源，从而都会产生质量成本。这两种成本分别是项目质量检验与保障成本，它是为保障项目的质量而产生的成本。项目质量失败补救成本，它是由于质量保障工作失败后为达到质量要求而采取各种质量补救措施所产生的成本。

2. 工程造价与质量的管理问题

项目质量是构成项目价值的本源，所以任何项目质量的变动都会给工程造价带来影响并造成变化。同样，现有工程造价管理方法也没有全面考虑项目质量与造价的集成管理问题，实际上现有方法对于项目质量和造价的管理也是相互独立和相互割裂的。另外，现有方法在造价信息管理方面也存在着项目质量变动对造价变动的影响信息与其他因素对造价的影响信息混淆一起的问题。

3. 如何控制工程质量

在施工阶段影响工程质量的因素很多，因此必须建立起有效的质量保证监督体系，认真贯彻检查各种规章制度的执行情况，及时检验质量目标和实际目标的一致性，确保工程质量达到预定的标准和等级要求。工程质量对整个工程建设的效益起着十分重要的作用，为降低工程造价，必须抓好工程施工阶段的工程质量。在建设施工阶段，如何确保工程质量，使工程造价得到全面控制，以达到降低造价、节约投资、提高经济效益的目的，必须抓好事前、事中、事后质量控制。

（1）事前质量控制

① 人的控制。人是指参与工程施工的组织者和操作者，人的技术素质、业务素质和工作能力直接关系到工程质量的优劣，必须设立精干的项目组织机构和优选施工队伍。

② 对原材料、构配件的质量控制。原材料、构配件是施工中必不可少的物质条件，材料的质量是工程质量的基础，原材料质量不合格就造不出优质的工程，即工程质量也就不会合格，所以加强材料的质量控制是提高工程质量的前提条件。因此除监理单位把关外，作为项目部也要设立专门的材料质量检查员，确保原材料的进场合格。

③ 编制科学合理的施工组织设计是确保工程质量及工程进度的重要保证。施工方案的科学与否，是关系到工程工期和质量目标能否顺利实现的关键。因此，确保优选施工方案在技术上先进可行，在经济上合理，有利于提高工程质量。

④ 对施工机械设备的控制。施工机械设备对工程的施工进程和质量安全均有直接影响，从保证项目施工质量角度出发，应着重从机械设备的选型、主要性能参数和操作要求三方面予以控制。

⑤ 环境因素的控制。影响工程项目质量的环境因素很多，有工程地质、水文、气象等；工程管理环境，如质量保证体系、质量管理制度等；劳动环境，如劳动组合、劳动工具、工作面等。因此，应根据工程特点和具体条件，对影响工程质量的因素采取有效的控制。

（2）事中质量控制　工程质量是靠人的劳动创造出来的，不是靠最后检验出来的，要坚持预防为主方针，将事故消灭在萌芽状态，应根据施工组织中确定的施工工序、质量监控点的要求严格质量控制，做到上道工序完工通过验收合格后方可进行下道工序的操作，重点部位隐蔽工程要实行全过程旁站监理，同时要做好已完工序的保护工作，从而达到控制工程质量的目的。

(3) 事后质量控制　严格执行国家颁布的有关工程项目质量验评标准和验收标准，进行质量评定和办理竣工验收及交接工作，并做好工程质量的回访工作。

三、工程索赔的影响

1. 索赔产生的原因

(1) 当事人违约　当事人违约常常表现为没有按照合同约定履行自己的义务。发包人违约常常表现为没有为承包人提供合同约定的施工条件、未按照合同约定的期限和数额付款等。工程师未能按照合同约定完成工作，如未能及时发出图纸、指令等也视为发包人违约。承包人违约的情况则主要是没有按照合同约定的质量、期限完成施工，或者由于不当行为给发包人造成的其他损害。

(2) 不可抗力事件　不可抗力又可分为自然事件和社会事件。自然事件主要是不利的自然条件和客观障碍，如在施工过程中遇到了经现场调查无法发现、业主提供的资料中也未提到的、无法预料的情况，如地下水、地质断层等。社会事件则包括国家政策、法律、法令的变更，以及战争、罢工等。

(3) 合同缺陷　合同缺陷表现为合同文件规定不严谨甚至矛盾，合同中有遗漏或错误。在这些情况下，工程师应当给予解释，如果这种解释将导致成本增加或工期延长，发包人应当给予补偿。

(4) 合同变更　合同变更表现为设计变更，施工方法变更，追加或者取消某些工作，合同规定的其他变更。

(5) 工程师指令　工程师指令有时也会产生索赔，如工程师指令承包人加速施工、进行某项工作、更换某些材料、采取某些措施等。

(6) 其他第三方原因　其他第三方原因常常表现为与工程有关的第三方的问题而引起的对本工程的不利影响。

2. 索赔的依据

工程索赔的依据是索赔工作成败的关键。有了完整的资料，索赔工作才能进行。因此，在施工过程中基础资料的收集积累和保管是很重要的，应分类、分时间进行保管。具体资料内容如下。

(1) 建设单位有关人员的口头指示　包括建筑师、工程师和工地代表等的指示，每次建设单位有关人员来工地的口头指示和谈话以及与工程有关的事项都需做记录，并将记录内容以书面信件形式及时送交建设单位。如有不符之处，建设单位应以书面回信，七天以内不回信则表示同意。

(2) 施工变更通知单　将每张工程施工变更通知单的执行情况做好记录。照片和文字应同时保存妥当，便于今后取用。

(3) 来往文件和信件　有关工程的来信文件和信件必须分类编号，按时间先后顺序编排，保存妥当。

(4) 会议记录　每次甲乙双方在施工现场召开的会议（包括建设单位与分包的会议）都需记录，会后由建设单位或施工企业整理签字印发。如果记录有不符之处，可以书面提出更正。会议记录可用来追查在施工过程中发生的某些事情的责任，提醒施工企业及早发现和注意问题。

(5) 施工日志（备忘录） 施工中发生影响工期或工程付款的所有事项均须记录存档。

(6) 工程验收记录（或验收单） 由建设单位驻工地工程师或工地代表签字归档。

(7) 工人和干部出勤记录表 每日编表填写。由施工企业工地主管签字报送建设单位。

(8) 材料、设备进场报表 凡是进入施工现场的材料和设备，均应及时将其数量、金额等数据送交建设单位驻工地代表，在月末收取工程价款（又称工程进度款）时，应同时收取到场材料和设备价款。

(9) 工程施工进度表 开工前和施工中修改的工程进度表及有关的信件应同时保存，便于以后解决工程延误时间问题。

(10) 工程照片 所有工程照片都应标明拍摄的日期，妥善保管。

(11) 补充和增加的图纸 凡是建设单位发来的施工图纸资料等，均应盖上收到图纸资料等的日期印章。

3. 索赔费用的计算

索赔费用的计算方法有实际费用法、修正总费用法等。

(1) 实际费用法 实际费用法是按照每个索赔事件所引起损失的费用项目分别计算索赔值，然后将各费用项目的索赔值汇总，即可得到总索赔费用值。这种方法以承包商为某项索赔工作所支付的实际开支为依据，但仅限于由于索赔事项引起的、超过原计划的费用，故也称额外成本法。在这种计算方法中，需要注意的是不要遗漏费用项目。

(2) 修正总费用法 修正总费用法是对总费用法的改进，即在总费用计算的基础上，去掉一些不确定的可能因素，对总费用法进行相应的修改和调整，使其更加合理。

第二节 掌握装饰装修工程施工图预算的编制方法

一、单价法编制施工图预算

单价法编制施工图预算，指用事先编制的各分项工程单位估价表来编制施工图预算的方法。用根据施工图计算的各分项工程的工程量，乘以单位估价表中相应单价，汇总相加得到单位工程的直接费用，再加上按规定程序计算出来的措施费、间接费用、利润和税金，即得到单位工程施工图的预算价格。单价法编制施工图预算的步骤如图 8-2 所示。

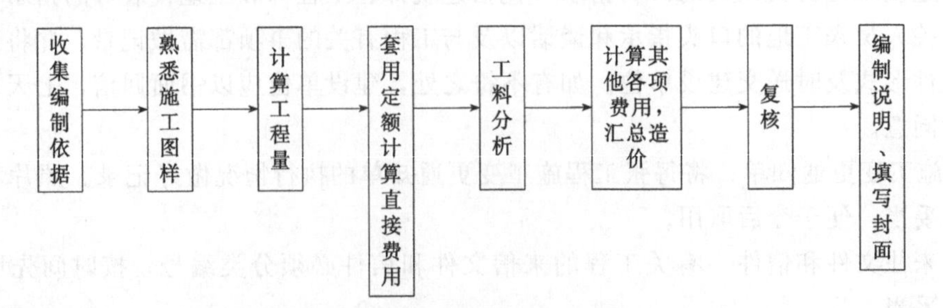

图 8-2 单价法编制施工图预算的步骤

单价法编制施工图预算的具体步骤如表 8-1 所示。

表 8-1 单价法编制施工图预算的具体步骤

名称	内容
收集编制依据和资料	主要有施工图设计文件、施工组织设计、材料预算价格、预算定额、单位估价表、间接费用定额、工程承包合同、预算工作手册等
熟悉施工图等资料	只有全面熟悉施工图设计文件、预算定额、施工组织设计等资料，才能在预算人员的头脑中形成工程全貌，以便加快工程量计算的速度和正确选套定额
计算工程量	正确计算工程量是编制施工图预算的基础。在整个编制工作中，许多工作时间是消耗在工作量计算阶段内，而且工程项目划分是否齐全，工程量计算的正确与否将直接影响预算的编制质量及速度

计算工程量一般按以下步骤进行。

(1) 划分计算项目　要严格按照施工图示的工程内容和预算定额的项目，确定计算分部、分项工程项目的工程量。为防止丢项、漏项，在确定项目时应将工程划分为若干个分部工程，在各分部工程的基础上再按照定额项目划分各分项工程项目。

另外，有的项目在建筑图及结构图中都未曾表示，但预算定额中单独排列了项目，如脚手架。对于定额中缺项的项目要做补充，计量单位应与预算定额一致。

(2) 计算工程量　根据一定的计算顺序和计算规则，按照施工图示尺寸及有关数据进行工程量计算。工程量单位应与定额计量单位一致。

1. 套用定额计算直接费用

工程量计算完毕并核对无误后，用工程量套用单位估价表中相应的定额基价，相乘后汇总相加，便得到单位工程直接费用。计算直接费用的步骤如下。

(1) 正确选套定额项目

① 当所计算项目的工作内容与预算定额一致，或虽不一致，但规定不可以换算时，直接套用相应定额项目单价。

② 当所计算项目的工作内容与预算定额不完全一致，而且定额规定允许换算时，应首先进行定额换算，然后套用换算后的定额单价。

③ 当设计图样中的项目在定额中缺项，没有相应定额项目可套用时，应编制补充定额，作为一次性定额纳入预算文件。

(2) 填列分项工程单价

填写过程中应注意认真核对每分项工程的价格，并且每个分项工程的单价都要填写。

(3) 计算分项工程直接费用　分项工程直接费用主要包括人工费、材料费和机械费。

分项工程直接费用＝预算定额单价×分项工程量

其中人工费＝定额人工费单价×分项工程量

材料费＝定额材料费单价×分项工程量

机械费＝定额机械费单价×分项工程量

单位工程直接（工程）费用为各分部分项工程直接费用之和。

单位工程直接(工程)费用＝Σ各分部分项工程直接费用

2. 编制工料分析表

根据各分部分项工程的实物工程量及相应定额项目所列的人工、材料数量，计算出各分部分项工程所需的人工及材料数量，相加汇总即得到该单位工程所需的人工、材料的数量。

3. 计算其他各项费用汇总造价

按照建筑安装单位工程造价构成的规定费用项目、费率及计算基础，分别计算出措施费、间接费用、利润和税金，并汇总单位工程造价。

单位工程造价＝单位工程直接工程费用＋措施费＋间接费用＋利润＋税金

4. 复核

单位工程预算编制后，有关人员对单位工程预算进行复核，以便及时发现差错，提高预算质量。复核时应对工程量计算公式和结果、套用定额基价、各项费用计取时的费率、计算基础、计算结果、人工和材料预算价格等方面进行全面复核检查。

5. 编制说明、填写封面

编制说明包括编制依据、工程性质、内容范围、设计图样情况、所用预算定额情况、套用单价或补充单位估价表方面的情况，以及其他需要说明的问题。封面应写明工程名称、工程编号、建筑面积、预算总造价及单方造价、编制单位名称及负责人、编制日期等。

单价法具有计算简单、工作量小、编制速度快、便于有关主管部门管理等优点。但由于采用事先编制的单位估价表，其价格只能反映某个时期的价格水平。在市场价格波动较大的情况下，单价法计算的结果往往会偏离实际价格，虽然采用价差调整的方法来调整价格，但由于价差调整滞后，不能及时、准确地确定工程造价。

二、实物法编制施工图预算

实物法是先根据施工图计算出各分项工程的工程量，然后套用预算定额或实物量定额中的人工、材料、机械台班消耗量，再分别乘以现行的人工、材料、机械台班的实际单价，得出单位工程的人工费、材料费、机械费，并汇总求和，得出直接工程费，再加上按规定程序计算出来的措施费、间接费用、利润和税金，即得到单位工程施工图预算价格。实物法编制施工图预算的步骤如图 8-3 所示。

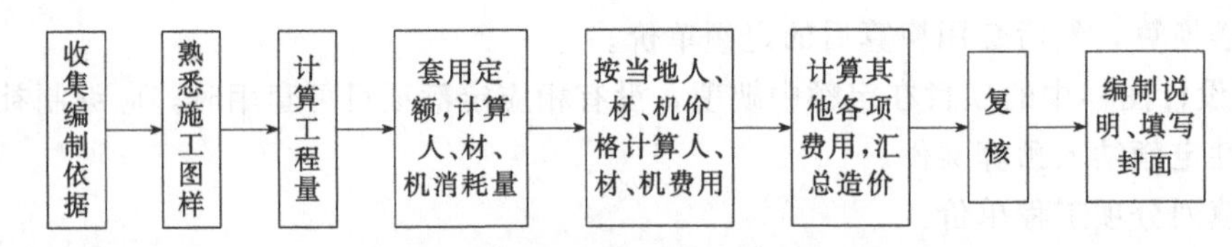

图 8-3 实物法编制施工图预算的步骤

由图 8-3 可以看出实物法与单价法的不同主要是中间的两个步骤，具体内容如下。

① 工程量计算后，套用相应定额的人工、材料、机械台班用量。定额中的人工、材料、机械台班标准反映一定时期的施工工艺水平，是相对稳定不变的。计算出各分项工程人工、材料、机械台班消耗量并汇总单位工程所需各类人工、材料和机械台班的消耗量。

分项工程的人工消耗量＝工程量×定额人工消耗量

分项工程的材料消耗量＝工程量×定额材料消耗量

分项工程的机械消耗量＝工程量×定额机械消耗量

② 用现行的各类人工、材料、机械台班的实际单价分别乘以人工、材料、机械台班消耗量，并汇总得出单位工程的人工费、材料费、机械费。

在市场经济条件下，人工、材料和机械台班单价是随市场而变化的，而且是影响工程造价最活跃、最主要的因素。用实物法编制施工图预算，采用工程所在地当时的人工、材料、机械台班价格，反映实际价格水平，工程造价准确性高。虽然计算过程较单价法烦琐，但使用计算机计算速度也就快了。因此，实物法是适应市场经济体制的，正因为如此，我国大部分地区采用这种方法编制工程预算。

第三节 了解施工图预算的审查步骤与方法

一、施工图预算的审查步骤

1. 工程量的审查

工程量的审查要根据设计图纸和工程量计算规则，对已计算出来的工程量进行逐项审查或抽查，如发现重算、漏算和错算了的工程量应予以更正。

审查工程量的前提是必须熟悉预算定额及工程量计算规则。在实际工作中，以下几个方面经常算错。

① 土石方工程如需采取放坡等措施时，应审查是否符合土质情况，是否按规定计算。

② 墙基与墙身的分界线，要与计算规则相符。不能在计算砖墙身时以室内地坪为界，而计算砖基础时又以室外地坪为界。

③ 在墙体计算中，应扣除的部分是否扣除了。

④ 现浇钢筋混凝土框架结构的构件划分，要以工程量计算规则为准，应列入柱内的不能列入梁内，梁和板的工程量应分别进行计算。

⑤ 门窗面积应以框外围面积计算，不能算门窗洞口面积。

2. 直接费的审查

（1）审查定额单价（基价）

① 套用单价的审查　预算表中所列项目名称、种类、规格、计量单位，与预算定额或单位估价表中所列的工程内容和项目内容是否一致，防止错套。

② 换算单价的审查　对换算定额或单位估价表规定不予换算的部分，不能强调工程特殊或其他原因随意换算。对定额规定允许换算的部分，要查其换算依据和换算方法是否符合规定。

③ 补充单价的审查　对于定额缺项的补充单价，应审查其工料数量，以及这些数量是根据实测数据确定的，还是估算或参考有关定额确定的，是否按定额规定做了正确的补充。

（2）材料预算价格的审查　各地区一般都使用经过审批的地区统一材料预算价格，这无需再查。如果个别特殊建设项目使用的是临时编制的材料预算价格，则必须进行详细审查。材料预算价格一般由材料原料、供销部门手续费、运杂费、包装费和采购保险费五种因素组成，应逐项进行审查。不过，材料原价和运杂费是主要组成因素，应重点进行审查。

3. 各项费用标准的审查

各项费用是指除按预算定额或单位估价表计算的直接费用外的其他各项费用，包括间接费用、利润等。这些费用是根据“间接费用定额”和相关规定，按照不同企业等级、工程类型、计费基础和费率分别计算的。审查各项费用时，应对所列费用项目、计费基础、计算方法和规定的费率逐项进行审查核对，以防错算。

4. 计算技术性的审查

一个单位工程施工图预算，从计算工程量到算出工程造价，涉及大量的数据计算。在计算过程中，很可能发生加、减、乘、除等计算技术性差错，特别是小数点位置的差错时有发生。如果发生计算的技术性错误，即使是计算依据和计算方法完全正确，也是无济于事。因此，数据计算正确与否，也应认真复核，不可忽视。

二、施工图预算的审查方法

1. 全面审查法

全面审查法就是按预算定额顺序或施工的先后顺序，逐一地全部进行审查的方法。其具体计算方法和审查过程与编制施工图预算基本相同。此方法的优点是全面、细致，经审查的工程预算差错较少，质量比较高。其缺点是工作量大。对于一些工程量比较小、工艺比较简单的工程，编制工程预算的技术力量又比较薄弱时，可采用全面审查法。

2. 标准预算审查法

对于利用标准图纸或通用图纸施工的工程，先集中力量编制标准预算，以此为标准审查预算。按标准图纸设计或通用图纸施工的工程，预算编制和造价基本相同，可集中力量细审一份预算或编制一份预算，作为这种标准图纸的工程量标准，对照审查，而对局部不同的部分进行单独审查即可。

3. 分组计算审查法

分组计算审查法是一种加快审查工程速度的方法，把预算中的项目划分为若干组，并把相邻且有一定内在联系的项目编为一组，审查或计算同一组中某个分项工程量，利用工程量间具有相同或相似计算基础的关系，判断同组中其他几个分项工程量计算的准确程度的方法。

4. 对比审查法

用已建工程的预算或虽未建成但已审查修正的工程预算对比审查拟建的类似工程预算的一种方法。对比审查法一般有以下几种情况，应根据工程的不同条件区别对待。

① 两个工程采用同一个施工图，但基础部分和现场条件不同。其新建工程基础以上部分可采用对比审查法；不同部分可分别采用相应的审查方法进行审查。

② 两个工程设计相同，但建筑面积不同。根据两个工程建筑面积之比与两个工程分部分项工程量之比基本一致的特点，可审查新建工程各分部分项工程量，进行对比审查。如果基本相同，说明新建工程预算是正确的；反之，说明新建工程预算有问题，找出差错原因，加以更正。

③ 两个工程的面积相同，但设计图纸不完全相同时，可把相同的部分，如厂房中的柱子、房架、屋面、砖墙等，进行工程量的对比审查，不能对比的分部分项工程按图纸计算。

5. 筛选审查法

筛选审查法是统筹法的一种，也是一种对比方法。建筑工程虽然有建筑面积和高度的不同，但是它们的各个分部分项工程的工程量、造价、用工量在每个单位面积上的数值变化不大，把这些数据加以汇集、优选、归纳为工程量、造价、用工三个单方基本值表，并注明其适用的建筑标准。这些基本值犹如“筛子孔”用来筛选分部分项工程量，筛选下去的就不审查，没有筛选下去的就意味着此分部分项的单位建筑面积数值不在基本值范围之内，应对该分部分项工程进行详细审查。当所审查的预算的建筑面积标准与“基本值”所适用的标准不同时，就要对其进行调整。

6. 重点抽查法

重点抽查法是抓住工程预算中的重点进行审查的方法。审查的重点一般是工程量大或造价较高、工程结构复杂的工程，补充单位估价表，计取各项费用（计费基础、取费标准等）。

7. 利用手册审查法

利用手册审查法是把工程中常用的构件、配件事先整理成预算手册，按手册对照审查的方法。如工程常用的预制构配件，如洗涤池、大便台、检查井、化粪池等，几乎每个工程都有，把这些按标准图集计算出工程量，套上单价，编制成预算手册使用，可简化预结算的编审工作。

第九章 装饰装修工程造价实例解析

第一节 某小区住宅装饰装修工程预算书编制实例

一、某小区住宅装饰装修工程基本概况

1. 建筑节能设计指标

① 建筑物所在城市的气候分区为×××省××区，住宅室内温度取18℃，采暖期室外平均温度−8.5℃，采暖期为168天。

② 本工程建筑面积为3963.33m^2。

③ 建筑物体系数为0.26（限值0.30）。

④ 建筑物的朝向：南北向。

⑤ 窗墙面积比见表9-1，表中的窗墙面积比按最不利开间计算。

表9-1　窗和墙的面积

朝向	窗面积/m^2	墙面积/m^2	窗墙面积比	窗墙面积比限值	结　论
东	0.72	7.5	0.10	0.30	满足要求
南	2.25	8.1	0.28	0.45	满足要求
西	0.72	7.5	0.10	0.30	满足要求
北	2.25	8.1	0.28	0.25	不满足要求

2. 外门、窗

① 建筑外门窗的气密性分为6级（$1<q_1\leqslant1.5$），水密性分为4级，抗风压性能分为5级，隔声性能分为4级，建筑外门窗保温性分级为7级。

② 住宅入口外门选用保温电子门，外门传热系数为1.5W/(m^2·K)，并设防寒门斗，外窗采用单框三玻窗，外窗的传热系数为2.0W/(m^2·K)，非采暖封闭阳台外窗采用单框两玻窗，外窗的传热系数为2.5W/(m^2·K)。

③ 外窗采用平开上悬扇进行通风换气。

3. 其他要求

① 外墙挑出构件、雨篷、空调板上下做30mm厚聚苯板保温（燃烧性能B2级），传热系数为0.039W/(m^2·K)，密度为20kg/m^3。

② 伸出屋顶通风道、下水主干管四周、女儿墙侧面均采用30mm厚聚苯板保温（燃烧性能B2级）、传热系数为0.039W/(m^2·K)，密度为20kg/m^3。

③ 外窗口四周内贴30mm厚聚苯板保温（燃烧性能B2级），传热系数为0.039W/(m^2·K)，

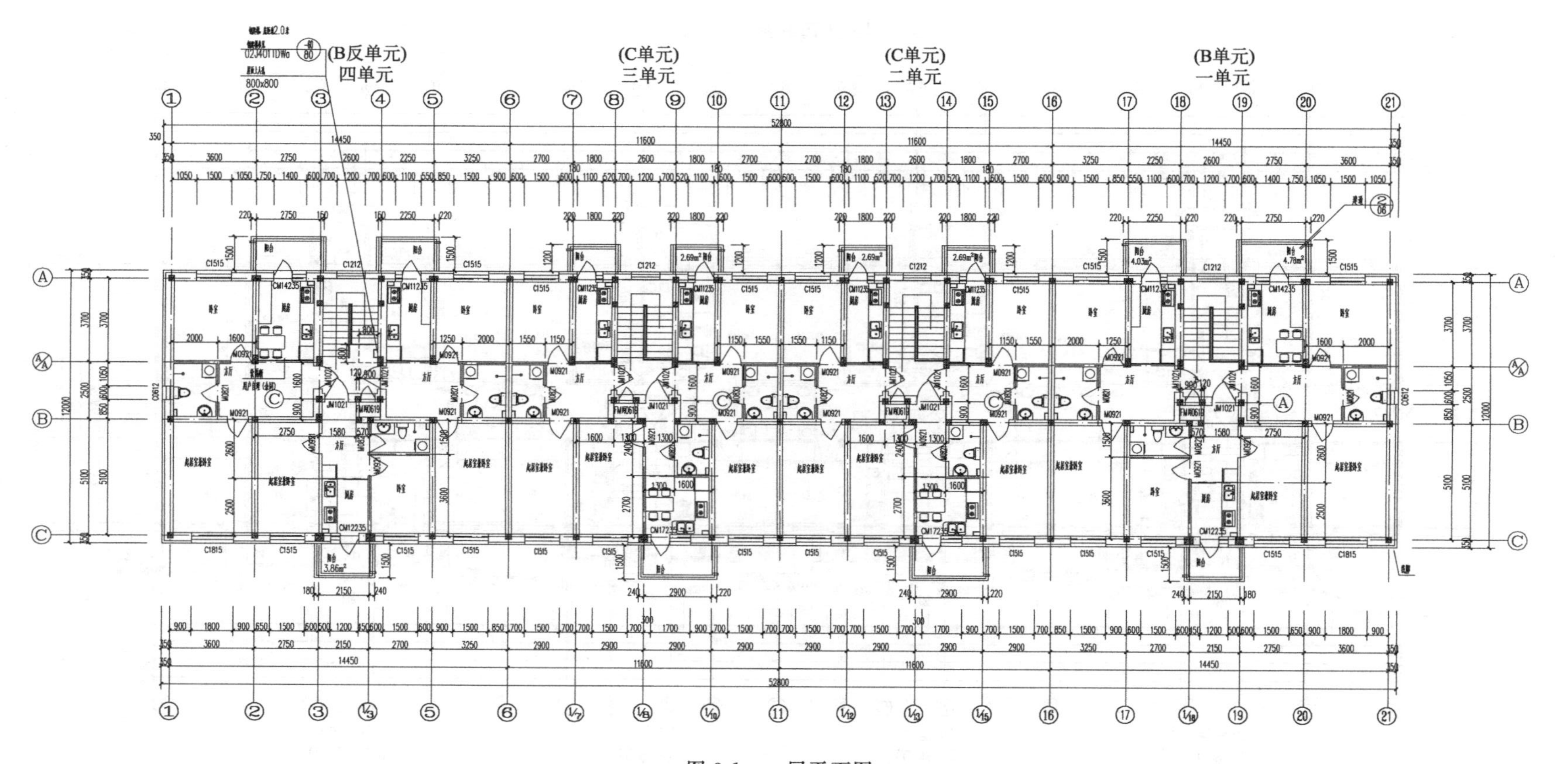

图 9-1 一层平面图

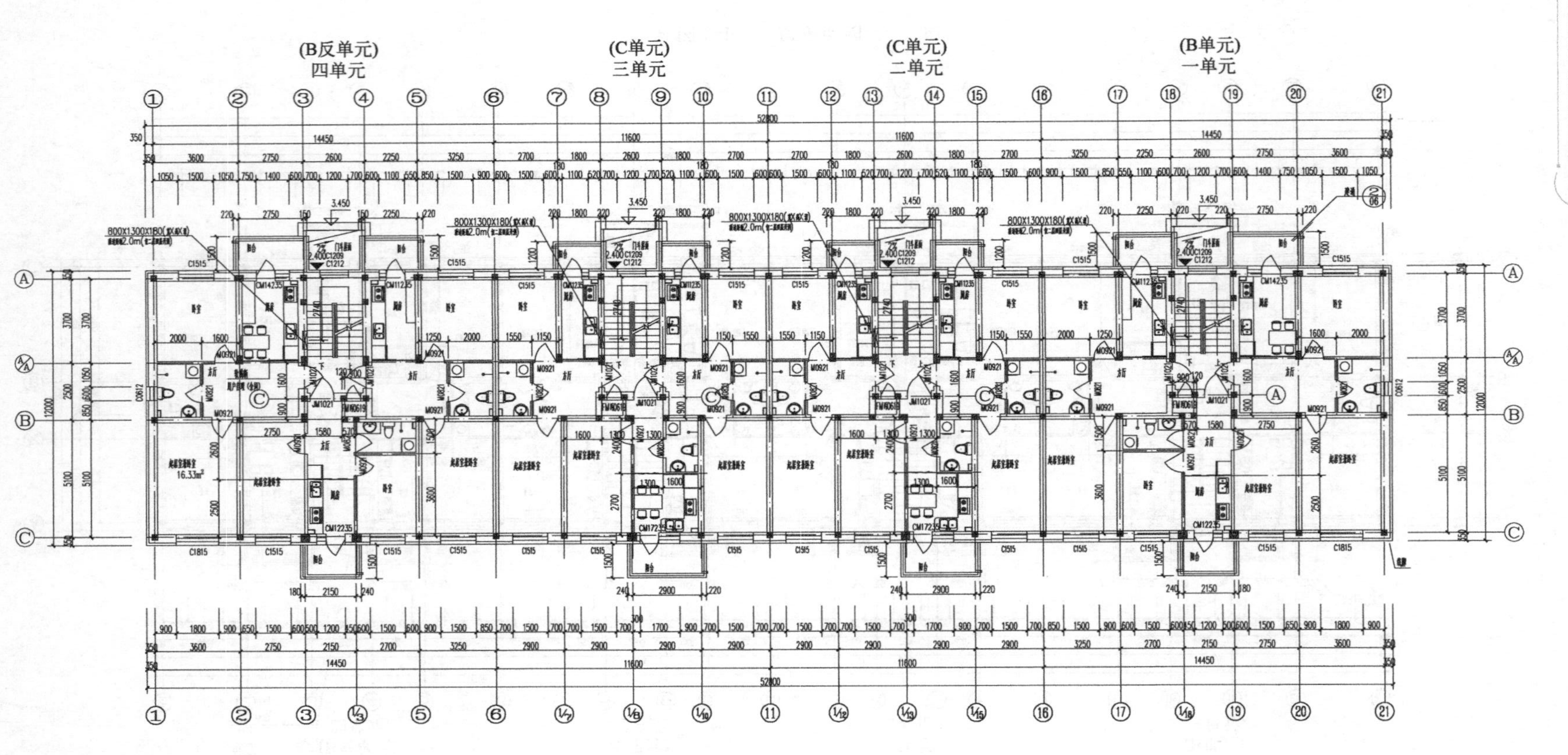
(B反单元)
四单元
(C单元)
三单元
(C单元)
二单元
(B单元)
一单元
52800
14450
11600
12000
800X1300X180
C1515
C1815
M0921
JM1021
CM12235
CM17235
16.33m²

图 9-2　标准层平面图

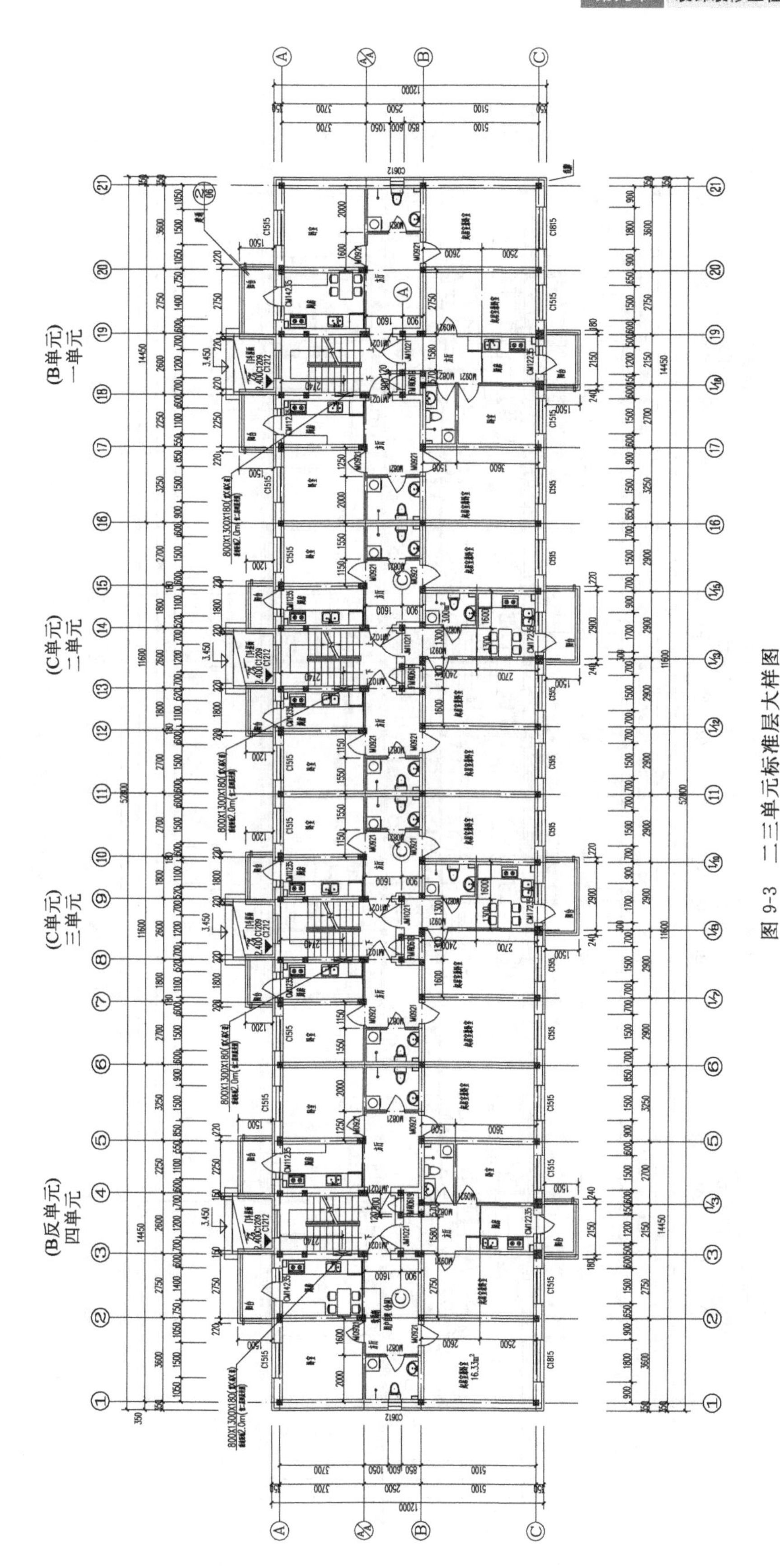

图 9-3 二三单元标准层大样图

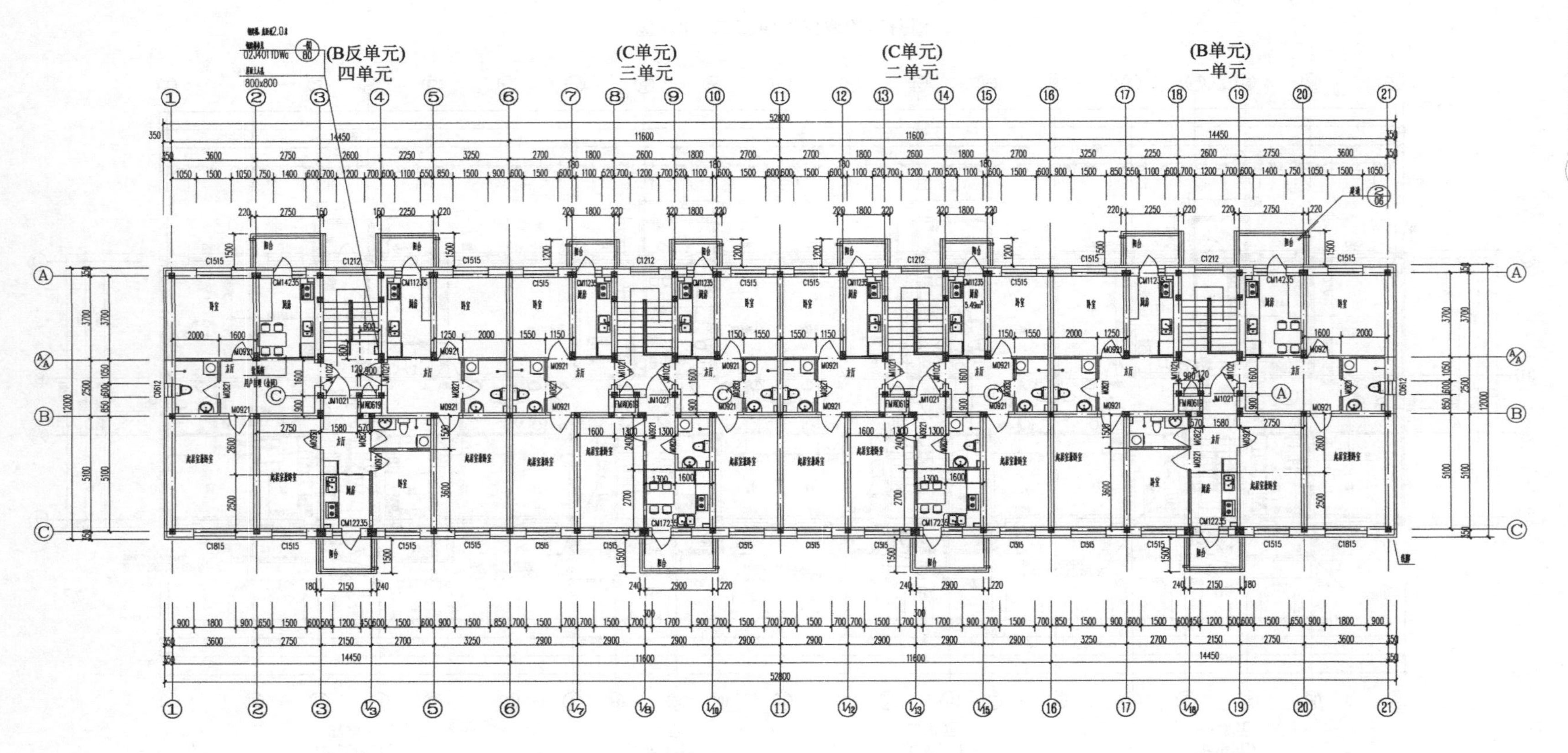

图 9-4 六层平面图

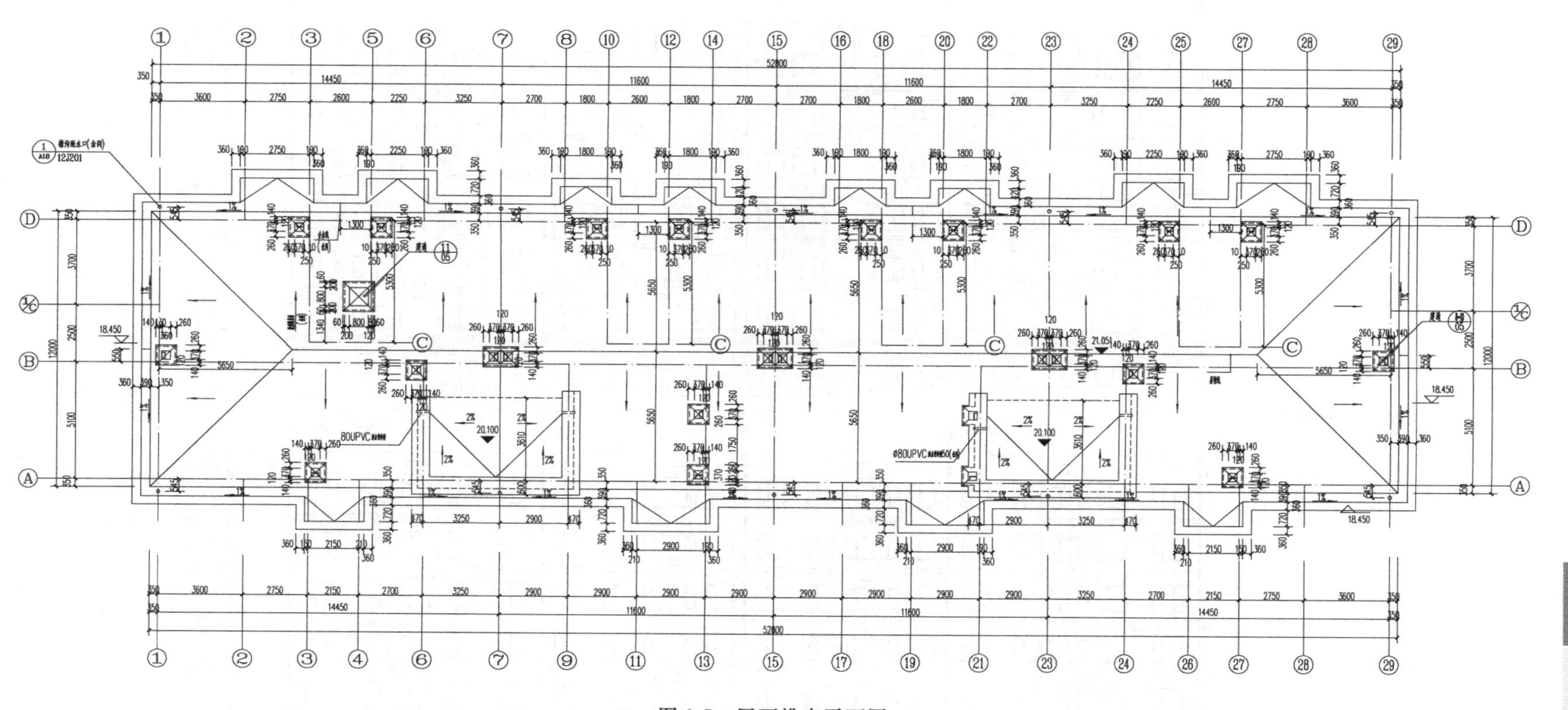

图 9-5 屋面排水平面图

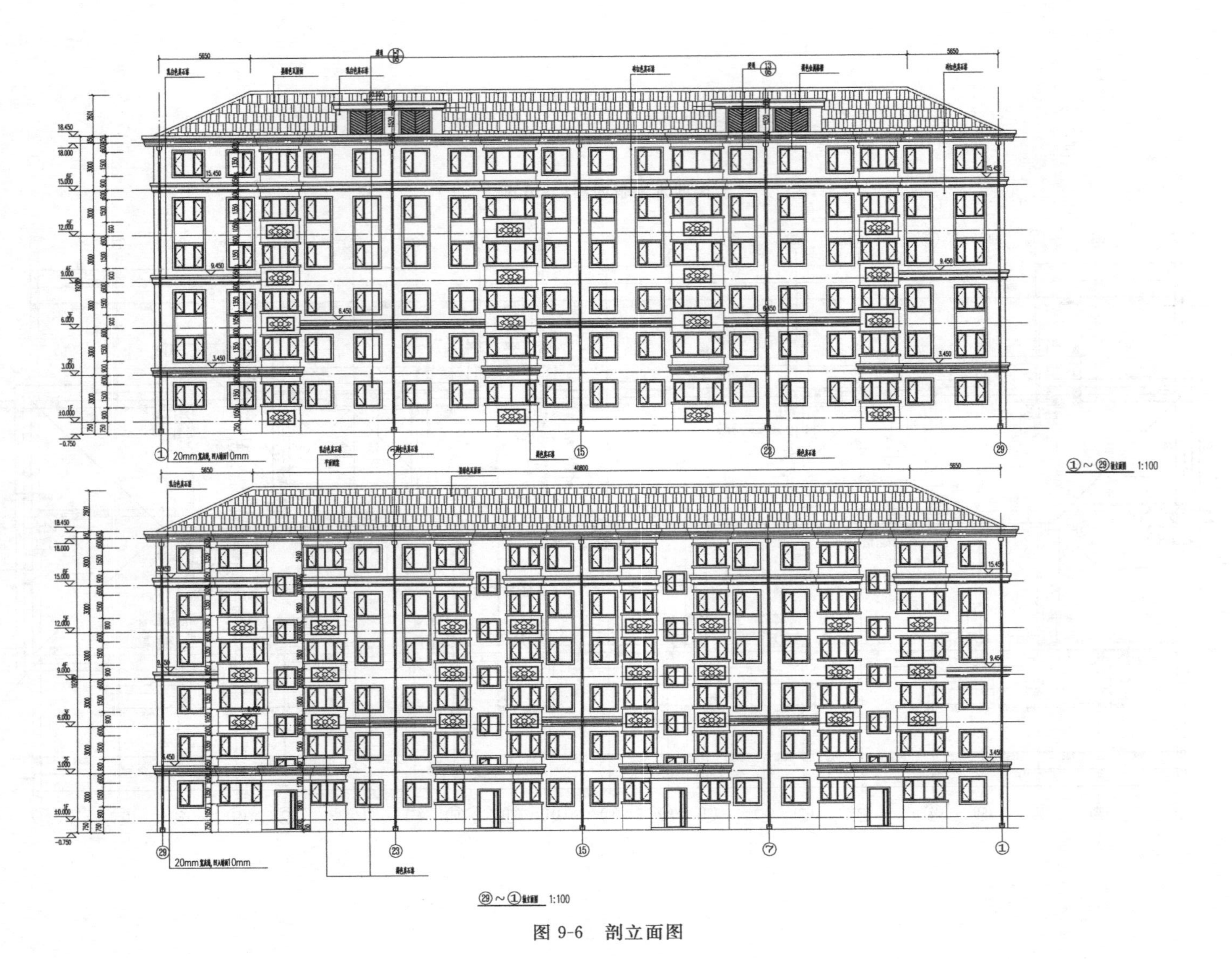

图 9-6　剖立面图

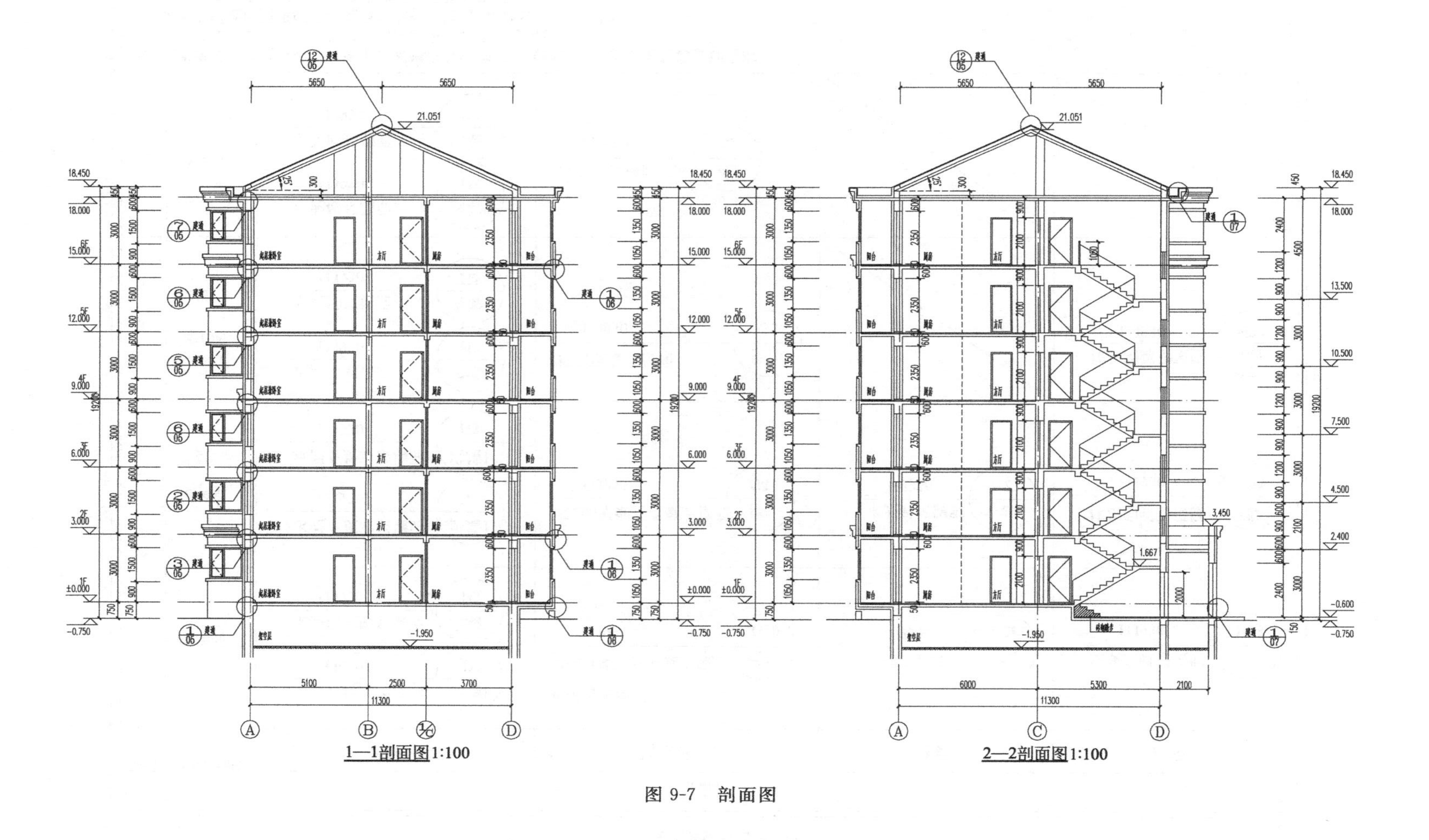

图 9-7 剖面图

室内装修做法表

序号	房间名称	部位			
		墙面	楼地面	踢脚	顶棚
1	门斗 楼梯间	水泥石灰砂浆墙面 11J930 内墙1/H3 水泥石灰砂浆墙面 11J930 内墙1/H3	面层为大理石 50mm厚细石混凝土垫层 11J930 楼25/G10	大理石踢脚 11J930 5/H28	抹灰刮腻子顶棚 11J930 顶2/H23
2	起居室 卧室	水泥石灰砂浆墙面 11J930 内墙1/H3 水泥石灰砂浆墙面 11J930 内墙1/H3	50mm厚细石混凝土楼面 11J930 楼7/G4	水泥砂浆踢脚 11J930 2/H27	抹灰刮腻子顶棚 11J930 顶2/H23
3	卫生间 厨房	水泥砂浆墙面 11J930 内墙9/H5 水泥砂浆墙面 11J930 内墙9/H5	细石混凝土楼面 11J930 楼10/G5	/	抹灰刮腻子顶棚 11J930 顶4/H23
4	管井	水泥砂浆墙面 11J930 内墙9/H5 水泥砂浆墙面 11J930 内墙9/H5	水泥砂浆楼面 11J930 楼1/G2	/	/

注：1.待建设单位确定后方可施工，若建设单位进行二次装修，则以二次装修设计为准。
2.室内装修材料表中的材料，颜色由甲方确定后方可施工。
3.本工程地面建筑胶选用建筑环保胶，用量为水质量的3%～5%。
4.卫生间、厨房地面防水材料为400g SBC120一道。

图 9-8　室内装修做法表

密度为 20kg/m^3。

④ 住宅冷阳台板底层下贴 100mm 聚苯板保温（燃烧性能 B2 级），传热系数为 0.039W/(m^2·K)，密度为 20kg/m^3。

⑤ 屋面设隔气层，实际水蒸气渗透阻大于计算的水蒸气渗透阻。

⑥ 阳台为不采暖阳台时，阳台门窗均为两玻塑钢窗，传热系数为 2.5W/(m^2·K)，阳台窗为两玻窗。

二、某小区住宅装饰工程全套施工图

此部分全套施工图的计算过程见二维码中的详细计算过程。

某小区住宅装饰工程全套施工图纸如图 9-1～图 9-8 所示。

三、某小区住宅装饰装修工程预算书的内容

本工程预算书的编制程序及内容见本书第八章中的相关内容，结合某小区住宅装饰装修工程全套施工图纸进行计算可得出表 9-2～表 9-14 中的具体数据。

表 9-2 单位工程投标报价汇总表

序号	汇总内容	金额/元	暂估价/元
一	分部分项工程费	1555330.9	
二	措施项目费	39674.1	
1.	单价措施项目费		
2.	总价措施项目费	39674.1	
(1)	安全文明施工费	38261.14	
(2)	脚手架费		
(3)	其他措施项目费	1412.96	
(4)	专业工程措施项目费		
三	其他项目费		
3.	暂列金额		
4.	专业工程暂估价		
5.	计日工		
6.	总承包服务费		
四	规费	108051.84	
	养老保险费	55269.49	
	医疗保险费	20726.06	
	失业保险费	5526.95	
	工伤保险费	2763.47	
	生育保险费	1658.08	
	住房公积金	22107.79	
	工程排污费		
五	税金	59266.38	
投标报价合计＝一＋二＋三＋四＋五		1762323.22	

表 9-3　分部分项工程和单价措施项目清单与计价表

序号	项目编码	名称	项目特征描述	计量单位	工程量	金额/元		
						综合单价	合价	暂估价
		整个项目						
1	011101001001	水泥砂浆楼地面	(1)部位:管井地面 (2)水泥浆一道(内掺建筑胶) (3)20mm厚1∶2.5预拌水泥砂浆	m^2	15.33	20.2	309.67	
2	011102001001	石材楼地面	(1)部位:门斗、楼梯间 (2)水泥浆一道(内掺建筑胶) (3)30mm厚1∶3干硬性水泥砂浆结合层,表面撒水泥粉 (4)20mm厚磨光石材板,干水泥擦缝	m^2	129.04	192.08	24786	
3	011101003001	细石混凝土楼地面	(1)部位:起居室、卧室 (2)水泥浆一道(内掺建筑胶) (3)50mm厚C20细石混凝土,随打随抹光	m^2	2114.61	42.25	89342.27	
4	011101003002	细石混凝土楼地面	(1)部位:卫生间、厨房 (2)水泥浆一道(内掺建筑胶) (3)1∶3水泥砂浆或最薄处30mm厚C20细石混凝土找坡抹平 (4)40mm厚C20细石混凝土,表面撒1∶1水泥砂浆,随打随抹	m^2	717.82	55.11	39559.06	
5	011105001001	水泥砂浆踢脚线	(1)部位:起居室、卧室 (2)10mm厚1∶3预拌水泥砂浆打底扫毛或划出纹道 (3)10mm厚1∶2水泥砂浆面层压光	m^2	376.09	41.11	15485.73	
6	011105002001	石材踢脚线	(1)6mm厚1∶2.5水泥砂浆(内掺建筑胶) (2)9mm厚1∶3水泥砂浆砂浆打底扫毛 (3)20mm厚磨光石材板,干水泥擦缝	m^2	58	243.65	14131.7	
7	011106001001	石材楼梯面层	(1)水泥浆一道(内掺建筑胶) (2)30mm厚1∶3干硬性水泥砂浆结合层,表面撒水泥粉 (3)20mm厚磨光石材板,干水泥擦缝 (4)楼梯防滑条做法:06SJ403-1-P149-6	m^2	230.69	385.65	88965.6	
8	01107001001	石材台阶面	(1)水泥浆一道(内掺建筑胶) (2)30mm厚1∶3干硬性水泥砂浆结合层 (3)20mm厚磨光石材板,两面及四周边涂防污剂,拼缝灌稀水泥浆擦缝	m^2	17.79	363.36	6464.17	
9	011201001001	墙面一般抹灰	(1)素水泥浆一道,内掺建筑胶 (2)9mm厚1∶0.5∶2.5水泥石灰膏砂浆打底扫毛或划出纹道 (3)5mm厚1∶0.5∶2.5水泥石灰膏砂浆抹平 (4)楼梯间、门斗、起居室、卧室、阳台	m^2	7832.46	23.2	181713.07	

续表

序号	项目编码	名称	项目特征描述	计量单位	工程量	金额/元		
						综合单价	合价	暂估价
10	011201001004	墙面一般抹灰	(1)素水泥浆一道内掺建筑胶 (2)9mm厚1∶0.5∶2.5水泥石灰膏砂浆打底扫毛或划出纹道 (3)5mm厚1∶0.5∶2.5水泥石灰膏砂浆抹平 (4)闷顶层	m^2				
11	011201001002	墙面一般抹灰	(1)9mm厚1∶3水泥砂浆打底扫毛或划出纹道 (2)5mm厚1∶2.5水泥砂浆抹平 (3)部位:卫生间、厨房、管井	m^2	3234.51	24.65	79730.67	
12	011201001003	墙面一般抹灰	(1)20mm厚1∶2.5水泥砂浆找平层 (2)部位:外墙	m^2	2660.48	25.13	66857.86	
13	011203001001	零星项目一般抹灰	(1)素水泥浆一道,内掺建筑胶 (2)9mm厚1∶0.5∶2.5水泥石灰膏砂浆打底扫毛或划出纹道 (3)5mm厚1∶0.5∶2.5水泥石灰膏砂浆抹平 (4)楼梯侧面抹灰	m^2	20.87	69.84	1457.56	
14	011301001001	天棚打磨	(1)清水板打磨 (2)部位:卧室及方厅、楼梯间、门斗、阳台	m^2	2759.95	7.71	21279.21	
15	011301001003	天棚抹灰	(1)素水泥浆一道(内掺建筑胶) (2)3mm厚1∶0.5∶1水泥石灰膏砂浆打底 (3)5mm厚1∶0.5∶3水泥石灰膏砂浆 (4)部位:闷顶	m^2				
16	011301001002	天棚打磨	(1)清水板打磨 (2)部位:卫生间、厨房	m^2	739.43	7.71	5701.01	
17	011407001001	天棚喷刷涂料	(1)3～5mm厚底基防裂腻子,分遍找平 (2)2mm厚面层耐水腻子刮平 (3)涂料饰面 (4)部位:门斗、楼梯间	m^2	81.3	4.74	385.36	
18	011407001003	天棚喷刷涂料	(1)刮大白两遍 (2)部位:起居室、卧室	m^2	2104.71	4.74	9976.33	
19	011407002001	天棚喷刷涂料	(1)刮大白两遍 (2)部位:卫生间、厨房	m^2	739.43	4.74	3504.9	
20	011407001002	墙面喷刷涂料	刮大白两遍	m^2	10873.61	4.74	51540.91	
21	011407001004	墙面喷刷涂料	外墙真实漆	m^2	3416.86	94.68	323508.3	
22	011407001005	墙面喷刷涂料	外墙白色真实漆	m^2				
23	011407001006	墙面喷刷涂料	外墙砖红色真实漆	m^2				
24	011503001001	金属扶手、栏杆、栏板	楼梯间扶手详见06J403-1-P18-B1a型	m	124.98	170	21246.6	

续表

序号	项目编码	名称	项目特征描述	计量单位	工程量	金额/元		
						综合单价	合价	暂估价
25	010802003001	钢质防火门	(1)门代号:FM甲 (2)洞口尺寸:800mm×500mm	樘	3	696	2088	
26	010802003002	钢质防火门	(1)门代号:FM丙 (2)洞口尺寸:600mm×1900mm	樘	24	592.8	14227.2	
27	010805003002	电子对讲门	(1)材料品种:电子门 (2)洞口尺寸:1200mm×2400mm	樘	4	4752	19008	
28	010802004003	进户门	(1)材料品种:防火防寒防盗门(乙级防火门,耐火极限1.0h) (2)洞口尺寸:1000mm×2100mm	樘	72	1470	105840	
29	010802004002	防盗门	(1)门代号:外门 (2)洞口尺寸:1200mm×2000mm	樘	4	1560	6240	
30	010807005002	金属格栅窗	(1)窗代号及洞口尺寸:JSC,1200mm×900mm (2)框、扇材质:窗扇立柱格栅为20mm×20mm×1.2mm方钢,间距100mm,窗边框55mm×40mm×206mm方钢 (3)铁艺油漆为黑色油漆	m^2	11.72	29.86	349.96	
31	010807001001	塑钢窗	(1)材料品种:中空三玻塑钢窗 (2)洞口尺寸:600mm×1200mm	樘	12	288	3456	
32	010807001002	塑钢窗	(1)材料品种:中空三玻塑钢窗 (2)洞口尺寸:1200mm×900mm	樘				
33	010807001003	塑钢窗	(1)材料品种:中空三玻塑钢窗 (2)洞口尺寸:1200mm×1200mm	樘	16	576	9216	
34	010807001004	塑钢窗	(1)材料品种:中空三玻塑钢窗 (2)洞口尺寸:1200mm×1500mm	樘				
35	010807001005	塑钢窗	(1)材料品种:中空三玻塑钢窗 (2)洞口尺寸:1500mm×1500mm	樘	120	900	108000	
36	010807001006	塑钢窗	(1)材料品种:中空三玻塑钢窗 (2)洞口尺寸:1800mm×1500mm	樘	12	1080	12960	
37	010807001007	阳台塑钢窗	(1)材料品种:中空双玻塑钢窗 (2)洞口尺寸:2800mm×1350mm	樘	4	1360.8	5443.2	
38	010807001008	阳台塑钢窗	(1)材料品种:中空双玻塑钢窗 (2)洞口尺寸:3040mm×1350mm	樘	20	1477.44	29548.8	
39	010807001009	阳台塑钢窗	(1)材料品种:中空双玻塑钢窗 (2)洞口尺寸:3790mm×1350mm	樘	10	1841.94	18419.4	
40	010807001010	阳台塑钢窗	(1)材料品种:中空双玻塑钢窗 (2)洞口尺寸:5170mm×1350mm	樘	12	2512.62	30151.44	
41	010807001011	阳台塑钢窗	(1)材料品种:中空双玻塑钢窗 (2)洞口尺寸:4050mm×1350mm	樘	2	1968.3	3936.6	
42	010807001012	阳台塑钢窗	(1)材料品种:中空双玻塑钢窗 (2)洞口尺寸:4290mm×1350mm	樘	10	2084.94	20849.4	
43	010807001013	阳台塑钢窗	(1)材料品种:中空双玻塑钢窗 (2)洞口尺寸:5960mm×1350mm	樘	12	2896.56	34758.72	
44	010807001014	阳台塑钢窗	(1)材料品种:中空双玻塑钢窗 (2)洞口尺寸:3550mm×1350mm	樘	2	1725.3	3450.6	
45	010802001001	门连窗	(1)材料品种:中空三玻塑钢门连窗 (2)洞口尺寸:1100mm×2350mm	樘	36	982.3	35362.8	

续表

序号	项目编码	名称	项目特征描述	计量单位	工程量	金额/元		
						综合单价	合价	暂估价
46	010802001002	门连窗	(1)材料品种:中空三玻塑钢门连窗 (2)洞口尺寸:1200mm×2350mm	樘	12	1071.6	12859.2	
47	010802001003	门连窗	(1)材料品种:中空三玻塑钢门连窗 (2)洞口尺寸:1250mm×2350mm	樘		1116.25		
48	010802001004	门连窗	(1)材料品种:中空三玻塑钢门连窗 (2)洞口尺寸:1400mm×2350mm	樘	12	1250.2	15002.4	
49	010802001005	门连窗	(1)材料品种:中空三玻塑钢门连窗 (2)洞口尺寸:1700mm×2350mm	樘	12	1518.1	18217.2	
		分部小计					1555330.9	
		措施项目						
		分部小计						
合　计							1555330.9	

表 9-4　综合单价分析表（节选）

项目编码		011101001001		项目名称		水泥砂浆楼地面		计量单位	m^2	工程量	15.33
清单综合单价组成明细											
定额编号	定额项目名称	定额单位	数量	单价/元				合价/元			
				人工费	材料费	机械费	管理费和利润	人工费	材料费	机械费	管理费和利润
1-2 换	水泥砂浆楼地面,预拌砂浆	$100m^2$	0.01	629	1159.63	0	231.4	6.29	11.6	0	2.31
人工单价		小计						6.29	11.6	0	2.31
综合工日:85 元/工日		未计价材料费/元						10.55			
清单项目综合单价/元								20.2			
材料费明细	主要材料名称、规格、型号						数量	单价/元	合价/元	暂估单价/元	暂估合价/元
	水泥 32.5MPa					kg	1.509	0.39	0.59		
	其他材料费							—	11.01	—	0
	材料费小计							—	11.6	—	0

续表

项目编码	011102001001	项目名称	石材楼地面	计量单位	m^2	工程量	129.04

清单综合单价组成明细

定额编号	定额项目名称	定额单位	数量	单价/元				合价/元			
				人工费	材料费	机械费	管理费和利润	人工费	材料费	机械费	管理费和利润
1-29	花岗岩楼地面，周长3200mm以内，单色，干硬性砂浆	$100m^2$	0.01	2083.35	16347.98	10.29	766.43	20.83	163.48	0.1	7.66
人工单价				小计				20.83	163.48	0.1	7.66
综合工日:85元/工日				未计价材料费/元				0			
清单项目综合单价/元								192.08			

材料费明细	主要材料名称、规格、型号	单位	数量	单价/元	合价/元	暂估单价/元	暂估合价/元
	水泥32.5MPa	kg	16.8288	0.39	6.56		
	花岗岩板500mm×500mm	m^2	1.02	151.26	154.29		
	其他材料费			—	2.63	—	0
	材料费小计			—	163.48	—	0

项目编码	011101003001	项目名称	细石混凝土楼地面	计量单位	m^2	工程量	2114.61

清单综合单价组成明细

定额编号	定额项目名称	定额单位	数量	单价/元				合价/元			
				人工费	材料费	机械费	管理费和利润	人工费	材料费	机械费	管理费和利润
1-333换	细石混凝土找平层，30mm，预拌混凝土	$100m^2$	0.01	554.2	1290.93	3.17	203.88	5.54	12.91	0.03	2.04
1-335×4	细石混凝土，找平层，每增减5mm，预拌混凝土子目×4（人工含量已修改）	$100m^2$	0.01	309.4	826.2	2.12	113.82	3.09	8.26	0.02	1.14
1-344	整体楼地面原浆抹平	$100m^2$	0.01	640.05	45.96	0	235.46	6.4	0.46	0	2.35
人工单价				小计				15.04	21.63	0.05	5.53
综合工日:85元/工日				未计价材料费/元				20.53			
清单项目综合单价/元								42.25			

材料费明细	主要材料名称、规格、型号	单位	数量	单价/元	合价/元	暂估单价/元	暂估合价/元
	水泥32.5MPa	kg	1.509	0.39	0.59		
	预拌混凝土C20细石混凝土	m^3	0.0507	405	20.53		
	其他材料费			—	0.51	—	0
	材料费小计			—	21.63	—	0

续表

项目编码		011101003002		项目名称		细石混凝土楼地面		计量单位	m^2	工程量	717.82
清单综合单价组成明细											
定额编号	定额项目名称	定额单位	数量	单价/元				合价/元			
				人工费	材料费	机械费	管理费和利润	人工费	材料费	机械费	管理费和利润
1-324 换	水泥砂浆找平层，混凝土或硬基层上，20mm，预拌砂浆	$100m^2$	0.01	475.15	1076.81	0	174.79	4.75	10.77	0	1.75
1-333 换	细石混凝土找平层，30mm，预拌混凝土	$100m^2$	0.01	554.2	1290.93	3.17	203.88	5.54	12.91	0.03	2.04
1-335×2	细石混凝土找平层，每增减 5mm，预拌混凝土，子目×2(人工含量已修改)	$100m^2$	0.01	154.7	413.1	1.06	56.91	1.55	4.13	0.01	0.57
1-343	整体楼地面加浆压光	$100m^2$	0.01	640.05	225.42	5.04	235.46	6.4	2.25	0.05	2.35
人工单价		小计						18.24	30.06	0.09	6.71
综合工日：85 元/工日		未计价材料费/元						26.53			
清单项目综合单价/元								55.11			
材料费明细	主要材料名称、规格、型号						数量	单价/元	合价/元	暂估单价/元	暂估合价/元
	水泥 32.5MPa					kg	7.0317	0.39	2.74		
	预拌混凝土 C20 细石混凝土					m^3	0.0303	405	12.27		
	预拌砂浆 1∶3					m^3	0.0202	501.5	10.13		
	其他材料费							—	4.92	—	0
	材料费小计							—	30.06	—	0

项目编码		011105001001		项目名称		水泥砂浆踢脚线		计量单位	m^2	工程量	376.69
清单综合单价组成明细											
定额编号	定额项目名称	定额单位	数量	单价/元				合价/元			
				人工费	材料费	机械费	管理费和利润	人工费	材料费	机械费	管理费和利润
1-151 换	水泥砂浆踢脚线，底 12mm，面 8mm，预拌砂浆	$100m^2$	0.01	2221.05	1072.66	0	817.08	22.21	10.73	0	8.17
人工单价		小计						22.21	10.73	0	8.17
综合工日：85 元/工日		未计价材料费/元						10.54			
清单项目综合单价/元								41.11			
材料费明细	主要材料名称、规格、型号						数量	单价/元	合价/元	暂估单价/元	暂估合价/元
	预拌砂浆					m^3	0.0202	522	10.54		
	其他材料费							—	0.19	—	0
	材料费小计							—	10.73	—	0

续表

项目编码		011105002001		项目名称		石材踢脚线	计量单位	m^2		工程量	58
清单综合单价组成明细											
定额编号	定额项目名称	定额单位	数量	单价/元				合价/元			
				人工费	材料费	机械费	管理费和利润	人工费	材料费	机械费	管理费和利润
1-154	花岗岩踢脚线，直线形	$100m^2$	0.01	3932.95	18974.47	10.29	1446.86	39.33	189.74	0.1	14.47
人工单价		小计						39.33	189.74	0.1	14.47
综合工日:85元/工日		未计价材料费/元						0			
清单项目综合单价/元								243.65			
材料费明细	主要材料名称、规格、型号					单位	数量	单价/元	合价/元	暂估单价/元	暂估合价/元
	水 32.5MPa					kg	8.8779	0.39	3.46		
	花岗岩板					m^2	1.02	181.26	184.89		
	其他材料费							—	1.39	—	0
	材料费小计							—	189.74	—	0

项目编码		011106001001		项目名称		石材楼梯面层	计量单位	m^2		工程量	230.69
清单综合单价组成明细											
定额编号	定额项目名称	定额单位	数量	单价/元				合价/元			
				人工费	材料费	机械费	管理费和利润	人工费	材料费	机械费	管理费和利润
1-174	花岗岩楼梯，干硬性砂浆	$100m^2$	0.01	5632.1	27466.39	42.85	2071.95	56.32	274.66	0.43	20.72
1-351	楼梯、台阶踏步防滑条，铜条 4mm×6mm	100m	0.018	493	1186.78	0	181.37	8.88	21.37	0	3.27
人工单价		小计						65.2	296.04	0.43	23.99
综合工日:85元/工日		未计价材料费/元						0			
清单项目综合单价/元								385.65			
材料费明细	主要材料名称、规格、型号					单位	数量	单价/元	合价/元	暂估单价/元	暂估合价/元
	水泥 32.5MPa					kg	21.582	0.39	8.42		
	花岗岩板					m^2	1.447	181.26	262.28		
	其他材料费							—	25.34	—	0
	材料费小计							—	296.03	—	0

续表

项目编码		011107001001		项目名称		石材台阶面	计量单位	m²		工程量	17.79
清单综合单价组成明细											
定额编号	定额项目名称	定额单位	数量	单价/元				合价/元			
				人工费	材料费	机械费	管理费和利润	人工费	材料费	机械费	管理费和利润
1-271	花岗岩台阶，干硬性砂浆	100m²	0.01	4776.15	29753.38	49.61	1757.06	47.76	297.53	0.5	17.57
人工单价		小计						47.76	297.53	0.5	17.57
综合工日:85元/工日		未计价材料费/元						0			
清单项目综合单价/元								363.36			
材料费明细	主要材料名称、规格、型号						数量	单价/元	合价/元	暂估单价/元	暂估合价/元
	水泥 32.5MPa					kg	22.8965	0.39	8.93		
	花岗岩板					m²	1.569	181.26	284.4		
	其他材料费							—	4.2	—	0
	材料费小计							—	297.54	—	0

项目编码		011201001001		项目名称		墙面一般抹灰	计量单位	m²		工程量	7832.46
清单综合单价组成明细											
定额编号	定额项目名称	定额单位	数量	单价/元				合价/元			
				人工费	材料费	机械费	管理费和利润	人工费	材料费	机械费	管理费和利润
2-42换	墙面、墙裙抹混合砂浆，砖墙，14mm＋6mm，预拌砂浆	100m²	0.01	879.75	1117	0	323.64	8.8	11.17	0	3.24
人工单价		小计						8.8	11.17	0	3.24
综合工日:85元/工日		未计价材料费/元						11.09			
清单项目综合单价/元								23.2			
材料费明细	主要材料名称、规格、型号						数量	单价/元	合价/元	暂估单价/元	暂估合价/元
	预拌砂浆混合砂浆					m³	0.0231	480	11.09		
	其他材料费							—	0.08	—	0
	材料费小计							—	11.12	—	0

续表

项目编码		011201001004		项目名称		墙面一般抹灰		计量单位	m²	工程量	0
清单综合单价组成明细											
定额编号	定额项目名称	定额单位	数量	单价/元				合价/元			
				人工费	材料费	机械费	管理费和利润	人工费	材料费	机械费	管理费和利润
2-42换	墙面、墙裙抹混合砂浆，砖墙，14mm ＋ 6mm，预拌砂浆	100m²	0	879.75	1117	0	323.64	0	0	0	0
人工单价		小计						0	0	0	0
综合工日：85元/工日		未计价材料费/元									
清单项目综合单价/元								0			
材料费明细	主要材料名称、规格、型号					单位	数量	单价/元	合价/元	暂估单价/元	暂估合价/元
	预拌砂浆混合砂浆					m³	0	480	0		
	其他材料费							—	0	—	0
	材料费小计							—	0	—	0

项目编码		011201001002		项目名称		墙面一般抹灰		计量单位	m²	工程量	3234.51
清单综合单价组成明细											
定额编号	定额项目名称	定额单位	数量	单价/元				合价/元			
				人工费	材料费	机械费	管理费和利润	人工费	材料费	机械费	管理费和利润
2-30换	墙面、墙裙抹水泥砂浆，砖墙，14mm ＋ 6mm，预拌砂浆	100m²	0.01	949.45	1166.66	0	349.28	9.49	11.67	0	3.49
人工单价		小计						9.49	11.67	0	3.49
综合工日：85元/工日		未计价材料费/元						11.58			
清单项目综合单价/元								24.65			
材料费明细	主要材料名称、规格、型号					单位	数量	单价/元	合价/元	暂估单价/元	暂估合价/元
	预拌砂浆 1：3					m³	0.0231	501.5	11.58		
	其他材料费							—	0.09	—	0
	材料费小计							—	11.62	—	0

续表

项目编码		011201001003		项目名称		墙面一般抹灰	计量单位	m²	工程量		2660.48
清单综合单价组成明细											
定额编号	定额项目名称	定额单位	数量	单价/元				合价/元			
				人工费	材料费	机械费	管理费和利润	人工费	材料费	机械费	管理费和利润
2-30换	墙面、墙裙抹水泥砂浆，砖墙，14mm＋6mm，预拌砂浆	100m²	0.01	949.45	1214.02	0	349.28	9.49	12.14	0	3.49
人工单价		小计						9.49	12.14	0	3.49
综合工日：85元/工日		未计价材料费/元						12.06			
清单项目综合单价/元								25.13			
材料费明细	主要材料名称、规格、型号				单位	数量		单价/元	合价/元	暂估单价/元	暂估合价/元
	预拌砂浆				m³	0.0231		522	12.06		
	其他材料费							—	0.08	—	0
	材料费小计							—	12.09	—	0

项目编码		011203001001		项目名称		零星项目一般抹灰	计量单位	m²	工程量		20.87
清单综合单价组成明细											
定额编号	定额项目名称	定额单位	数量	单价/元				合价/元			
				人工费	材料费	机械费	管理费和利润	人工费	材料费	机械费	管理费和利润
2-119换	零星抹灰，混合砂浆，预拌砂浆	100m²	0.01	4252.55	1167.04	0	1564.44	42.53	11.67	0	15.64
人工单价		小计						42.53	11.67	0	15.64
综合工日：85元/工日		未计价材料费/元						11.59			
清单项目综合单价/元								69.84			
材料费明细	主要材料名称、规格、型号				单位	数量		单价/元	合价/元	暂估单价/元	暂估合价/元
	预拌砂浆				m³	0.0222		522	11.59		
	其他材料费							—	0.08	—	0
	材料费小计							—	11.62	—	0

续表

项目编码		011301001001		项目名称		天棚打磨		计量单位	m²	工程量	2759.95
清单综合单价组成明细											
定额编号	定额项目名称	定额单位	数量	单价/元				合价/元			
				人工费	材料费	机械费	管理费和利润	人工费	材料费	机械费	管理费和利润
5-185	清水混凝土面打磨	100m²	0.01	484.5	107.91	0	178.24	4.85	1.08	0	1.78
人工单价		小计						4.85	1.08	0	1.78
综合工日:85元/工日		未计价材料费/元						0			
清单项目综合单价/元								7.71			
材料费明细	主要材料名称、规格、型号						数量	单价/元	合价/元	暂估单价/元	暂估合价/元
	材料费小计/元							—	1.08	—	0

项目编码		011301001003		项目名称		天棚抹灰		计量单位	m²	工程量	0
清单综合单价组成明细											
定额编号	定额项目名称	定额单位	数量	单价/元				合价/元			
				人工费	材料费	机械费	管理费和利润	人工费	材料费	机械费	管理费和利润
3-6换	混凝土面天棚抹混合砂浆,预拌砂浆	100m²	0	1071.85	1327.32	0	394.32	0	0	0	0
人工单价		小计						0	0	0	0
综合工日:85元/工日		未计价材料费/元						0			
清单项目综合单价/元								0			
材料费明细	主要材料名称、规格、型号						数量	单价/元	合价/元	暂估单价/元	暂估合价/元
	预拌砂浆					m³	0	522	0		
	水泥32.5MPa					kg	0	0.39	0		
	其他材料费							—	0	—	0
	材料费小计							—	0	—	0

续表

项目编码		011301001002		项目名称		天棚打磨	计量单位	m^2		工程量	739.43
清单综合单价组成明细											
定额编号	定额项目名称	定额单位	数量	单价/元				合价/元			
				人工费	材料费	机械费	管理费和利润	人工费	材料费	机械费	管理费和利润
5-185	清水混凝土面打磨	$100m^2$	0.01	484.5	107.91	0	178.24	4.85	1.08	0	1.78
人工单价		小计						4.85	1.08	0	1.78
综合工日:85元/工日		未计价材料费/元						0			
清单项目综合单价/元								7.71			
材料费明细	主要材料名称、规格、型号						数量	单价/元	合价/元	暂估单价/元	暂估合价/元
	材料费小计							—	1.08	—	0

项目编码		011407001001		项目名称		天棚喷刷涂料	计量单位	m^2		工程量	81.3
清单综合单价组成明细											
定额编号	定额项目名称	定额单位	数量	单价/元				合价/元			
				人工费	材料费	机械费	管理费和利润	人工费	材料费	机械费	管理费和利润
5-180	室内刮大白,两遍,抹灰面	$100m^2$	0.01	280.1	117.88	0	95.68	2.6	1.18	0	0.96
人工单价		小计						2.6	1.18	0	0.96
综合工日:85元/工日		未计价材料费/元						0			
清单项目综合单价/元								4.74			
材料费明细	主要材料名称、规格、型号						数量	单价/元	合价/元	暂估单价/元	暂估合价/元
	大白粉					kg	1.9	0.28	0.53		
	其他材料费							—	0.65	—	0
	材料费小计							—	1.18	—	0

续表

项目编码	011407001003	项目名称	天棚喷刷涂料	计量单位	m^2	工程量	2104.71

清单综合单价组成明细

定额编号	定额项目名称	定额单位	数量	单价/元				合价/元			
				人工费	材料费	机械费	管理费和利润	人工费	材料费	机械费	管理费和利润
5-180	室内刮大白，两遍，抹灰面	100m²	0.01	260.1	117.88	0	95.68	2.6	1.18	0	0.96
人工单价		小计						2.6	1.18	0	0.96
综合工日：85 元/工日		未计价材料费/元						0			
清单项目综合单价/元								4.74			

	主要材料名称、规格、型号		数量	单价/元	合价/元	暂估单价/元	暂估合价/元
材料费明细	大白粉	kg	1.9	0.28	0.53		
	其他材料费			—	0.65	—	0
	材料费小计			—	1.18	—	0

项目编码	011407001004	项目名称	墙面喷刷涂料	计量单位	m^2	工程量	3416.86

清单综合单价组成明细

定额编号	定额项目名称	定额单位	数量	单价/元				合价/元			
				人工费	材料费	机械费	管理费和利润	人工费	材料费	机械费	管理费和利润
5-131	真石涂料，胶带条分格	100m²	0.01	688.5	8403.41	123.01	253.29	6.89	84.03	1.23	2.53
人工单价		小计						6.89	84.03	1.23	2.53
综合工日：85 元/工日		未计价材料费/元						0			
清单项目综合单价/元								94.68			

	主要材料名称、规格、型号		数量	单价/元	合价/元	暂估单价/元	暂估合价/元
材料费明细	防水漆	kg	0.4	12.36	4.94		
	透明底漆	kg	0.35	20.69	7.24		
	真石涂料(深色)	kg	5	14	70		

续表

项目编码	011407001004		项目名称	墙面喷刷涂料	计量单位	m^2	工程量	3416.86
材料费明细	主要材料名称、规格、型号			数量	单价/元	合价/元	暂估单价/元	暂估合价/元
	其他材料费				—	1.84	—	0
	材料费小计				—	84.03	—	0

项目编码	011503001001		项目名称	金属扶手、栏杆、栏板	计量单位	m	工程量	124.98
清单综合单价组成明细											
定额编号	定额项目名称	定额单位	数量	单价/元				合价/元			
				人工费	材料费	机械费	管理费和利润	人工费	材料费	机械费	管理费和利润
补充材料001	楼梯扶手	m	1	0	170	0	0	0	170	0	0
人工单价		小计						0	170	0	0
		未计价材料费/元						0			
清单项目综合单价/元								170			
材料费明细	主要材料名称、规格、型号					数量		单价/元	合价/元	暂估单价/元	暂估合价/元
	楼梯扶手				m	1		170	170		
	其他材料费							—	0	—	0
	材料费小计							—	170	—	0

续表

项目编码		010802003001		项目名称		钢质防火门		计量单位	樘	工程量	3
清单综合单价组成明细											
定额编号	定额项目名称	定额单位	数量	单价/元				合价/元			
				人工费	材料费	机械费	管理费和利润	人工费	材料费	机械费	管理费和利润
补充材料002	钢质防火门甲级	m^2	1.2	0	580	0	0	0	696	0	0
人工单价		小计						0	696	0	0
		未计价材料费/元						0			
清单项目综合单价/元								696			
材料费明细	主要材料名称、规格、型号						数量	单价/元	合价/元	暂估单价/元	暂估合价/元
	材料费小计							—	696	—	0

项目编码		010802003002		项目名称		钢质防火门		计量单位	樘	工程量	24
清单综合单价组成明细											
定额编号	定额项目名称	定额单位	数量	单价/元				合价/元			
				人工费	材料费	机械费	管理费和利润	人工费	材料费	机械费	管理费和利润
补充材料003	钢质防火门丙级	m^2	1.14	0	520	0	0	0	592.8	0	0
人工单价		小计						0	592.8	0	0
		未计价材料费/元						0			
清单项目综合单价/元								592.8			
材料费明细	主要材料名称、规格、型号						数量	单价/元	合价/元	暂估单价/元	暂估合价/元
	钢质防火门丙级					m^2	1.14	520	592.8		
	其他材料费							—	0	—	0
	材料费小计							—	592.8	—	0

续表

项目编码		010805003002		项目名称		电子对讲门		计量单位	樘	工程量	4
清单综合单价组成明细											
定额编号	定额项目名称	定额单位	数量	单价/元				合价/元			
				人工费	材料费	机械费	管理费和利润	人工费	材料费	机械费	管理费和利润
补充材料004@1	电子对讲门	m^2	2.88	0	1650	0	0	0	4752	0	0
人工单价		小计						0	4752	0	0
		未计价材料费/元						0			
清单项目综合单价/元								4752			
材料费明细	主要材料名称、规格、型号						数量	单价/元	合价/元	暂估单价/元	暂估合价/元
	电子对讲门					m^2	2.88	1650	4752		
	其他材料费							—	0	—	0
	材料费小计							—	4752	—	0

项目编码		010802004002		项目名称		防盗门		计量单位	樘	工程量	4
清单综合单价组成明细											
定额编号	定额项目名称	定额单位	数量	单价/元				合价/元			
				人工费	材料费	机械费	管理费和利润	人工费	材料费	机械费	管理费和利润
补充材料006	防盗门	m^2	2.4	0	650	0	0	0	1560	0	0
人工单价		小计						0	1560	0	0
		未计价材料费/元						0			
清单项目综合单价/元								1560			
材料费明细	主要材料名称、规格、型号						数量	单价/元	合价/元	暂估单价/元	暂估合价/元
	防盗门					m^2	2.4	650	1560		
	其他材料费							—	0	—	0
	材料费小计							—	1560	—	0

续表

项目编码		010807005002		项目名称		金属格栅窗		计量单位	m²	工程量	11.72
清单综合单价组成明细											
定额编号	定额项目名称	定额单位	数量	单价/元				合价/元			
				人工费	材料费	机械费	管理费和利润	人工费	材料费	机械费	管理费和利润
补充材料004	金属格栅窗	m²	0.0853	0	350	0	0	0	29.86	0	0
人工单价		小计						0	29.86	0	0
		未计价材料费/元						0			
清单项目综合单价/元								29.86			
材料费明细	主要材料名称、规格、型号						数量	单价/元	合价/元	暂估单价/元	暂估合价/元
	材料费小计							—	29.86	—	0

项目编码		010807001003		项目名称		塑钢窗		计量单位	樘	工程量	16
清单综合单价组成明细											
定额编号	定额项目名称	定额单位	数量	单价/元				合价/元			
				人工费	材料费	机械费	管理费和利润	人工费	材料费	机械费	管理费和利润
补充材料007@1	塑钢窗	m²	1.44	0	400	0	0	0	576	0	0
人工单价		小计						0	576	0	0
		未计价材料费/元						0			
清单项目综合单价/元								576			
材料费明细	主要材料名称、规格、型号						数量	单价/元	合价/元	暂估单价/元	暂估合价/元
	塑钢窗					m²	1.44	400	576		
	其他材料费							—	0	—	0
	材料费小计							—	576	—	0

续表

项目编码		010807001007		项目名称		阳台塑钢窗		计量单位	樘	工程量	4
清单综合单价组成明细											
定额编号	定额项目名称	定额单位	数量	单价/元				合价/元			
				人工费	材料费	机械费	管理费和利润	人工费	材料费	机械费	管理费和利润
补充材料007@2	塑钢窗二玻	m^2	3.78	0	360	0	0	0	1360.8	0	0
人工单价		小计						0	1360.8	0	0
		未计价材料费/元						0			
清单项目综合单价/元								1360.8			
材料费明细	主要材料名称、规格、型号				单位	数量		单价/元	合价/元	暂估单价/元	暂估合价/元
	塑钢窗二玻				m^2	3.78		360	1360.8		
	其他材料费							—	0	—	0
	材料费小计							—	1360.8	—	0

项目编码		010802001001		项目名称		门连窗		计量单位	樘	工程量	36
清单综合单价组成明细											
定额编号	定额项目名称	定额单位	数量	单价/元				合价/元			
				人工费	材料费	机械费	管理费和利润	人工费	材料费	机械费	管理费和利润
补充材料008@1	门连窗	m^2	2.585	0	380	0	0	0	982.3	0	0
人工单价		小计						0	982.3	0	0
		未计价材料费/元						0			
清单项目综合单价/元								982.3			
材料费明细	主要材料名称、规格、型号				单位	数量		单价/元	合价/元	暂估单价/元	暂估合价/元
	门连窗				m^2	2.585		380	982.3		
	其他材料费							—	0	—	0
	材料费小计							—	982.3	—	0

表 9-5　总价措施项目清单与计价表

序号	项目编码	项目名称	计算基础	费率/%	金额/元	调整费率/%	调整后金额/元	备注
1	011707001001	安全文明施工费	分部分项合计+单价措施项目费-分部分项设备费-技术措施项目设备费	2.46	38261.14			
2	011707002001	夜间施工费	分部分项预算价人工费+单价措施计费人工费	0.18	310.16			
3	011707004001	二次搬运费	分部分项预算价人工费+单价措施计费人工费	0.18	310.16			
4	011707005001	雨季施工费	分部分项预算价人工费+单价措施计费人工费	0.14	241.24			
5	011707005002	冬季施工费	分部分项预算价人工费+单价措施计费人工费	0				
6	011707007001	已完工程及设备保护费	分部分项预算价人工费+单价措施计费人工费	0.14	241.24			
7	01B001	工程定位复测费	分部分项预算价人工费+单价措施计费人工费	0.08	137.85			
8	011707003001	非夜间施工照明费	分部分项预算价人工费+单价措施计费人工费	0.1	172.31			
9	011707006001	地上、地下设施、建筑物的临时保护设施费						
10	01B002	专业工程措施项目费						
		合　计			39674.1			

表 9-6　其他项目清单与计价汇总表

序号	项 目 名 称	金额/元	结算金额/元	备注
1	暂列金额			
2	暂估价			
2.1	材料暂估价			
2.2	专业工程暂估价			
3	计日工			
4	总承包服务费			
合　　计		0		—

表 9-7　暂列金额表

序号	项 目 名 称	计量单位	暂定金额/元	备注
合　　计				

表 9-8　材料暂估价及调整表

序号	材料(工程设备)名称、规格、型号	计量单位	数量		暂估/元		确认/元		差额±/元		备注
			暂估	确认	单价	合价	单价	合价	单价	合价	
合　　计											

表 9-9　计日工表

编号	项 目 名 称	单位	暂定数量	实际数量	综合单价/元	合价	
						暂定	实际
1	人工						
1.1							
	人工小计						
2	材料						
2.1							
	材料小计						
3	施工机械						
3.1							
	施工机械小计						
4. 企业管理费和利润							
	总　　计						

表 9-10　总承包服务费计价表

序号	项 目 名 称	项目价值/元	服务内容	计算基础	费率/%	金额/元
1	发包人供应材料				2	
2	发包人采购设备				2	
3	总承包人对发包人发包的专业工程管理和协调				1.5	
4	总承包人对发包人发包的专业工程管理和协调并提供配合服务				5	
	合计					

表 9-11 规费、税金项目清单与计价表

序号	项目名称	计算基础	计算基数	计算费率/%	金额/元
1	规费	养老保险费＋医疗保险费＋失业保险费＋工伤保险费＋生育保险费＋住房公积金＋工程排污费	108051.84		108051.84
1.1	养老保险费	计费人工费＋人工价差－脚手架费人工费价差	276347.43	20	55269.49
1.2	医疗保险费	计费人工费＋人工价差－脚手架费人工费价差	276347.43	7.5	20726.06
1.3	失业保险费	计费人工费＋人工价差－脚手架费人工费价差	276347.43	2	5526.95
1.4	工伤保险费	计费人工费＋人工价差－脚手架费人工费价差	276347.43	1	2763.47
1.5	生育保险费	计费人工费＋人工价差－脚手架费人工费价差	276347.43	0.6	1658.08
1.6	住房公积金	计费人工费＋人工价差－脚手架费人工费价差	276347.43	8	22107.79
1.7	工程排污费				
2	税金	分部分项工程费＋措施项目费＋其他项目费＋规费	1703056.84	3.48	59266.38
合计					167318.22

表 9-12 发包人提供材料和工程设备一览表

序号	材料(工程设备)名称、规格、型号	单位	数量	单价/元	交货方式	送达地点	备注

表 9-13 承包人提供主要材料和设备一览表

序号	名称、规格、型号	单位	数量	风险系数/%	基准单价/元	投标单价/元	发承包人确认单价/元	备注

表 9-14　承包人提供材料和工程设备一览表

序号	名称、规格、型号	变值权重 B	基本价格指数 F_0	现行价格指数 F_1	备注

第二节　某公共建筑室内装饰装修工程预算书实例编制

一、某公共建筑室内装修工程基本概况

1. 建筑概况

① 工程名称：×××市×××室内装饰工程。建设地点：×××××路。建设单位：×××××。

② 工程总建筑面积：26333.7m²。地下建筑面积：4319.8m²（地下建筑面积 1972.5m²＋地下车库建筑面积 2347.3m²）。地上面积：22013.9m²。

③ 建筑层数、高度：地下一层，地上八层；地下层为中心供应及设备用房，地上 1～3 层为门诊及检验，地上 4～8 层为病房楼。建筑总高度 41.62m；门诊地下层高 5.7m，主楼地下层高 4.5m，一层层高 4.1m，二层层高 4.1m，三层层高 4.8m，4～8 层层高 3.9m。

④ 建筑防火设计分类为多层公共建筑，公共部分耐火等级为一级，其余部分耐火等级为二级。

2. 室内装饰装修设计的范围

地下一层、地上 1～8 层所有空间。

二、某公共建筑室内装修工程建筑全套施工图

此部分全套施工图的计算过程见二维码中的详细计算过程。

某公共建筑室内装修工程全套施工图纸如图 9-9～图 9-34 所示。

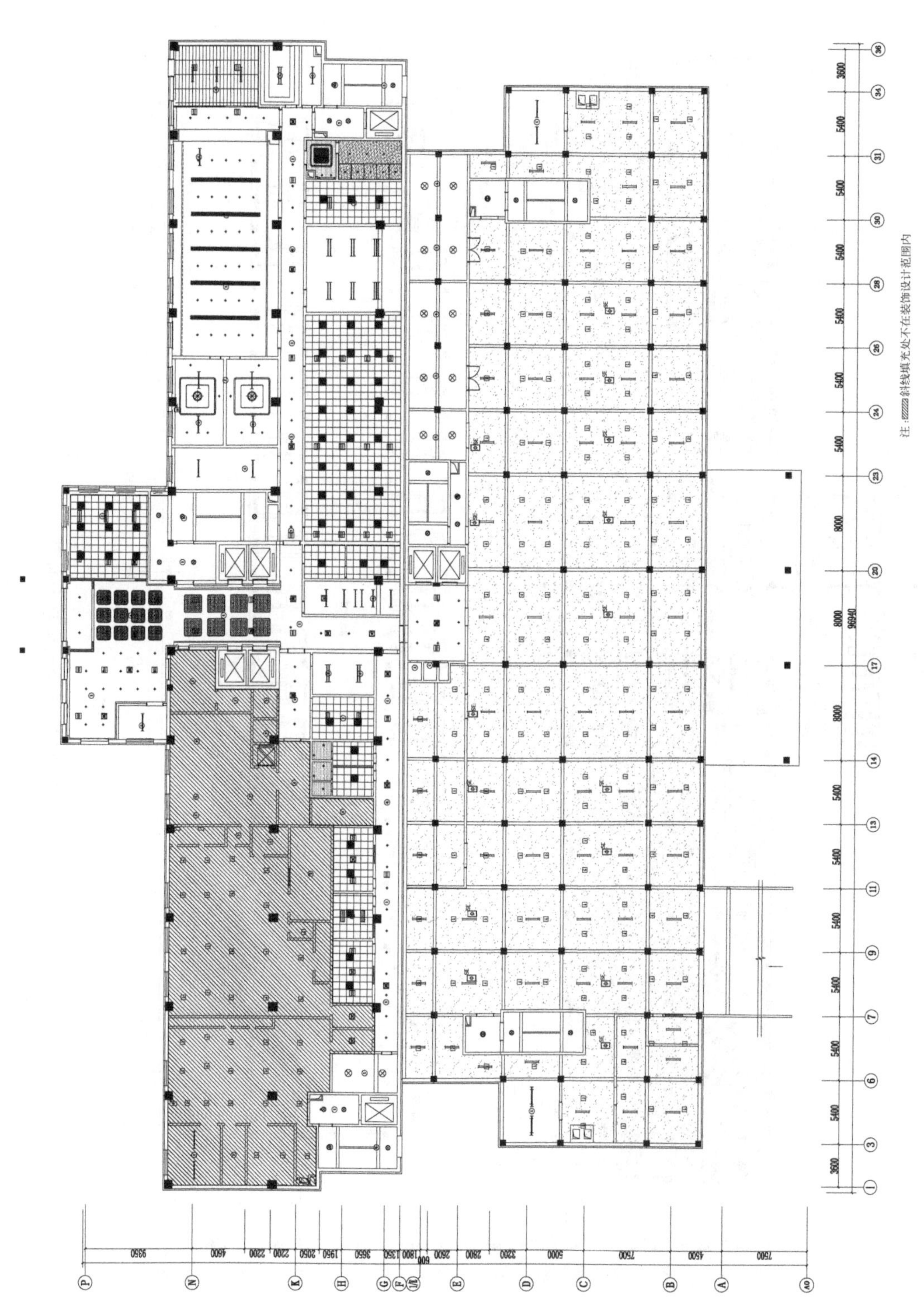

图 9-9 地下一层综合天花图

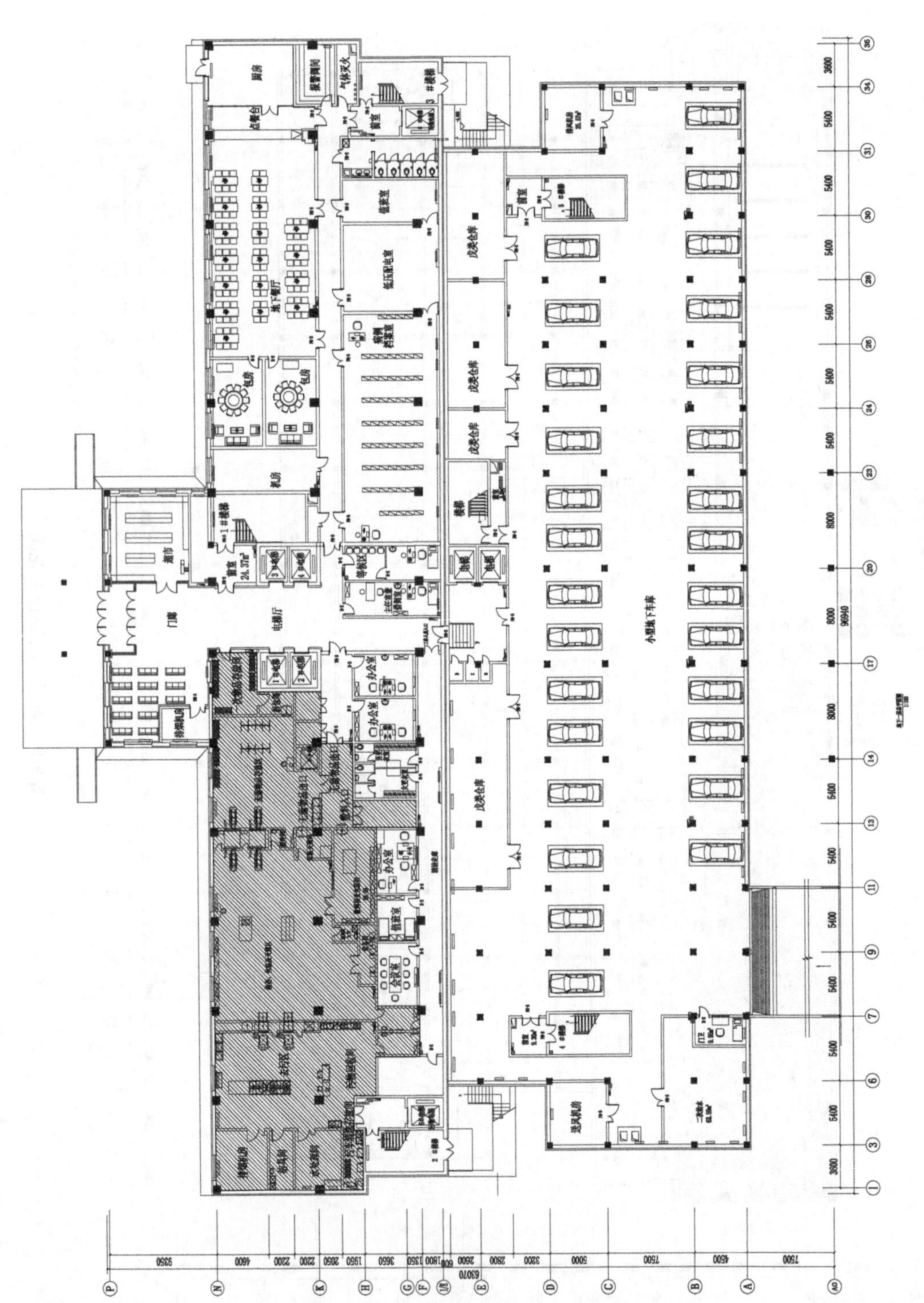

图 9-10 地下一层总平面图

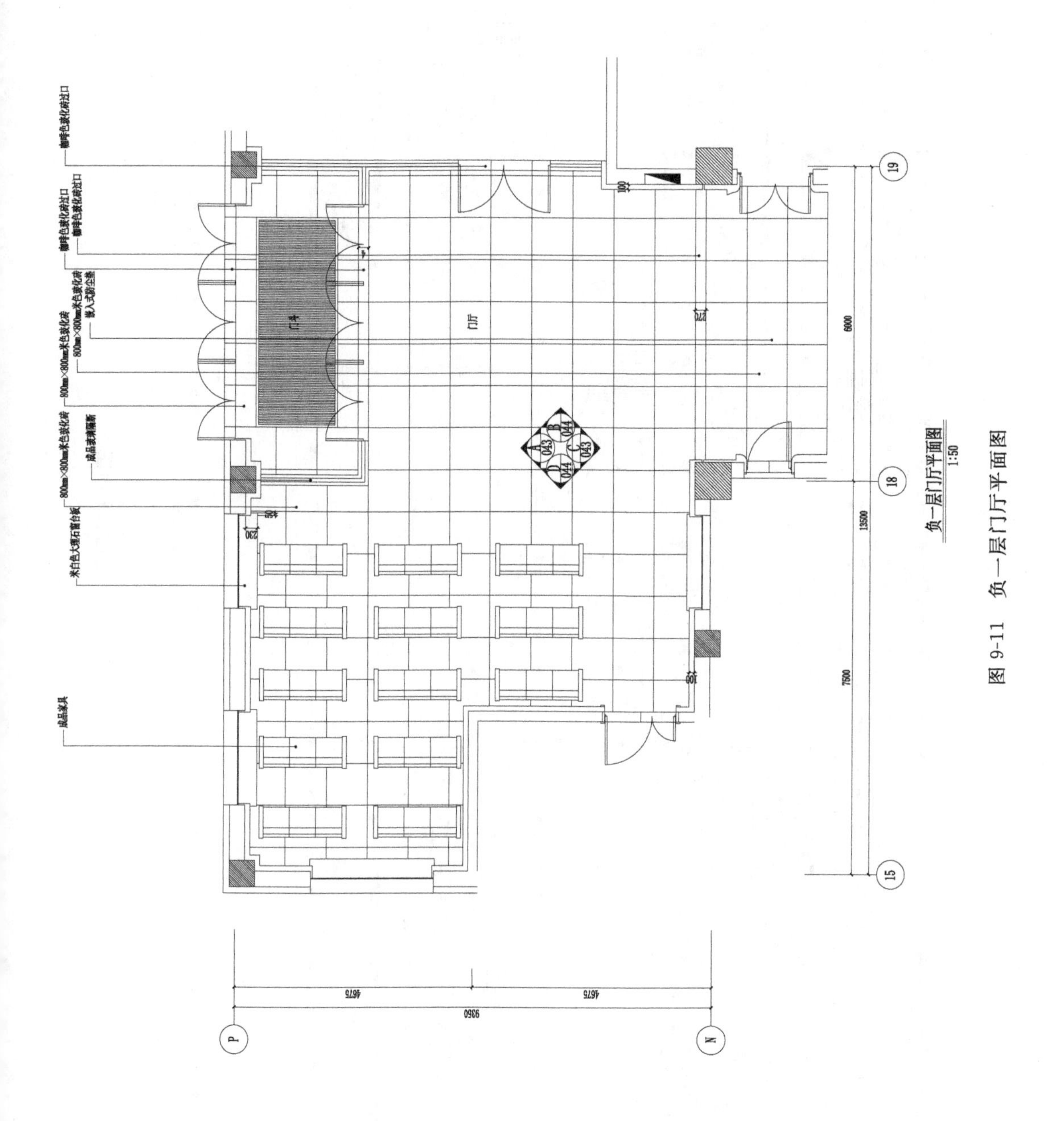

图 9-11 负一层门厅平面图

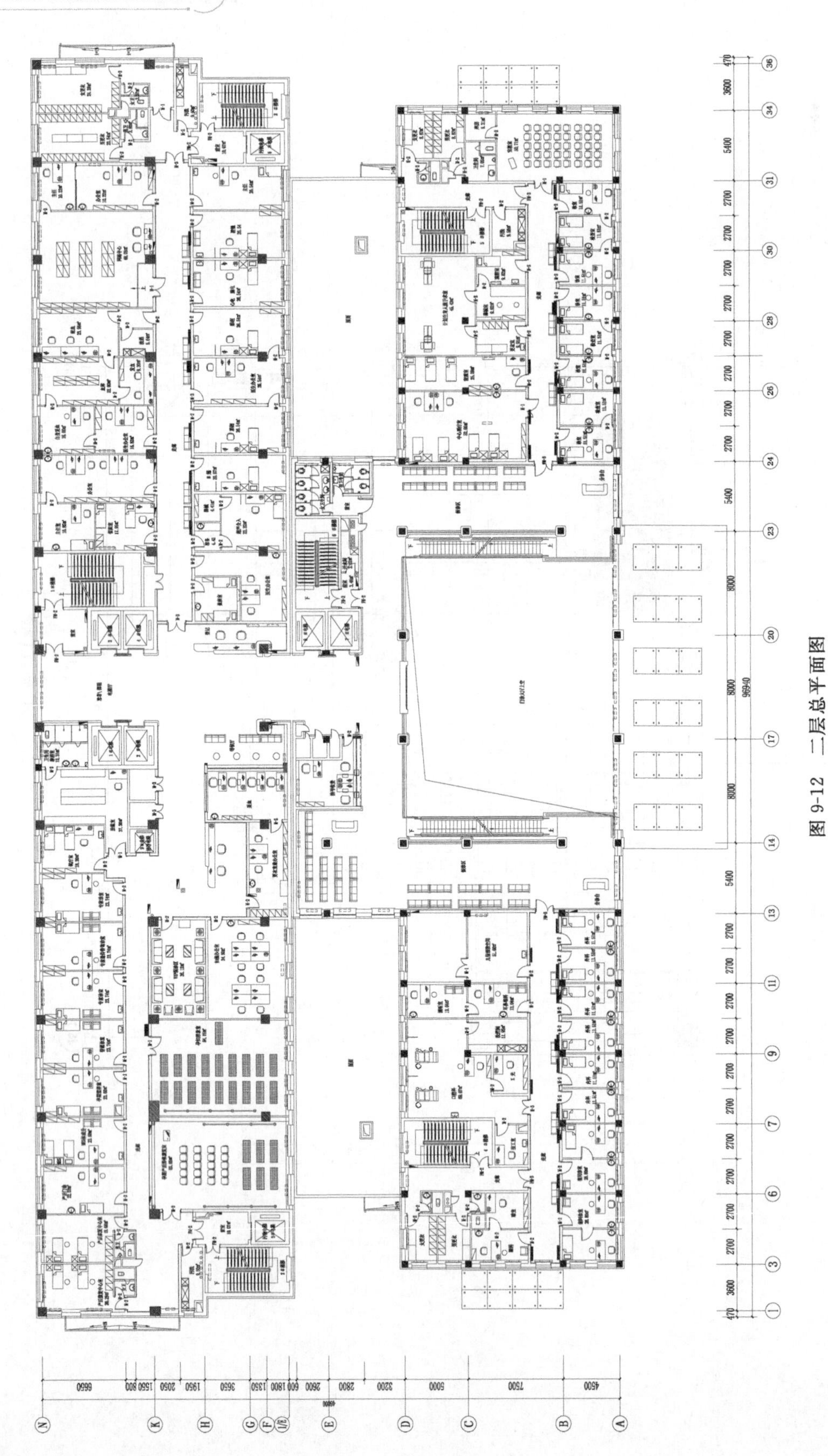

图 9-12　二层总平面图

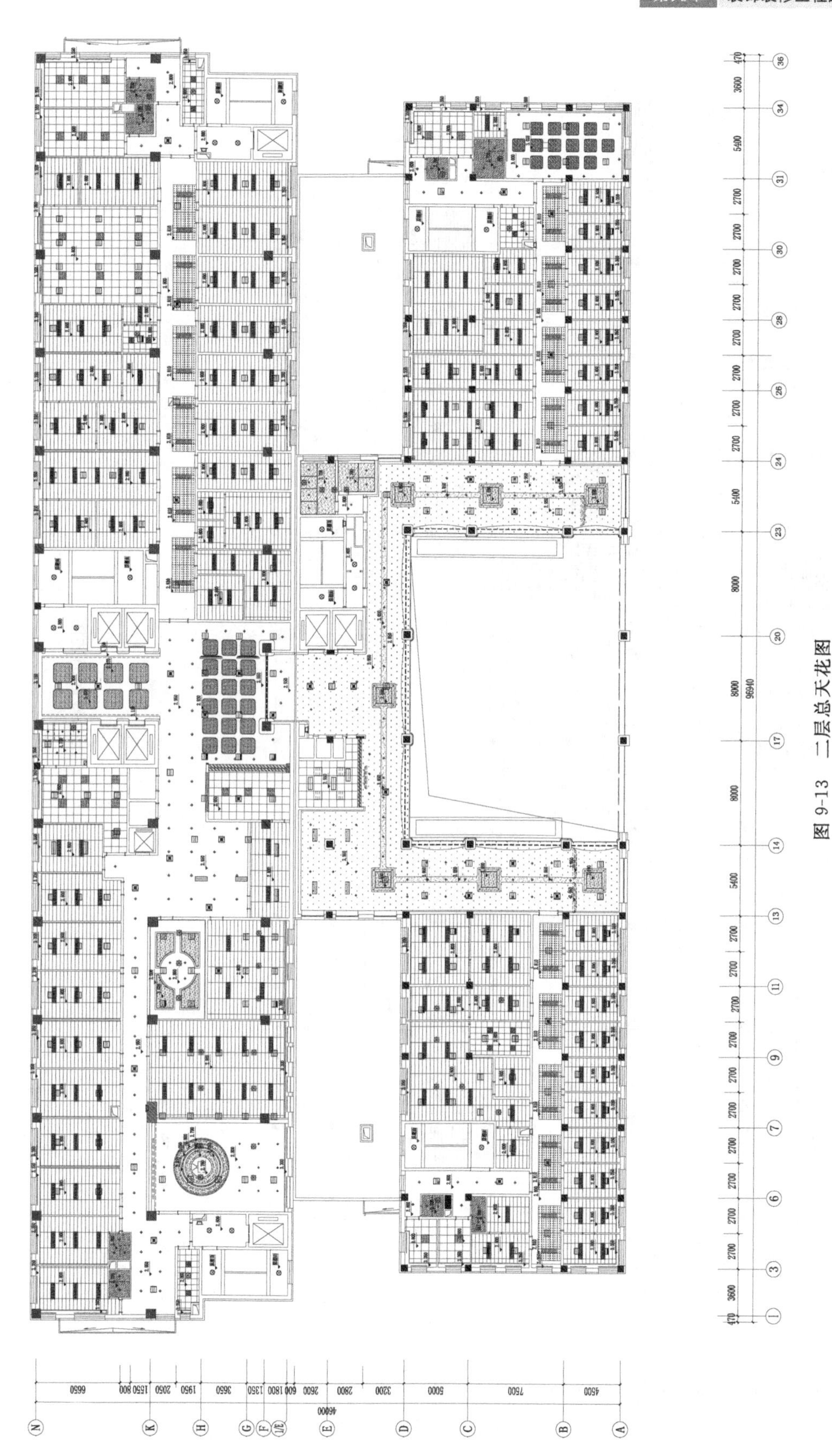

图 9-13 二层总天花图

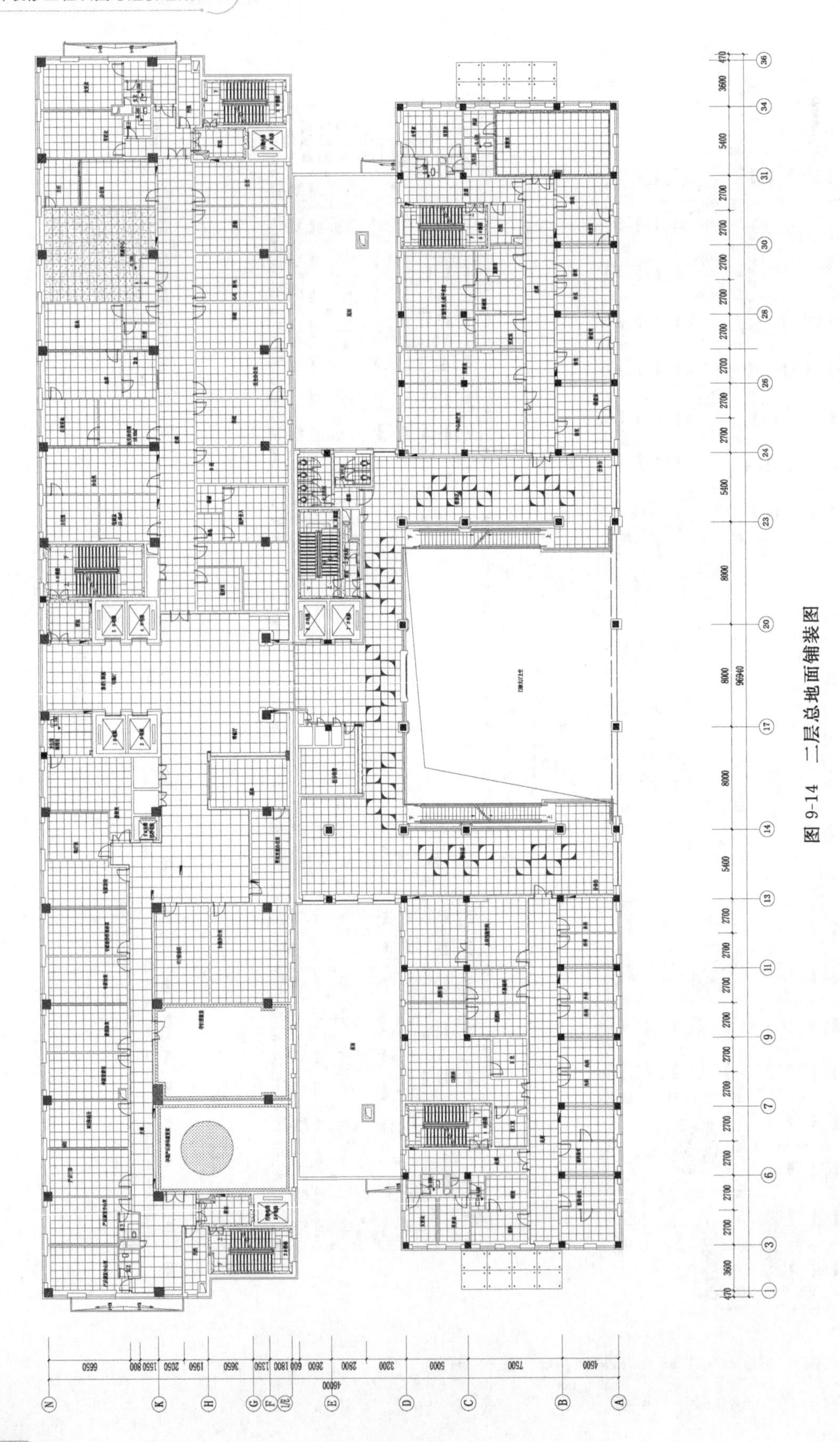

图 9-14　二层总地面铺装图

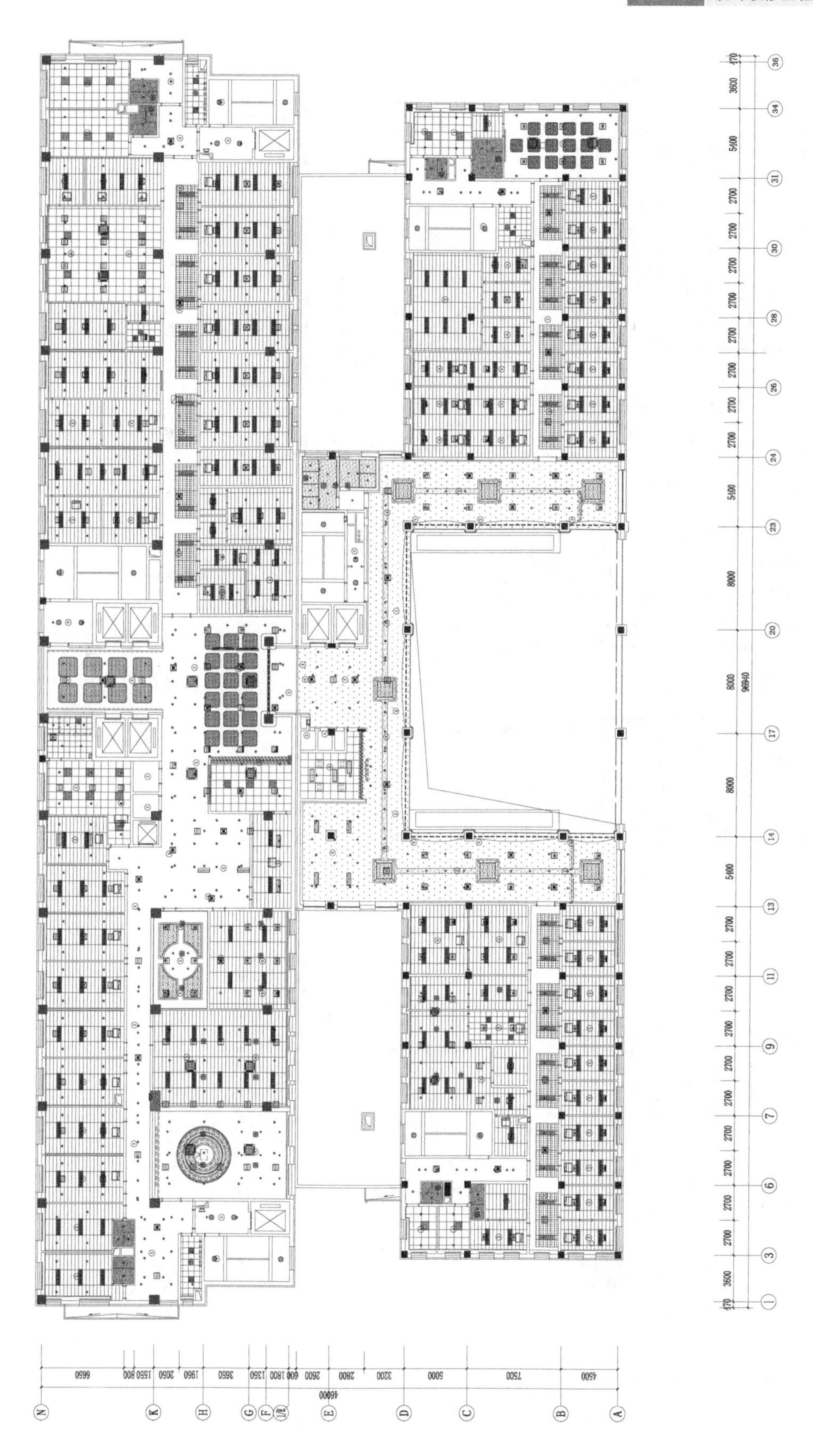

图 9-15 二层天花综合图

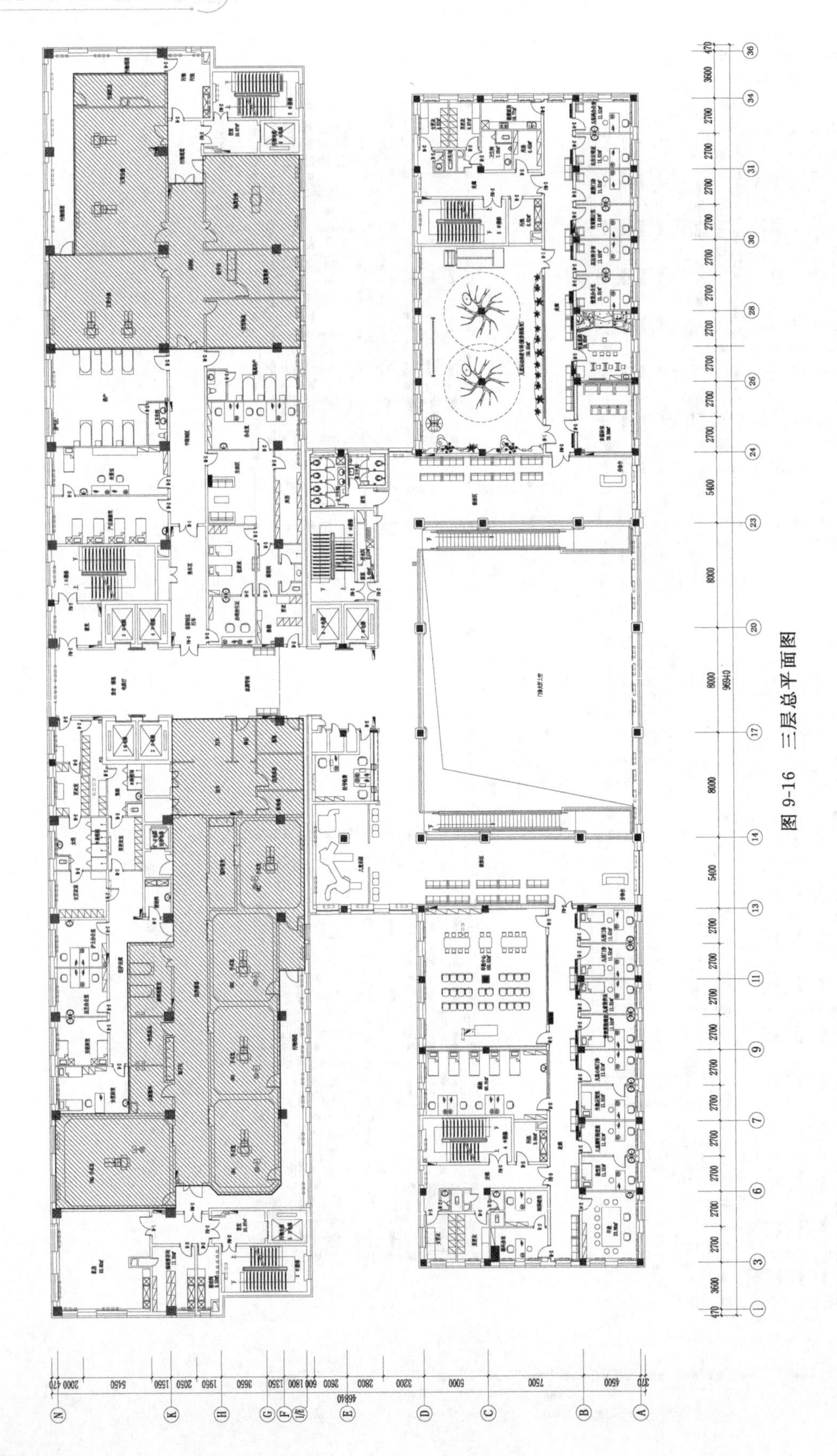

图 9-16　三层总平面图

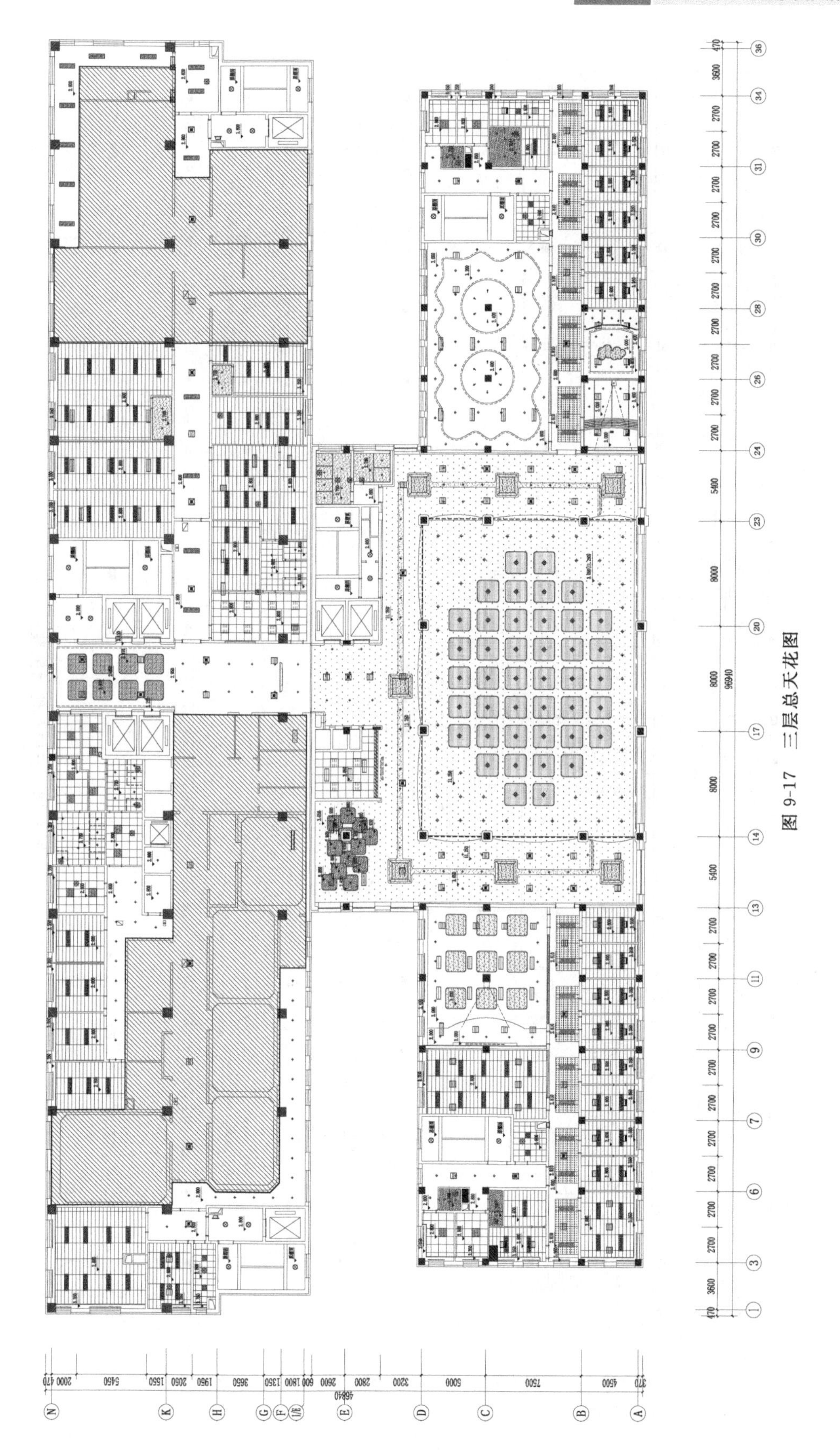

图 9-17 三层总天花图

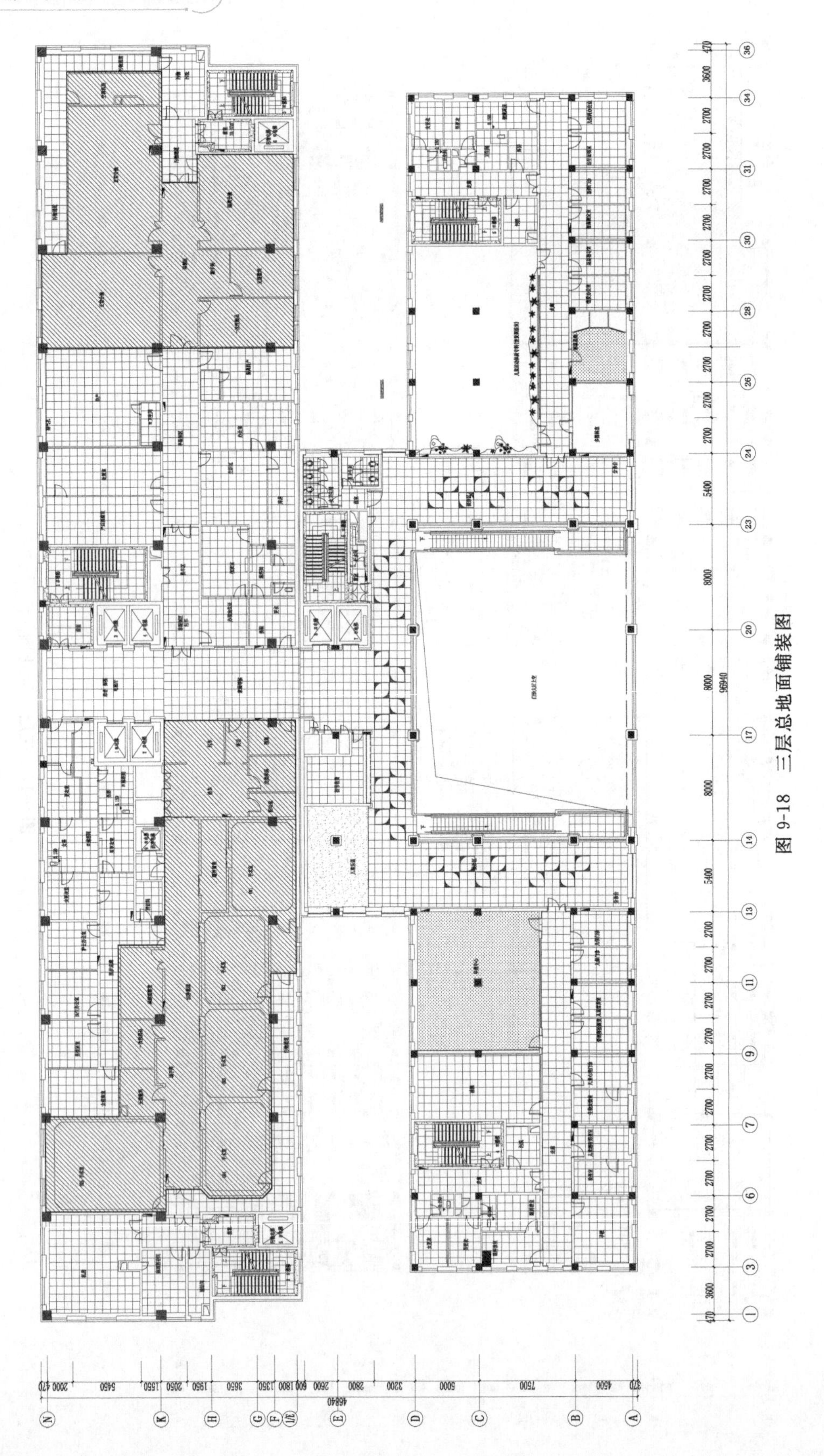

图 9-18 三层总地面铺装图

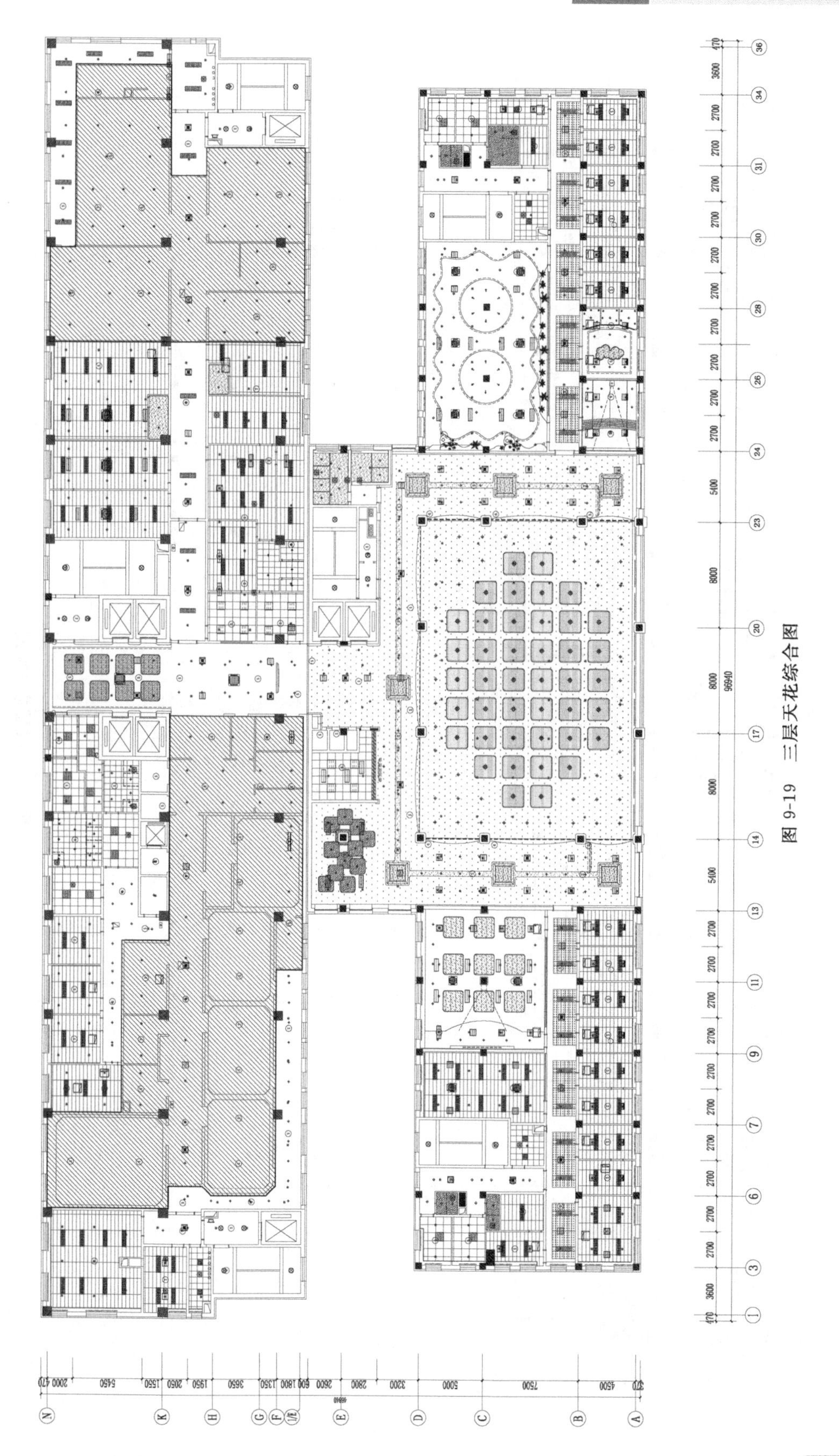

图 9-19 三层天花综合图

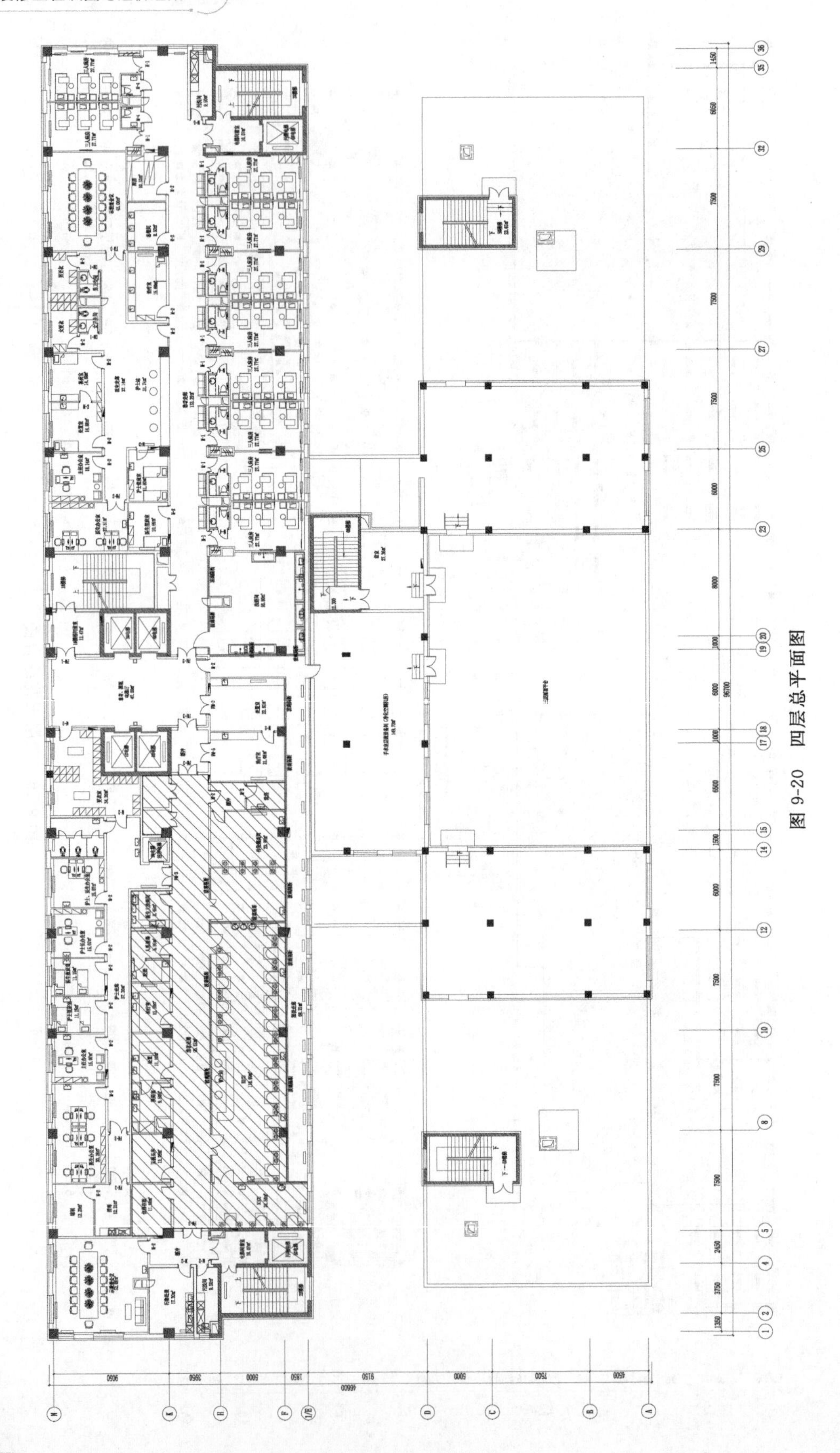

图 9-20　四层总平面图

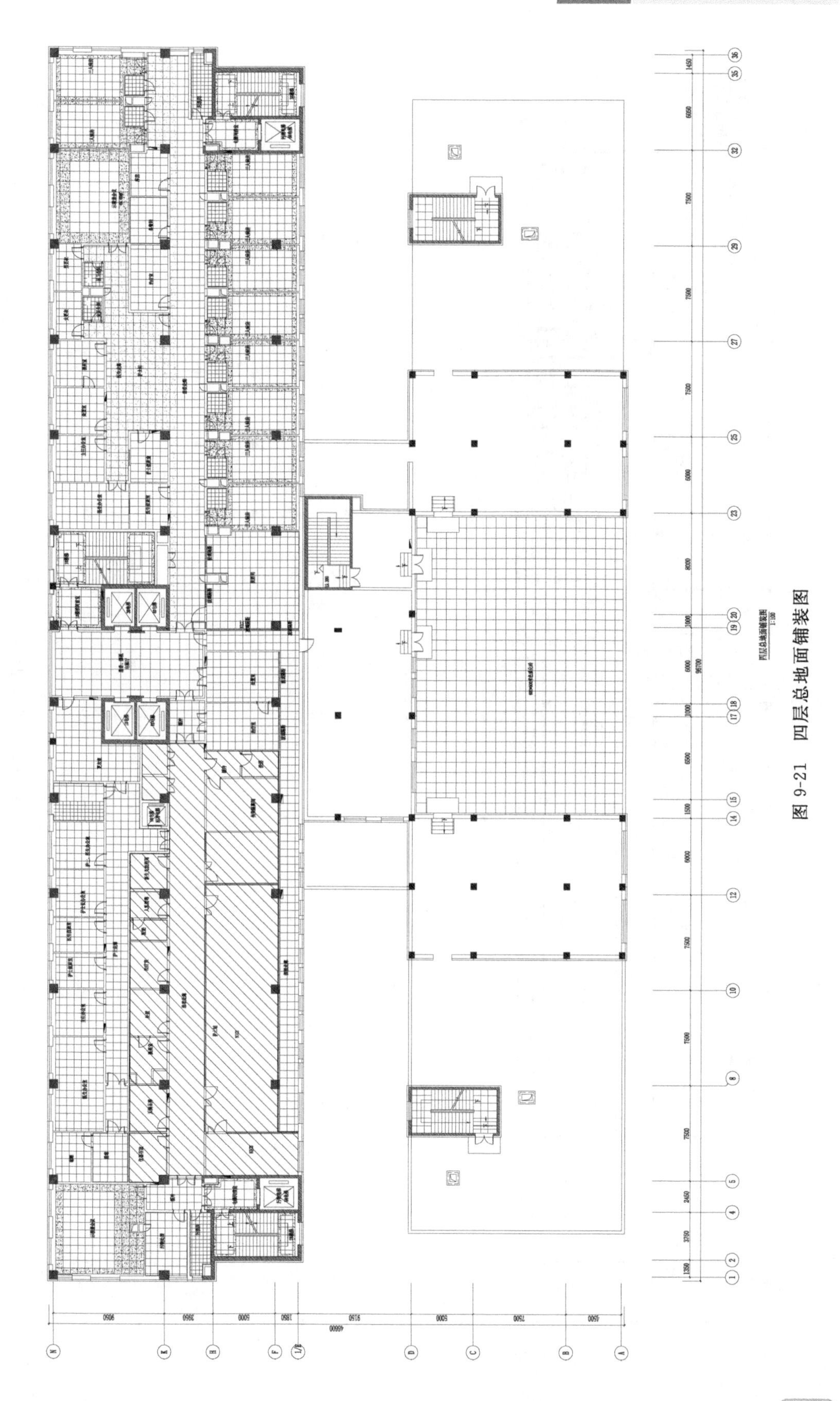

图 9-21 四层总地面铺装图

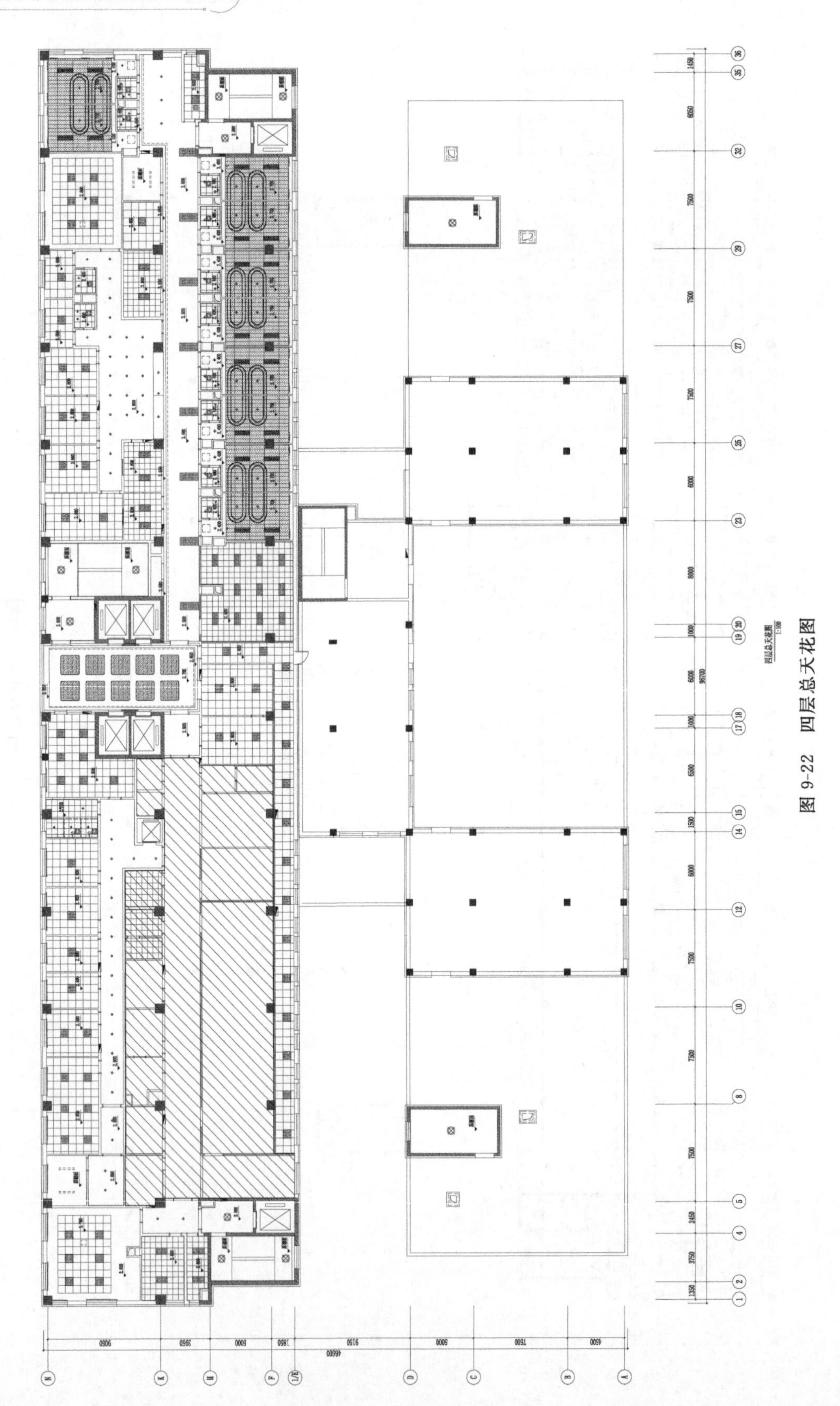

图 9-22　四层总天花图

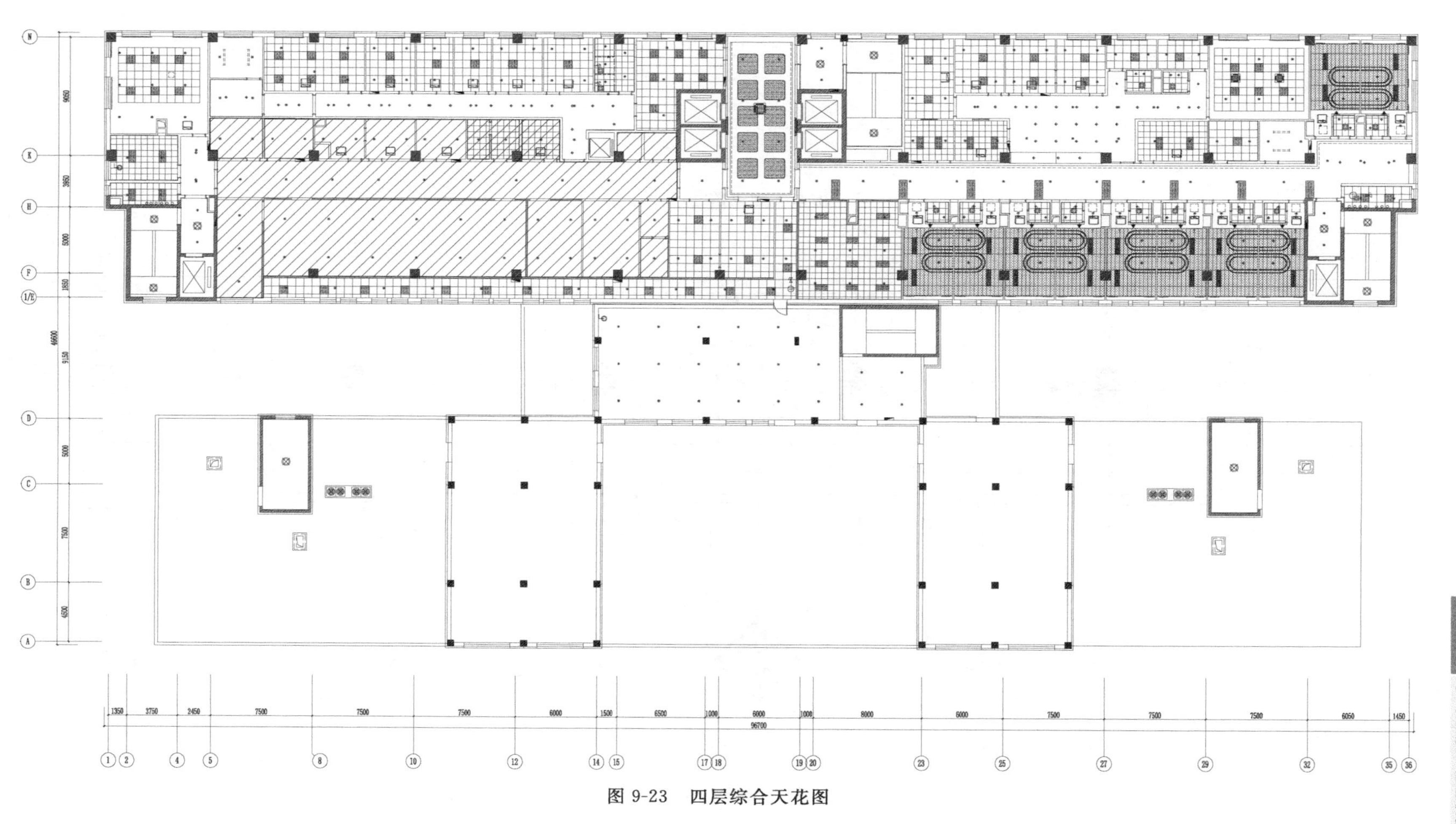

图 9-23 四层综合天花图

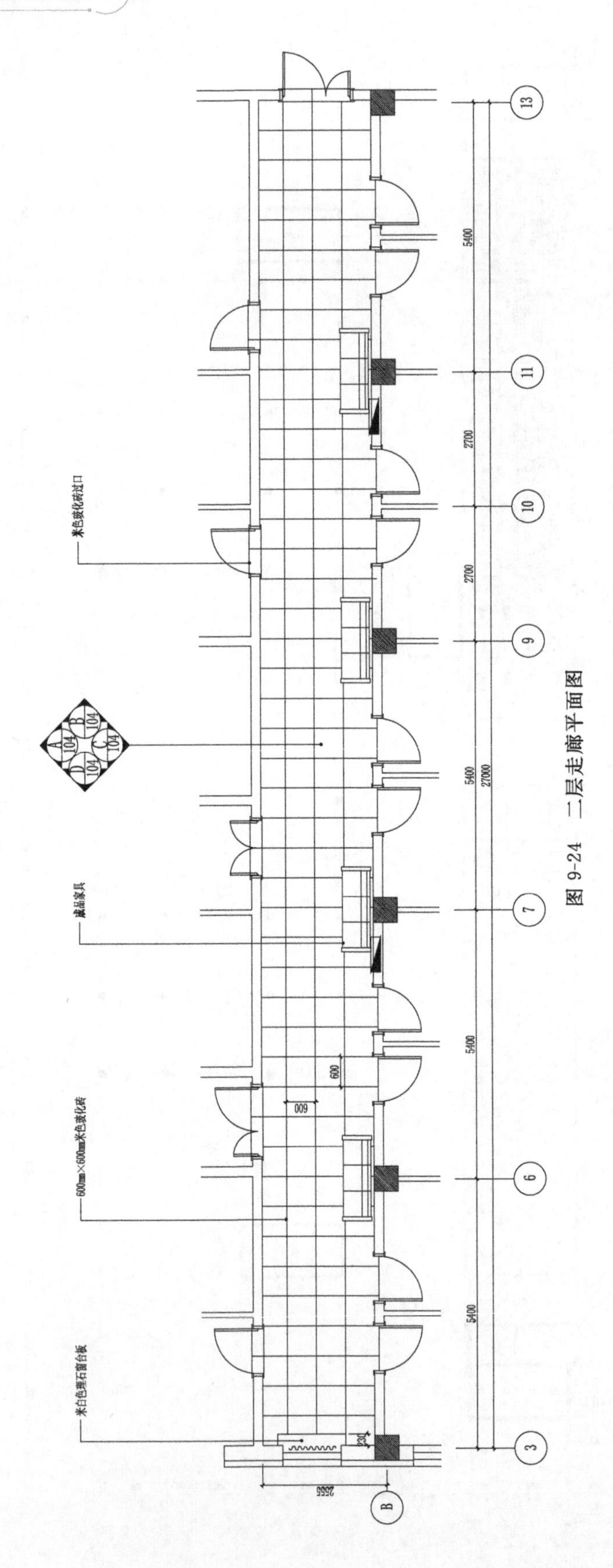

图 9-24　二层走廊平面图

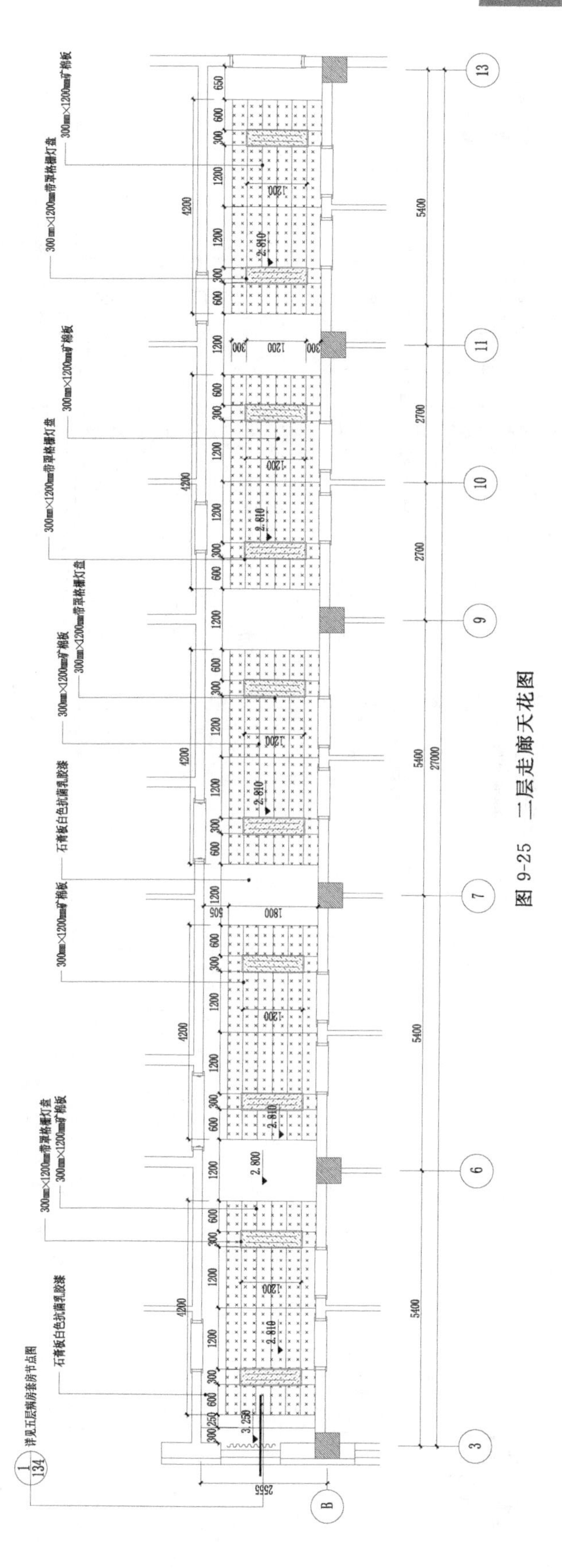

图 9-25 二层走廊天花图

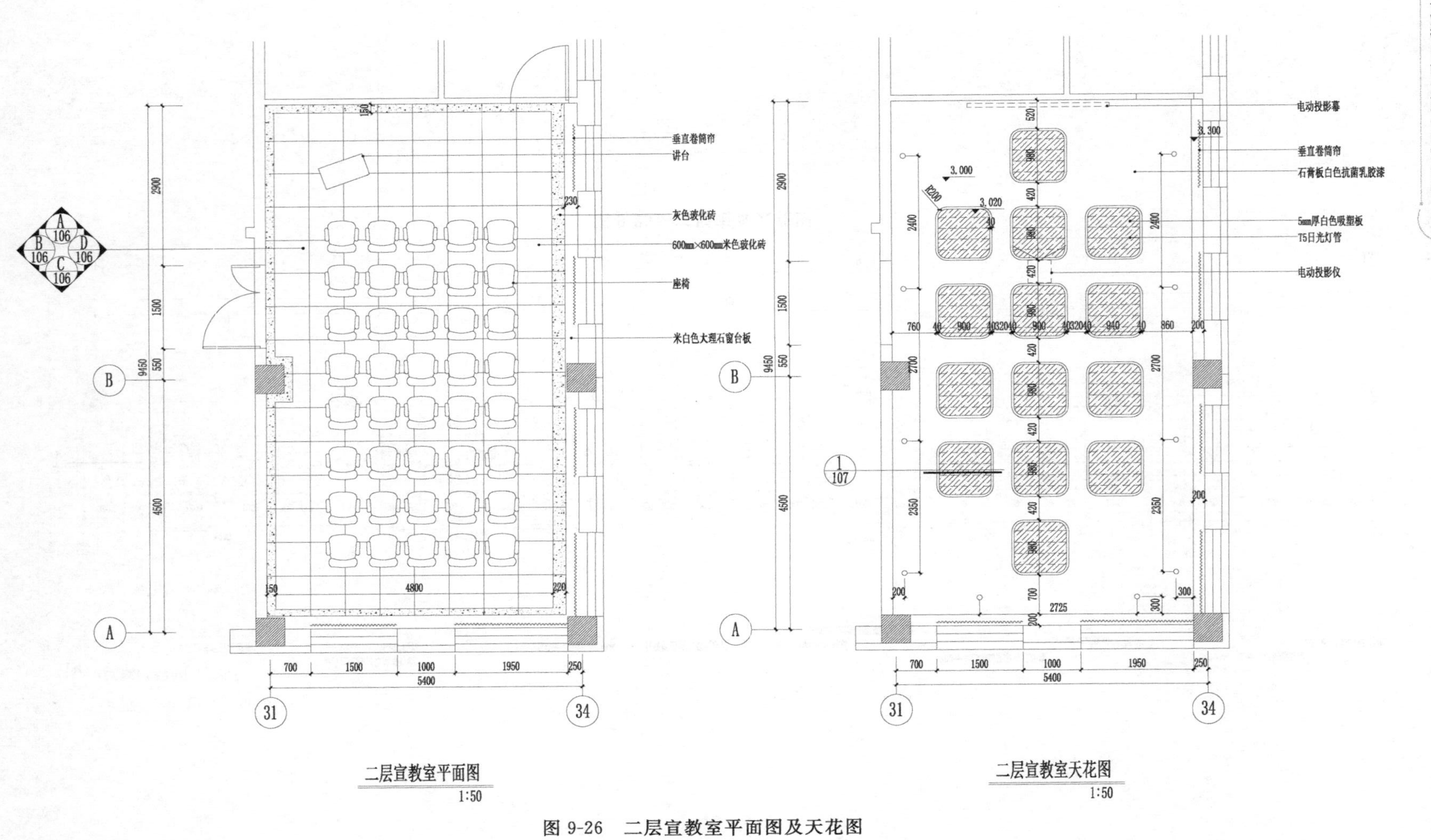

图 9-26　二层宣教室平面图及天花图

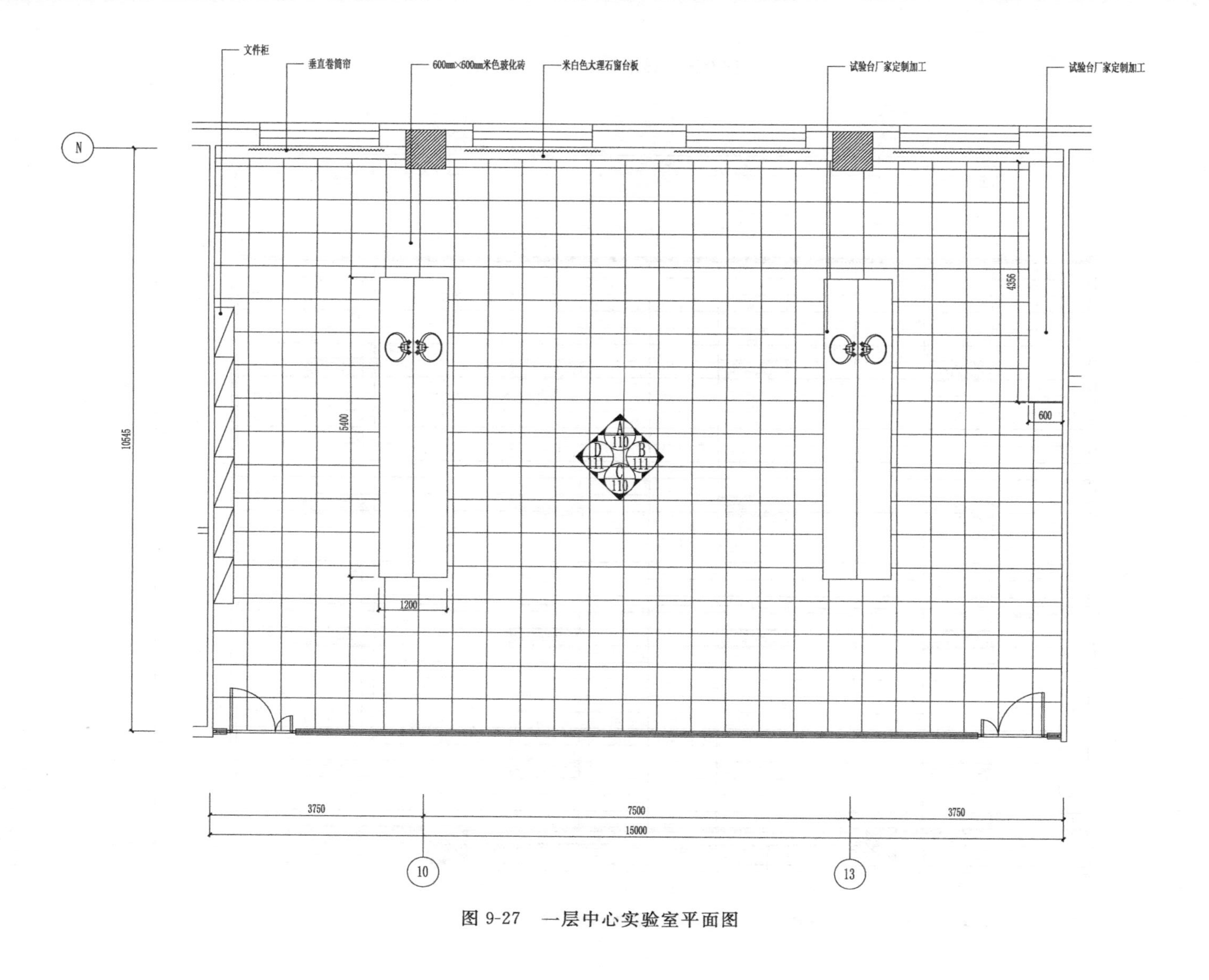

图 9-27 一层中心实验室平面图

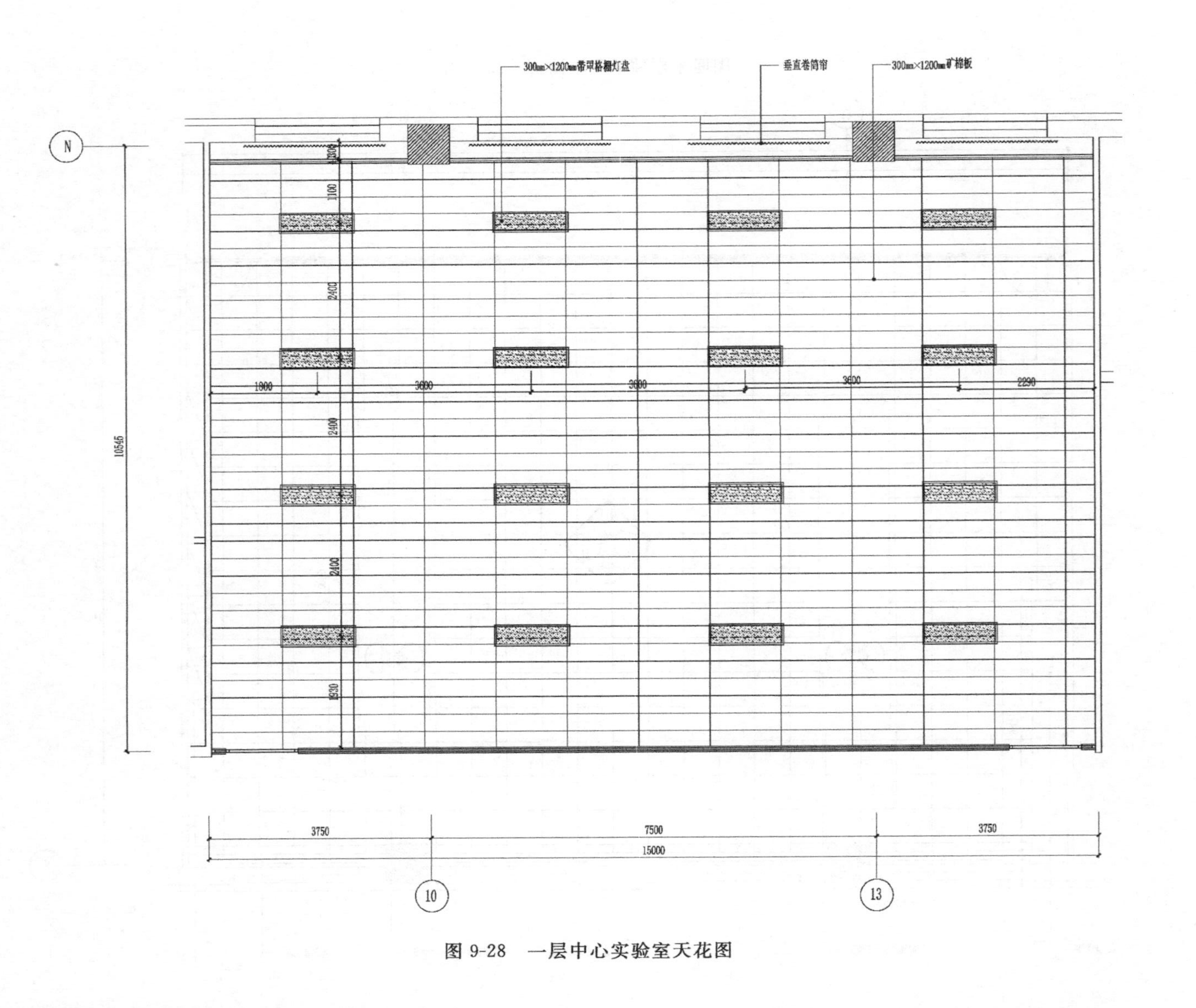

图 9-28　一层中心实验室天花图

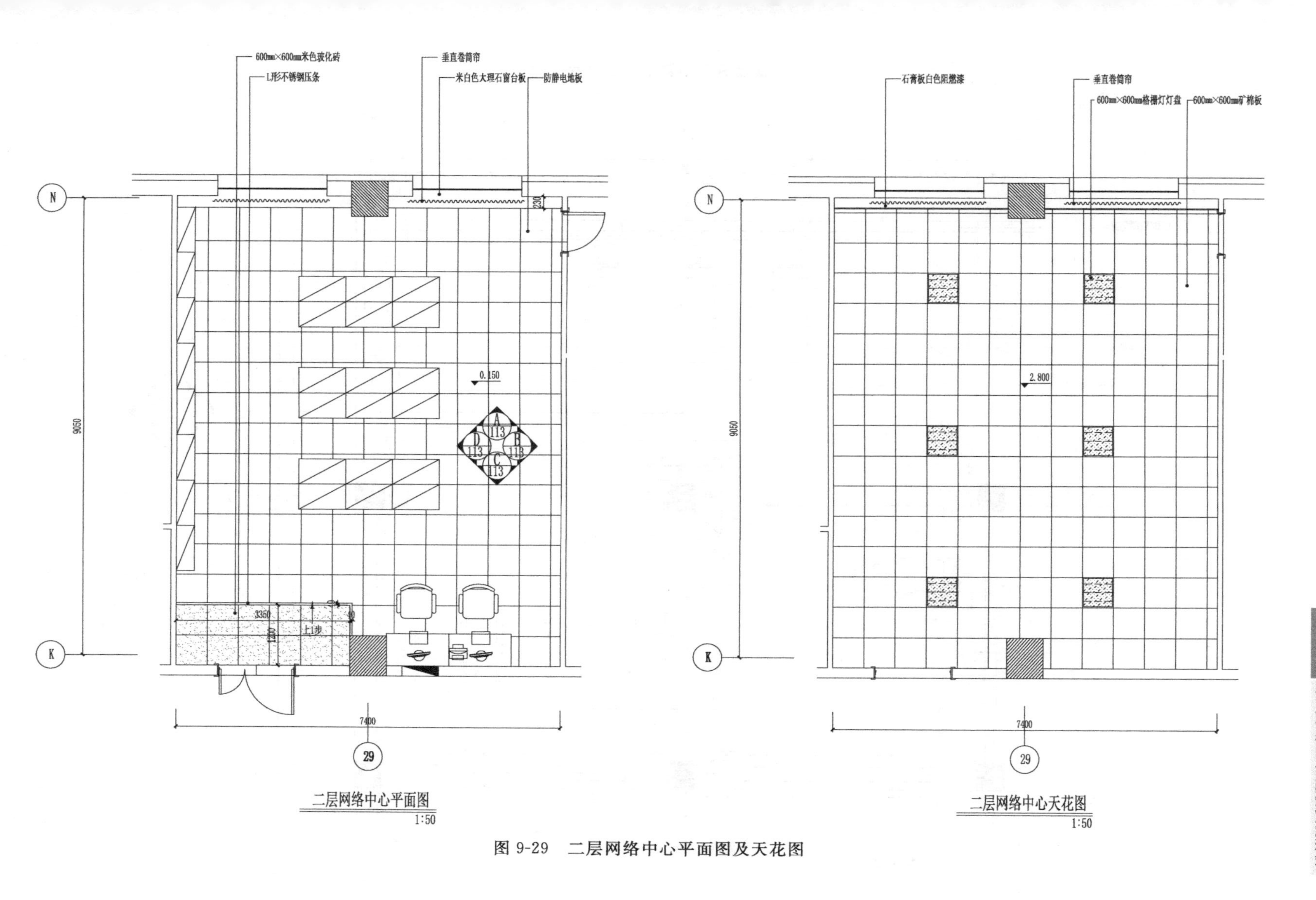

图 9-29 二层网络中心平面图及天花图

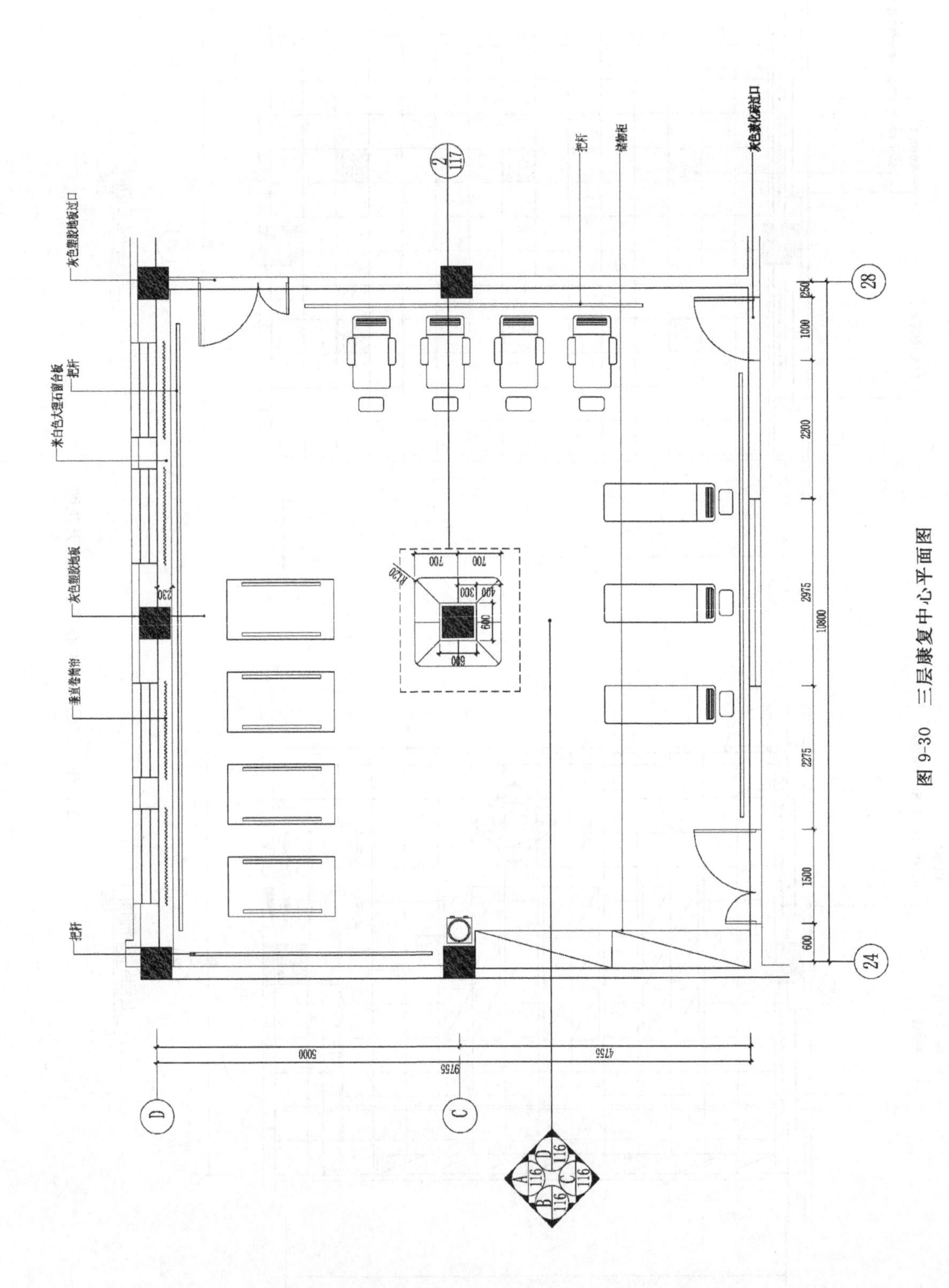

图 9-30　三层康复中心平面图

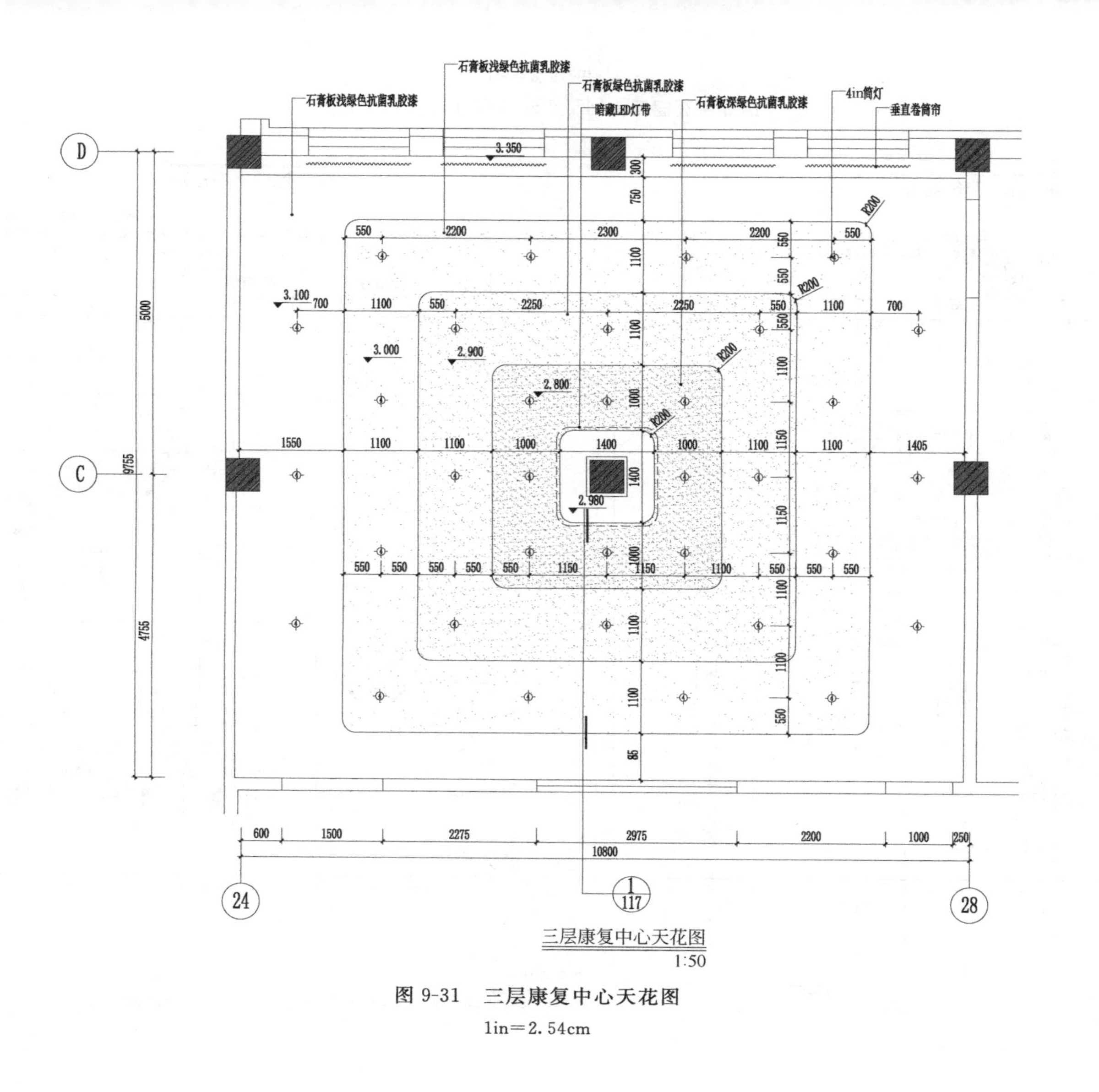

图 9-31 三层康复中心天花图

1in=2.54cm

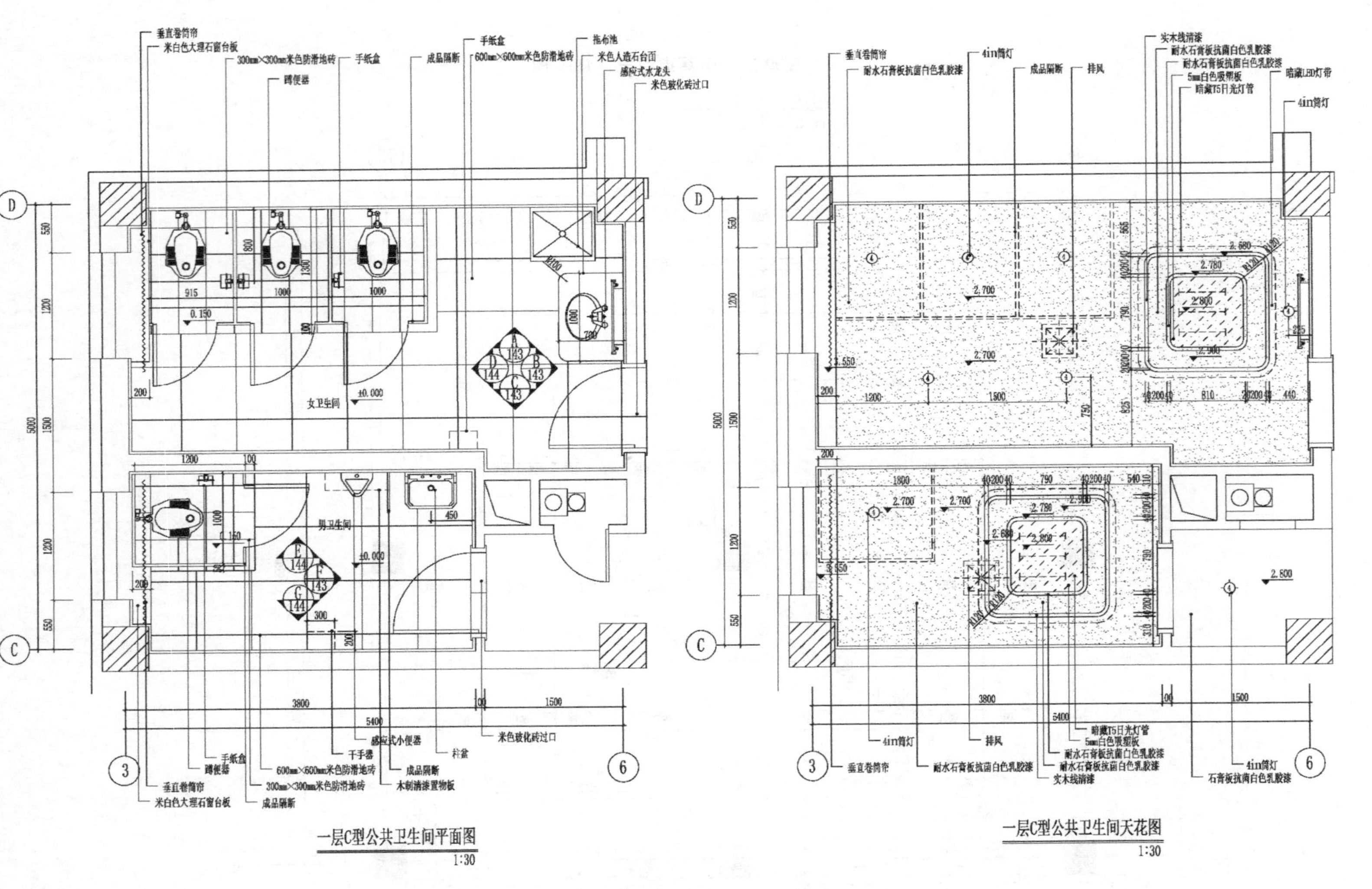

图 9-32 一层 C 形公共卫生间平面图及天花图

1in=2.54cm

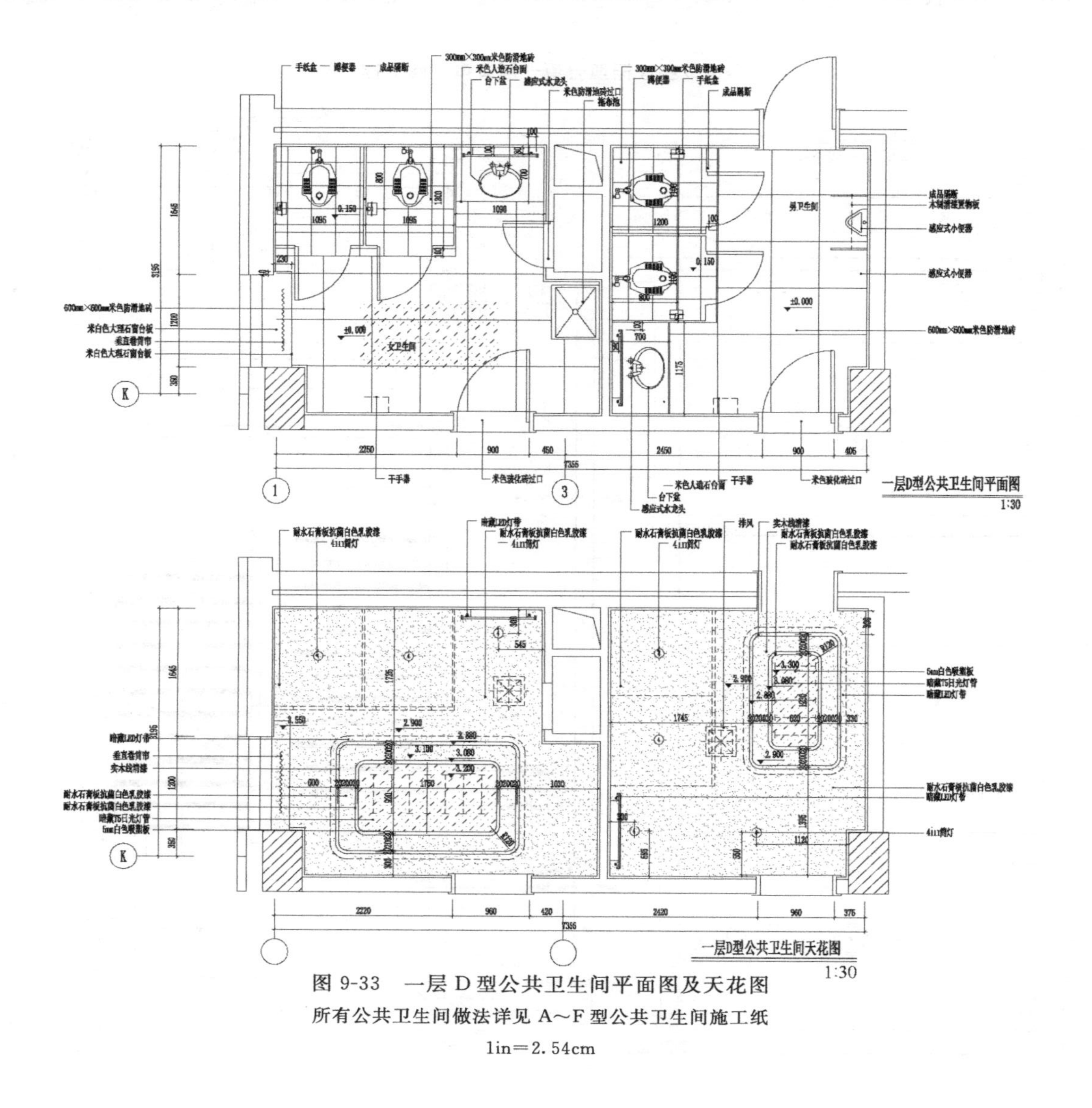

图 9-33　一层 D 型公共卫生间平面图及天花图

所有公共卫生间做法详见 A～F 型公共卫生间施工纸

1in=2.54cm

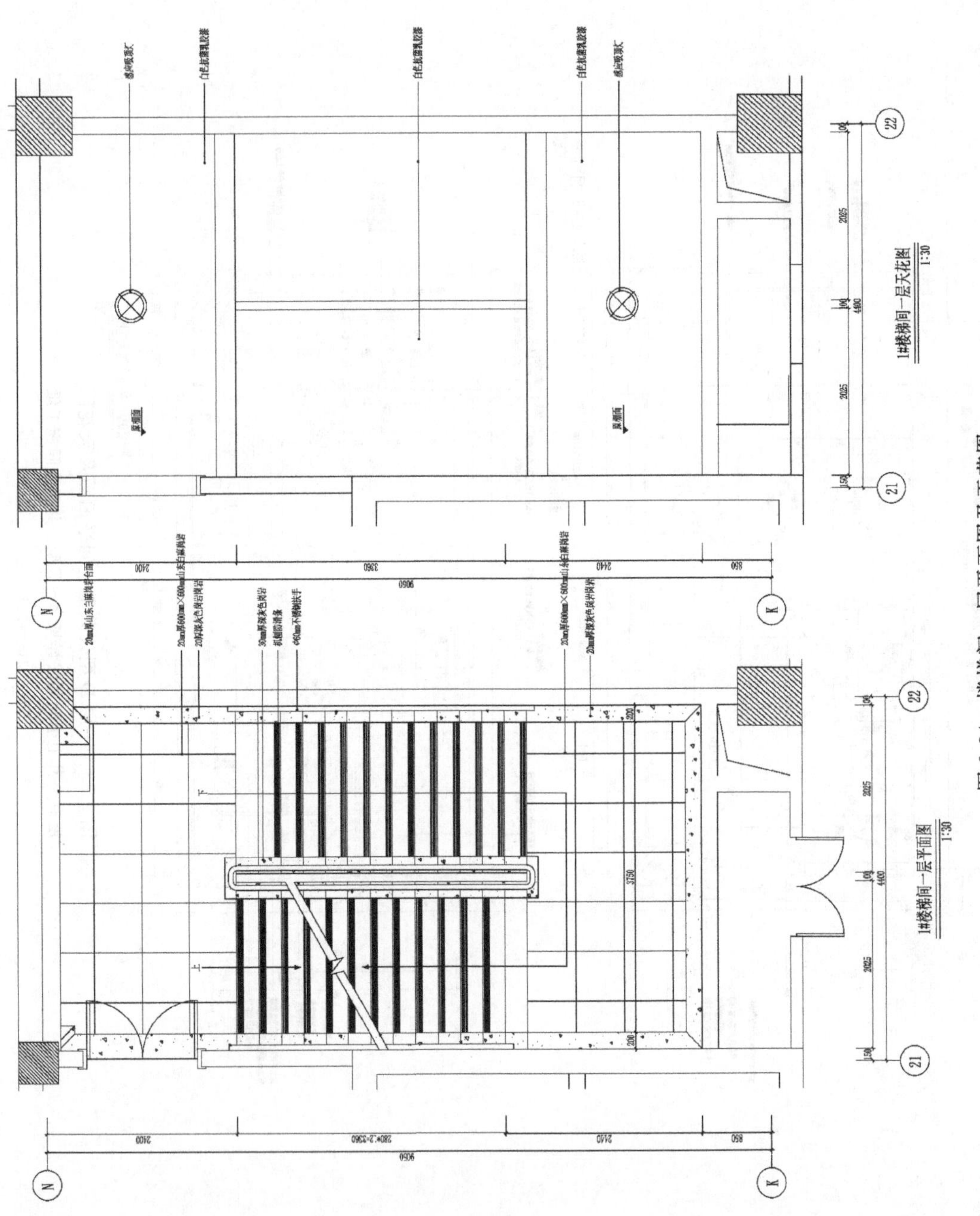

图 9-34　楼梯间一层平面图及天花图

三、某公共建筑室内装饰装修工程预算书实例编制的内容

本工程预算书的编制程序及内容见本书第八章中的相关内容，结合某公共建筑室内装修工程全套施工图纸进行计算可得出表 9-15～表 9-26 中的具体数据。

表 9-15 单位工程投标报价汇总表

序号	汇总内容	金额/元	暂估价/元
一	分部分项工程费	27298284.45	
1.1	地下一层	1099941.47	
1.2	一层	3889495.48	
1.3	二层	1879834.11	
1.4	三层	1093757.17	
1.5	四层	1052467.68	
1.6	五、六层	2268506.18	
1.7	七、八层	1908736.61	
1.8	楼梯间	805258.61	
1.9	门部分	12955404.54	
1.10	窗帘	199217.6	
1.11	固定家具	145665	
二	措施项目费	630373.14	
(1)	单价措施项目费		
(2)	总价措施项目费	630373.14	
①	安全文明施工费	545965.69	
②	脚手架费	44616.06	
③	其他措施项目费	39791.39	
④	专业工程措施项目费		
三	其他项目费		
(3)	暂列金额		
(4)	专业工程暂估价		
(5)	计日工		
(6)	总承包服务费		
四	规费	1591265.42	
	养老保险费	745905.66	
	医疗保险费	331513.63	
	失业保险费	82878.41	
	工伤保险费	66302.73	
	生育保险费	33151.36	
	住房公积金	331513.63	
	工程排污费		
五	税金	1027293.32	
投标报价合计=一+二+三+四+五		3054721633	

表 9-16　分部分项工程和单价措施项目清单与计价表（节选）

序号	项目编码	项目名称	项目特征描述	计量单位	工程量	金额/元		
						综合单价	合价	暂估价
1	011407002001	天棚喷刷涂料	(1)刮腻子要求：刮大白三遍 (2)涂料品种、喷刷遍数：刷乳胶漆三遍	m^2	2151.25	15.17	32634.46	
2	011407001001	墙面喷刷涂料	(1)刮腻子要求：刮大白三遍 (2)涂料品种、喷刷遍数：刷乳胶漆三遍	m^2	1527.63	15.17	23174.15	
3	011502007001	110mm 宽反光橡胶护角	线条材料品种、规格、颜色：110mm 宽反光橡胶护角	m	217.8	35.54	7740.61	
4	011105006001	金属踢脚线	(1)踢脚线高度：120mm (2)面层材料品种、规格、颜色：拉丝不锈钢踢脚线	m^2	98	454.82	44572.36	
5	011105003001	块料踢脚线	(1)踢脚线高度：120mm (2)面层材料品种、规格、颜色：玻化砖踢脚线	m^2	256.89	236.77	60823.85	
6	011101005001	自流平楼地面	地面自流平	m^2	1800.91	30.52	54963.77	
7	011406001001	抹灰面油漆	油漆品种、刷漆遍数：地面环氧地坪漆	m^2	1849.88	50	92494	
8	01B001	铸铁（排水沟箅子）	铸铁（排水沟箅子）	m^2	36.78	250	9195	
9	011407002002	天棚喷刷涂料	(1)刮腻子要求：刮大白三遍 (2)涂料品种、喷刷遍数：刷乳胶漆三遍	m^2	50.49	15.17	765.93	
10	011407001002	墙面喷刷涂料	(1)刮腻子要求：刮大白三遍 (2)涂料品种、喷刷遍数：刷乳胶漆三遍	m^2	216.67	15.17	3286.88	
11	011102003001	块料楼地面	(1)结合层厚度、砂浆配合比：1∶2.5 水泥砂浆 (2)面层材料品种、规格、颜色：600mm×600mm 地面玻化砖	m^2	50.49	223.19	11268.86	
12	011108003001	块料零星项目	(1)工程部位：过门石 (2)面层材料品种、规格、颜色：玻化砖过门石	m^2	0.6	293.7	176.22	
13	011302001001	吊顶天棚	(1)龙骨材料种类、规格、中距：轻钢龙骨 (2)面层材料品种、规格：石膏板 (3)嵌缝材料种类：石膏板贴纸带	m^2	45.5	90.97	4139.14	
14	011407002003	天棚喷刷涂料	(1)刮腻子要求：刮大白三遍 (2)涂料品种、喷刷遍数：刷乳胶漆三遍	m^2	72.72	15.17	1103.16	
15	011407001003	墙面喷刷涂料	(1)刮腻子要求：刮大白三遍 (2)涂料品种、喷刷遍数：刷乳胶漆三遍	m^2	363.94	15.17	5520.97	
16	011102003002	块料楼地面	(1)结合层厚度、砂浆配合比：1∶2.5 水泥砂浆 (2)面层材料品种、规格、颜色：600mm×600mm 地面玻化砖	m^2	72.72	223.19	16230.38	

续表

序号	项目编码	项目名称	项目特征描述	计量单位	工程量	金额/元		
						综合单价	合价	暂估价
17	011105003002	块料踢脚线	(1)踢脚线高度:120mm (2)面层材料品种、规格、颜色:玻化砖踢脚线	m^2	9.68	236.77	2291.93	
18	011108003002	块料零星项目	(1)工程部位:过门石 (2)面层材料品种、规格、颜色:玻化砖过门石	m^2	3.45	293.7	1013.27	
19	011407002004	天棚喷刷涂料	(1)刮腻子要求:刮大白三遍 (2)涂料品种、喷刷遍数:刷乳胶漆三遍	m^2	296.31	15.17	4495.02	
20	011407001004	墙面喷刷涂料	(1)刮腻子要求:刮大白三遍 (2)涂料品种、喷刷遍数:刷乳胶漆三遍	m^2	850.08	15.17	12895.71	
21	011102003003	块料楼地面	(1)结合层厚度、砂浆配合比:1∶2.5水泥砂浆 (2)面层材料品种、规格、颜色:600mm×600mm地面玻化砖	m^2	296.31	223.19	66133.43	
22	011105006002	金属踢脚线	(1)踢脚线高度:120mm (2)面层材料品种、规格、颜色:拉丝不锈钢踢脚线	m^2	17.97	454.82	8173.12	
23	011108003003	块料零星项目	(1)工程部位:过门石 (2)面层材料品种、规格、颜色:玻化砖过门石	m^2	2.16	293.7	634.39	
24	011302001002	吊顶天棚	(1)龙骨材料种类、规格、中距:轻钢龙骨 (2)面层材料品种、规格:石膏板 (3)嵌缝材料种类:石膏板贴纸带	m^2	31.62	90.97	2876.47	
25	011407002005	天棚喷刷涂料	(1)刮腻子要求:刮大白三遍 (2)涂料品种、喷刷遍数:刷乳胶漆三遍	m^2	31.62	15.17	479.68	
26	011407001005	墙面喷刷涂料	(1)刮腻子要求:刮大白三遍 (2)涂料品种、喷刷遍数:刷乳胶漆三遍	m^2	69.36	15.17	1052.19	
27	011102003004	块料楼地面	(1)结合层厚度、砂浆配合比:1∶2.5水泥砂浆 (2)面层材料品种、规格、颜色:600mm×600mm地面玻化砖	m^2	26.6	223.19	5936.85	
28	011105003003	块料踢脚线	(1)踢脚线高度:120mm (2)面层材料品种、规格、颜色:玻化砖踢脚线	m^2	1.87	236.77	442.76	
29	011108003004	块料零星项目	(1)工程部位:过门石 (2)面层材料品种、规格、颜色:玻化砖过门石	m^2	1.31	293.69	384.73	
30	011106002001	块料楼梯面层	(1)黏结层厚度、材料种类:1∶2.5水泥砂浆 (2)面层材料品种、规格、颜色:玻化砖楼梯地面	m^2	5.02	338.91	1701.33	

续表

序号	项目编码	项目名称	项目特征描述	计量单位	工程量	金额/元		
						综合单价	合价	暂估价
31	011302001003	吊顶天棚	(1)龙骨材料种类、规格、中距：轻钢龙骨 (2)面层材料品种、规格：矿棉板	m^2	18.17	118.56	2154.24	
32	011407001006	墙面喷刷涂料	(1)刮腻子要求：刮大白三遍 (2)涂料品种、喷刷遍数：抗菌刷乳胶漆三遍	m^2	51.75	29.45	1524.04	
33	010809004001	石材窗台板	(1)窗台板材质、规格、颜色：米白大理石窗台板 (2)基层材料：细木工板、防火涂料三遍	m^2	0.5	1002.5	501.25	
34	011207001001	气包柜	(1)龙骨材料种类、规格、中距：木龙骨 (2)面层材料品种、规格、颜色：石膏板 (3)防火涂料三遍	m^2	0.88	62.7	55.18	
35	01B002	1200mm×600mm成品气包罩	1200mm×600mm成品气包罩	个	1	180	180	
36	011108003005	块料零星项目	(1)工程部位：过门石 (2)面层材料品种、规格、颜色：玻化砖过门石	m^2	0.18	293.72	52.87	
37	011105006003	金属踢脚线	(1)踢脚线高度：120mm (2)面层材料品种、规格、颜色：拉丝不锈钢踢脚线	m^2	1.98	454.82	900.54	
38	011102003005	块料楼地面	(1)结合层厚度、砂浆配合比：1∶2.5水泥砂浆 (2)面层材料品种、规格、颜色：600mm×600mm地面玻化砖	m^2	18.17	223.19	4055.36	
39	011302001004	吊顶天棚	(1)龙骨材料种类、规格、中距：轻钢龙骨 (2)面层材料品种、规格：矿棉板	m^2	381.73	118.56	45257.91	
40	011407001007	墙面喷刷涂料	(1)刮腻子要求：刮大白三遍 (2)涂料品种、喷刷遍数：抗菌刷乳胶漆三遍	m^2	811.91	29.45	23910.75	
41	010809004002	石材窗台板	(1)窗台板材质、规格、颜色：米白大理石窗台板 (2)基层材料：细木工板、防火涂料三遍	m^2	8.78	1002.49	8801.86	
42	011207001002	气包柜	(1)龙骨材料种类、规格、中距：木龙骨 (2)面层材料品种、规格、颜色：石膏板 (3)防火涂料三遍	m^2	18.68	62.71	1171.42	
43	01B002	1200mm×600mm成品气包罩	1200m×6000mm成品气包罩	个	15	180	2700	
44	011108003006	块料零星项目	(1)工程部位：过门石 (2)面层材料品种、规格、颜色：玻化砖过门石	m^2	2.36	293.7	693.13	

续表

序号	项目编码	项目名称	项目特征描述	计量单位	工程量	金额/元		
						综合单价	合价	暂估价
45	011105006004	金属踢脚线	(1)踢脚线高度:120mm (2)面层材料品种、规格、颜色:过丝不锈钢踢脚线	m^2	28.63	454.82	13021.5	
46	011102003006	块料楼地面	(1)结合层厚度、砂浆配合比:1:2.5水泥砂浆 (2)面层材料品种、规格、颜色:600mm×600mm地面玻化砖	m^2	381.73	223.19	85198.32	
47	011407002006	天棚喷刷涂料	(1)刮腻子要求:刮大白三遍 (2)涂料品种、喷刷遍数:抗菌刷乳胶漆三遍	m^2	101.7	29.45	2995.07	
48	011407001008	墙面喷刷涂料	(1)刮腻子要求:刮大白三遍 (2)涂料品种、喷刷遍数:抗菌刷乳胶漆三遍	m^2	540.27	29.45	15910.95	
49	010809004003	石材窗台板	(1)窗台板材质、规格、颜色:米白大理石窗台板 (2)基层材料:细木工板、防火涂料三遍	m^2	4.45	1002.49	4461.08	
50	011102003007	块料楼地面	(1)结合层厚度、砂浆配合比:1:2.5水泥砂浆 (2)面层材料品种、规格、颜色:600mm×600mm地面玻化砖	m^2	101.7	223.19	22698.42	
51	011108003007	块料零星项目	(1)工程部位:过门石 (2)面层材料品种、规格、颜色:玻化砖过门石	m^2	1.48	293.7	434.68	
52	011407002007	天棚喷刷涂料	(1)刮腻子要求:刮大白三遍 (2)涂料品种、喷刷遍数:刷乳胶漆三遍	m^2	47.38	15.17	718.75	
53	011407001009	墙面喷刷涂料	(1)刮腻子要求:刮大白三遍 (2)涂料品种、喷刷遍数:抗菌刷乳胶漆三遍	m^2	217.72	29.45	6411.85	
54	010809004004	石材窗台板	(1)窗台板材质、规格、颜色:米白大理石窗台板 (2)基层材料:细木工板、防火涂料三遍	m^2	1.04	1002.49	1042.59	
55	011102003008	块料楼地面	(1)结合层厚度、砂浆配合比:1:2.5水泥砂浆 (2)面层材料品种、规格、颜色:600mm×600mm地面玻化砖	m^2	47.38	223.19	10574.74	
56	011108003008	块料零星项目	(1)工程部位:过门石 (2)面层材料品种、规格、颜色:玻化砖过门石	m^2	0.35	293.69	102.79	
57	011302001005	吊顶天棚	(1)龙骨材料种类、规格、中距:轻钢龙骨 (2)面层材料品种、规格:矿棉板	m^2	11.96	114.71	1371.93	
58	011407001010	墙面喷刷涂料	(1)刮腻子要求:刮大白三遍 (2)涂料品种、喷刷遍数:抗菌刷乳胶漆三遍	m^2	46.75	29.45	1376.79	

续表

序号	项目编码	项目名称	项目特征描述	计量单位	工程量	金额/元		
						综合单价	合价	暂估价
59	011108003009	块料零星项目	(1)工程部位:过门石 (2)面层材料品种、规格、颜色:玻化砖过门石	m^2	0.29	293.69	85.17	
60	011102003009	块料楼地面	(1)结合层厚度、砂浆配合比:1∶2.5水泥砂浆 (2)面层材料品种、规格、颜色:600mm×600mm地面玻化砖	m^2	11.96	223.19	2669.35	
61	011302001006	吊顶天棚	(1)龙骨材料种类、规格、中距:轻钢龙骨 (2)面层材料品种、规格:矿棉板	m^2	16.36	115.74	1893.51	
62	011407001011	墙面喷刷涂料	(1)刮腻子要求:刮大白三遍 (2)涂料品种、喷刷遍数:抗菌刷乳胶漆三遍	m^2	38.32	29.45	1128.52	
63	011108003010	块料零星项目	(1)工程部位:过门石 (2)面层材料品种、规格、颜色:玻化砖过门石	m^2	0.39	293.69	114.54	
64	011102003010	块料楼地面	(1)结合层厚度、砂浆配合比:1∶2.5水泥砂浆 (2)面层材料品种、规格、颜色:600mm×600mm地面玻化砖	m^2	16.36	223.19	3651.39	
65	011302001007	吊顶天棚	(1)龙骨材料种类、规格、中距:轻钢龙骨 (2)面层材料品种、规格:防水石膏板 (3)嵌缝材料种类:石膏板贴纸带	m^2	7.14	108.18	772.41	
66	011407002008	天棚喷刷涂料	(1)刮腻子要求:刮大白三遍 (2)涂料品种、喷刷遍数:刷乳胶漆三遍	m^2	7.14	15.17	108.31	
67	011204003001	块料墙面	(1)安装方式:粘贴 (2)面层材料品种、规格、颜色:300mm×600mm墙砖	m^2	56.87	226.25	12866.84	
68	011505010001	镜面玻璃	镜面玻璃品种、规格:镜面玻璃	m^2	3.17	278.38	882.46	
69	011102003011	块料楼地面	(1)结合层厚度、砂浆配合比:1∶2.5水泥砂浆 (2)面层材料品种、规格、颜色:300mm×300mm防滑地砖	m^2	7.14	147.06	1050.01	
70	010401012001	零星砌砖	柜台零星砌筑	m^3	0.38	620.79	235.9	
71	011203001001	零星项目一般抹灰	柜台零星砌筑抹灰	m^2	3.05	65.03	198.34	
72	010904002001	楼(地)面涂膜防水	地面涂膜防水	m^2	16.43	51.98	854.03	

续表

序号	项目编码	项目名称	项目特征描述	计量单位	工程量	金额/元		
						综合单价	合价	暂估价
73	011302001008	吊顶天棚	(1)龙骨材料种类、规格、中距：轻钢龙骨 跌级 (2)基层材料种类、规格：细木工板 (3)面层材料品种、规格：石膏板、5mm吸塑板 (4)嵌缝材料种类：石膏板贴纸带 (5)防护材料种类：防火涂料三遍	m^2	119.83	185.8	22264.41	
74	011407002009	天棚喷刷涂料	(1)刮腻子要求：刮大白三遍 (2)涂料品种、喷刷遍数：刷抗菌乳胶漆三遍	m^2	126.78	15.17	1923.25	
75	011204004001	干挂石材钢骨架	部位：墙面玻化砖 (1)砌体墙面安装后置埋件 (2)骨架制作、安装 (3)干挂石材钢骨架 (4)主龙骨：80mm镀锌槽钢，间距800mm。副龙骨：40mm镀锌角钢 (5)不锈钢大理石专用挂件	t	1.74	9118.61	15866.38	
76	011204003002	块料墙面	(1)安装方式：干挂 (2)面层材料品种、规格、颜色：干挂800mm×800mm玻化砖 (3)玻化砖倒6mmV字缝	m^2	90.68	334.21	30306.16	
77	011207001003	香槟金色铝单板	面层材料品种、规格、颜色：香槟金色铝单板	m^2	25.11	357.32	8972.31	
78	010809004005	石材窗台板	(1)窗台板材质、规格、颜色：米白大理石窗台板 (2)基层材料：细木工板、防火涂料三遍	m^2	1.93	1002.49	1934.81	
79	01B002	1200mm×600mm成品气包罩	1200mm×600mm成品气包罩	个	3	180	540	
80	011210003001	玻璃隔断	8mm厚钢化清玻璃	m^2	27.58	480	13238.4	
81	011108003011	块料零星项目	(1)工程部位：过门石 (2)面层材料品种、规格、颜色：玻化砖过门石	m^2	2.91	293.7	854.67	
82	011102003012	块料楼地面	(1)结合层厚度、砂浆配合比：1∶2.5水泥砂浆 (2)面层材料品种、规格、颜色：800mm×800mm玻化砖	m^2	119.82	227.14	27215.91	
83	011302001009	吊顶天棚	(1)龙骨材料种类、规格、中距：轻钢龙骨，跌级 (2)基层材料种类、规格：细木工板 (3)面层材料品种、规格：石膏板、5mm吸塑板 (4)嵌缝材料种类：石膏板贴纸带 (5)防护材料种类：防火涂料三遍	m^2	51.96	264.82	13760.05	

续表

序号	项目编码	项目名称	项目特征描述	计量单位	工程量	金额/元		
						综合单价	合价	暂估价
84	011407002010	天棚喷刷涂料	(1)刮腻子要求:刮大白三遍 (2)涂料品种、喷刷遍数:刷抗菌乳胶漆三遍	m^2	56.59	15.17	858.47	
85	011204004002	干挂石材钢骨架	部位:墙面玻化砖 (1)砌体墙面安装后置埋件 (2)骨架制作、安装 (3)干挂石材钢骨架 (4)主龙骨:80mm 镀锌槽钢,间距 800mm。副龙骨:40mm 镀锌角钢 (5)不锈钢、大理石专用挂件	t	0.82	9118.61	7477.26	
86	011204003003	块料墙面	(1)安装方式:干挂 (2)面层材料品种、规格、颜色:干挂 800mm×800mm 玻化砖 (3)玻化砖倒 6mmV 字缝	m^2	53.19	334.14	17772.91	
87	011207001004	玫瑰金拉丝不锈钢	面层材料品种、规格、颜色:玫瑰金拉丝不锈钢	m^2	1.54	451.76	695.71	
88	011102003013	块料楼地面	(1)结合层厚度、砂浆配合比:1:2.5 水泥砂浆 (2)面层材料品种、规格、颜色:800mm×800mm 玻化砖	m^2	51.96	227.14	11802.19	
89	011302001010	吊顶天棚	(1)龙骨材料种类、规格、中距:轻钢龙骨 (2)面层材料品种、规格:防水石膏板 (3)嵌缝材料种类:石膏板贴纸带	m^2	200.63	108.18	21704.15	
90	011407002011	天棚喷刷涂料	(1)刮腻子要求:刮大白三遍 (2)涂料品种、喷刷遍数:抗菌刷乳胶漆三遍	m^2	200.63	29.45	5908.55	
91	011407001012	墙面喷刷涂料	(1)刮腻子要求:刮大白三遍 (2)涂料品种、喷刷遍数:抗菌刷乳胶漆三遍	m^2	565.93	29.45	16666.64	
92	011105006005	金属踢脚线	(1)踢脚线高度:120mm (2)面层材料品种、规格、颜色:拉丝不锈钢踢脚线	m^2	21.42	454.82	9742.24	
93	011102003014	块料楼地面	(1)结合层厚度、砂浆配合比:1:2.5 水泥砂浆 (2)面层材料品种、规格、颜色:800mm×800mm 玻化砖	m^2	200.63	227.14	45571.1	
94	011302001011	吊顶天棚	(1)龙骨材料种类、规格、中距:轻钢龙骨 (2)面层材料品种、规格:矿棉板	m^2	59.27	115.06	6819.61	
95	011407001013	墙面喷刷涂料	(1)刮腻子要求:刮大白三遍 (2)涂料品种、喷刷遍数:抗菌刷乳胶漆三遍	m^2	115.73	29.45	3408.25	
96	011108003012	块料零星项目	(1)工程部位:过门石 (2)面层材料品种、规格、颜色:玻化砖过门石	m^2	1.01	293.69	296.63	

续表

序号	项目编码	项目名称	项目特征描述	计量单位	工程量	金额/元		
						综合单价	合价	暂估价
97	011102003015	块料楼地面	(1)结合层厚度、砂浆配合比：1∶2.5水泥砂浆 (2)面层材料品种、规格、颜色：600mm×600mm地面玻化砖	m^2	59.27	223.19	13228.47	
98	011302001012	吊顶天棚	(1)龙骨材料种类、规格、中距：轻钢龙骨 (2)面层材料品种、规格：防水石膏板、5mm厚白色吸塑板 (3)嵌缝材料种类：石膏板贴纸带	m^2	8	191.38	1531.04	
99	011302001013	吊顶天棚	(1)龙骨材料种类、规格、中距：轻钢龙骨 (2)面层材料品种、规格：防水石膏板 (3)嵌缝材料种类：石膏板贴纸带	m^2	17.71	108.18	1915.87	
100	011407002012	天棚喷刷涂料	(1)刮腻子要求：刮大白三遍 (2)涂料品种、喷刷遍数：刷乳胶漆三遍	m^2	30.34	15.17	460.26	
101	011204003004	块料墙面	(1)安装方式：粘贴 (2)面层材料品种、规格、颜色：300mm×600mm墙砖	m^2	87.07	226.25	19699.59	
102	011505010002	镜面玻璃	镜面玻璃品种、规格：镜面玻璃	m^2	1.06	278.39	295.09	
103	011505001001	洗漱台	材料品种、规格、颜色：米色人造石洗漱台	m^2	1.93	1088.03	2099.9	
104	011210005001	成品隔断	成品卫生间隔断	间	5	850	4250	
105	011210005002	成品隔断	成品小便器隔断	m^2	1.62	280	453.6	
106	011102003016	块料楼地面	(1)结合层厚度、砂浆配合比：1∶2.5水泥砂浆 (2)面层材料品种、规格、颜色：300mm×300mm防滑地砖	m^2	8.14	147.06	1197.07	
107	011102003017	块料楼地面	(1)结合层厚度、砂浆配合比：1∶2.5水泥砂浆 (2)面层材料品种、规格、颜色：600mm×600mm地面玻化砖	m^2	18.57	223.19	4144.64	
108	011108003013	块料零星项目	(1)工程部位：过门石 (2)面层材料品种、规格、颜色：玻化砖过门石	m^2	0.24	293.71	70.49	
109	010401012002	零星砌砖	柜台零星砌筑	m^3	1.16	620.78	720.1	
110	011203001002	零星项目，一般抹灰	柜台零星砌筑抹灰	m^2	8.56	65.03	556.66	
111	010904002002	楼（地）面涂膜防水	地面涂膜防水	m^2	44.81	51.98	2329.22	
112	011302001014	吊顶天棚	(1)龙骨材料种类、规格、中距：轻钢龙骨、方钢骨架 (2)面层材料品种、规格：铝单板、白色吸塑板、GRC造型板 (3)嵌缝材料种类：石膏板贴纸带	m^2	1198.52	488.85	585896.5	

续表

序号	项目编码	项目名称	项目特征描述	计量单位	工程量	金额/元		
						综合单价	合价	暂估价
113	011407002013	天棚喷刷涂料	(1)刮腻子要求:刮大白三遍 (2)涂料品种、喷刷遍数:刷乳胶漆三遍	m^2	1285.37	29.45	37854.15	
114	011502002001	木质装饰线	线条材料品种、规格、颜色:40mm×100mm,木作清漆挂板线	m	271.32	140	37984.8	
115	010810002001	木窗帘盒	窗帘盒材质、规格:窗帘盒石膏板	m	53.18	52.01	2765.89	
116	010810005001	窗帘轨	窗帘轨材质、规格:铝合金窗帘轨	m	53.18	182.4	9700.03	
117	011204004003	干挂石材钢骨架	部位:墙面玻化砖 (1)砌体墙面安装后置埋件 (2)骨架制作、安装 (3)干挂石材钢骨架 (4)主龙骨:80mm 镀锌槽钢,间距800mm。副龙骨:40mm 镀锌角钢 (5)不锈钢、大理石专用挂件	t	7.29	9118.61	66474.67	
118	011204003005	块料墙面	(1)安装方式:干挂 (2)面层材料品种、规格、颜色:800mm×800mm 玻化砖 (3)6mmV字缝	m^2	485.98	334.73	162672.09	
119	01B001	600mm×1500mm定制成品气包罩	600mm×1500mm 定制成品气包罩	个	16	180	2880	
120	01B002	600mm×1200mm定制成品气包罩	600mm×1200m 定制成品气包罩	个	8	180	1440	
121	010809004006	石材窗台板	(1)窗台板材质、规格、颜色:米白大理石窗台板 (2)细木工板基层 (3)基层刷防火涂料三遍	m^2	9.97	1002.49	9994.83	
122	011207001005	拦河底墙饰面	(1)龙骨材料种类、规格、中距:轻钢龙骨 (2)基层材料种类、规格:细木工板、防火涂料三遍 (3)面层材料品种、规格、颜色:石膏板 (4)刮大白三遍、刷抗菌乳胶漆	m^2	143.52	261.72	37562.05	
123	011207001006	墙面装饰板	(1)龙骨材料种类、规格、中距:方钢骨架 (2)基层材料种类、规格:细木工板 (3)面层材料品种、规格、颜色:0.5mm 灰色铝塑板 (4)基层板刷防火涂料三遍	m^2	7.8	12557.31	97947.02	
124	01B003	8mm+8mm钢化夹胶玻璃拦河、实木扶手	8mm+8mm 钢化夹胶玻璃拦河、实木扶手	m	68.23	2900	197867	

续表

序号	项目编码	项目名称	项目特征描述	计量单位	工程量	金额/元		
						综合单价	合价	暂估价
125	011204004004	干挂石材钢骨架	部位:柱面玻化砖 (1)砌体墙面安装后置埋件 (2)骨架制作、安装 (3)干挂石材钢骨架 (4)主龙骨:80mm 镀锌槽钢,间距 800mm。副龙骨:40mm 镀锌角钢 (5)不锈钢、大理石专用挂件	t	2.41	9118.61	21975.85	
126	011205002001	块料柱面	(1)安装方式:干挂 (2)面层材料品种、规格、颜色:800mm×800mm 仿木纹玻化砖	m^2	160.38	347.19	55682.33	
127	011208001001	柱(梁)面 1.5mm 米色铝单板	(1)基层材料种类、规格:细木工板 (2)面层材料品种、规格、颜色:1.5mm 米色铝单板	m^2	51.55	613.87	31645	
128	011102003018	800mm×800mm 米黄色、咖啡色玻化砖拼花	(1)结合层厚度、砂浆配合比:1:2.5 水泥砂浆 (2)面层材料品种、规格、颜色:800mm×800mm 米色、咖啡色玻化砖拼花	m^2	61.44	268.74	16511.39	
129	011102003019	800mm×800mm 米色玻化砖	(1)结合层厚度、砂浆配合比:1:2.5 水泥砂浆 (2)面层材料品种、规格、颜色:800mm×800mm 米色玻化砖	m^2	1163.27	268.74	312617.18	
130	01B004	嵌入式防尘地垫	嵌入式防尘地垫	m^2	3	1800	5400	
131	011302001015	吊顶天棚	(1)龙骨材料种类、规格、中距:轻钢龙骨 平棚 (2)面层材料品种、规格:石膏板 (3)嵌缝材料种类:石膏板贴纸带	m^2	103.62	90.97	9426.31	
132	011407002014	天棚喷刷涂料	(1)刮腻子要求:刮大白三遍 (2)涂料品种、喷刷遍数:刷乳胶漆三遍	m^2	103.62	29.45	3051.61	
133	011204004005	干挂石材钢骨架	部位:墙面玻化砖 (1)砌体墙面安装后置埋件 (2)骨架制作、安装 (3)干挂石材钢骨架 (4)主龙骨:80mm 镀锌槽钢,间距 800mm。副龙骨:40mm 镀锌角钢 (5)不锈钢、大理石专用挂件	t	1.19	9118.61	10851.15	
134	011204003006	块料墙面	(1)安装方式:干挂 (2)面层材料品种、规格、颜色:800mm×800mm 玻化砖 (3)6mmV 字缝	m^2	79.48	334.81	26610.7	

续表

序号	项目编码	项目名称	项目特征描述	计量单位	工程量	金额/元		
						综合单价	合价	暂估价
135	011204003007	块料墙面	(1)安装方式:粘贴 (2)面层材料品种、规格、颜色:800mm×800mm墙面砖 (3)基层细木工板 (4)防护材料种类:防火涂料三遍 (5)部位:电梯口	m^2	10.69	449.33	4803.34	
136	011207001007	1.5mm米色铝单板	(1)基层材料种类、规格:细木工板 (2)面层材料品种、规格、颜色:1.5mm米色铝单板 (3)防护材料种类、规格:防火涂料三遍	m^2	6.44	428.76	2761.21	
137	011207001008	拉丝玫瑰金不锈钢	(1)基层材料种类、规格:细木工板 (2)面层材料品种、规格、颜色:6mm玫瑰金拉丝不锈钢 (3)防护材料种类、规格:防火涂料三遍	m^2	6.84	533.76	3650.92	
138	011102003020	800mm×800mm米色玻化砖地面	(1)结合层厚度、砂浆配合比:1:2.5水泥砂浆 (2)面层材料品种、规格、颜色:800mm×800mm米色玻化砖	m^2	103.62	268.74	27846.84	
139	011302001016	吊顶天棚	(1)龙骨材料种类、规格、中距:轻钢龙骨 (2)面层材料品种、规格:600mm×600mm矿棉板	m^2	56.21	114.21	6419.74	
140	011407001014	墙面喷刷涂料	(1)刮腻子要求:刮大白三遍 (2)涂料品种、喷刷遍数:刷抗菌乳胶漆三遍	m^2	104.71	29.45	3083.71	
141	010401012003	零星砌砖	柜台零星砌筑	m^3	10.75	620.78	6673.39	
142	011203001003	零星项目,一般抹灰	柜台零星砌筑抹灰	m^2	66	65.03	4291.98	
143	011210003002	玻璃隔断	玻璃品种、规格、颜色:5mm+12mm+5mm防弹玻璃	m^2	38.99	900.86	35124.53	
144	011207001009	墙面装饰板	(1)基层材料种类、规格:基层细木工板 (2)面层材料品种、规格、颜色:木作清漆挂板 (3)防火涂料三遍	m^2	24.17	644.1	15567.9	
145	011207001010	墙面装饰板	(1)龙骨材料种类、规格、中距:钢骨架 (2)基层材料种类、规格:细木工板 (3)面层材料品种、规格、颜色:灰色铝塑板 (4)基层防火涂料三遍	m^2	38.89	440.98	17149.71	

续表

序号	项目编码	项目名称	项目特征描述	计量单位	工程量	金额/元		
						综合单价	合价	暂估价
146	011501001001	柜台	(1)材料种类、规格:米白大理石台面 (2)基层细木工板 (3)防护材料种类:防火涂料三遍	m	27.78	954.65	26520.18	
147	011407001015	墙面喷刷涂料	(1)基层类型:石膏板 (2)刮腻子要求:刮大白三遍 (3)涂料品种、喷刷遍数:刷抗菌乳胶漆	m^2	28.06	48.54	1362.03	
148	011102003021	块料楼地面	(1)结合层厚度、砂浆配合比:1∶2.5水泥砂浆 (2)面层材料品种、规格、颜色:600mm×600mm玻化砖	m^2	56.21	223.19	12545.51	
149	011105006006	金属踢脚线	面层材料品种、规格、颜色:120mm不锈钢踢脚线	m	90.13	54.58	4919.3	
150	011302001017	吊顶天棚	(1)龙骨材料种类、规格、中距:轻钢龙骨 (2)面层材料品种、规格:600mm×600mm矿棉板	m^2	94.03	107.44	10102.58	
151	011407001016	墙面喷刷涂料	(1)刮腻子要求:刮大白三遍 (2)涂料品种、喷刷遍数:刷抗菌乳胶漆三遍	m^2	177.23	29.45	5219.42	
152	010401012004	零星砌砖	柜台零星砌筑	m^3	5.42	620.78	3364.63	
153	011203001004	零星项目,一般抹灰	柜台零星砌筑抹灰	m^2	33.3	65.03	2165.5	
154	011210003003	玻璃隔断	玻璃品种、规格、颜色:5mm+12mm+5mm防弹玻璃	m^2	19.67	900.86	17719.92	
155	011207001011	墙面装饰板	(1)基层材料种类、规格:基层细木工板 (2)面层材料品种、规格、颜色:木作清漆挂板 (3)防火涂料三遍	m^2	12.22	644.1	7870.9	
156	011207001012	墙面装饰板	(1)龙骨材料种类、规格、中距:钢骨架 (2)基层材料种类、规格:细木工板 (3)面层材料品种、规格、颜色:灰色铝塑板 (4)基层防火涂料三遍	m^2	12.22	587.04	7173.63	
157	011501001002	柜台	(1)材料种类、规格:米白大理石台面 (2)基层细木工板 (3)防护材料种类:防火涂料三遍	m	14.05	954.79	13414.8	
158	011407001017	墙面喷刷涂料	(1)基层类型、石膏板 (2)刮腻子要求:刮大白三遍 (3)涂料品种、喷刷遍数:刷抗菌乳胶漆	m^2	14.19	48.54	688.78	

续表

序号	项目编码	项目名称	项目特征描述	计量单位	工程量	金额/元		
						综合单价	合价	暂估价
159	011102003022	块料楼地面	(1)结合层厚度、砂浆配合比：1∶2.5水泥砂浆 (2)面层材料品种、规格、颜色：600mm×600mm玻化砖	m^2	94	223.19	20979.86	
160	011105006007	金属踢脚线	面层材料品种、规格、颜色：120mm不锈钢踢脚线	m	37	54.58	2019.46	
161	011302001018	吊顶天棚	(1)龙骨材料种类、规格、中距：轻钢龙骨，平棚 (2)面层材料品种、规格：石膏板 (3)嵌缝材料种类：石膏板贴纸带	m^2	21.78	90.97	1981.33	
162	011407002015	天棚喷刷涂料	(1)刮腻子要求：刮大白三遍 (2)涂料品种、喷刷遍数：刷乳胶漆三遍	m^2	21.78	29.45	641.42	
163	011407001018	墙面喷刷涂料	(1)刮腻子要求：刮大白三遍 (2)涂料品种、喷刷遍数：刷抗菌乳胶漆三遍	m^2	64.01	29.45	1885.09	
164	010401012005	零星砌砖	柜台零星砌筑	m^3	1.01	620.78	626.99	
165	011203001005	零星项目，一般抹灰	柜台零星砌筑抹灰	m^2	6.19	65.03	402.54	
166	011210003004	玻璃隔断	玻璃品种、规格、颜色：5mm+12mm+5mm防弹玻璃	m^2	3.65	900.86	3288.14	
167	011207001013	墙面装饰板	(1)基层材料种类、规格：基层细木工板 (2)面层材料品种、规格、颜色：木作清漆挂板 (3)防火涂料三遍	m^2	2.27	678.05	1539.17	
168	011207001014	墙面装饰板	(1)龙骨材料种类、规格、中距：钢骨架 (2)基层材料种类、规格：细木工板 (3)面层材料品种、规格、颜色：灰色铝塑板 (4)基层防火涂料三遍	m^2	3.65	429.9	1569.14	
169	011501001003	柜台	(1)材料种类、规格：米白大理石台面 (2)基层细木工板 (3)防护材料种类：防火涂料三遍	m	2.61	953.92	2489.73	
170	011407001019	墙面喷刷涂料	(1)基层类型：石膏板 (2)刮腻子要求：刮大白三遍 (3)涂料品种、喷刷遍数：刷抗菌乳胶漆	m^2	1	48.54	48.54	
171	011102003023	块料楼地面	(1)结合层厚度、砂浆配合比：1∶2.5水泥砂浆 (2)面层材料品种、规格、颜色：600mm×600mm玻化砖	m^2	1	223.19	223.19	

续表

序号	项目编码	项目名称	项目特征描述	计量单位	工程量	金额/元		
						综合单价	合价	暂估价
172	011105006008	金属踢脚线	面层材料品种、规格、颜色：120mm不锈钢踢脚线	m	1	54.58	54.58	
173	011302001019	吊顶天棚	(1)龙骨材料种类、规格、中距：轻钢龙骨，平棚 (2)面层材料品种、规格：石膏板 (3)嵌缝材料种类：石膏板贴纸带	m^2	113.55	96.62	10971.2	
174	011407002016	天棚喷刷涂料	(1)刮腻子要求：刮大白三遍 (2)涂料品种、喷刷遍数：刷乳胶漆三遍	m^2	89.25	29.45	2628.41	
175	011204004006	干挂石材钢骨架	部位：墙面玻化砖 (1)砌体墙面安装后置埋件 (2)骨架制作、安装 (3)干挂石材钢骨架 (4)主龙骨：80mm镀锌槽钢，间距800mm。副龙骨：40mm镀锌角钢 (5)不锈钢、大理石专用挂件	t	3.28	9118.61	29909.04	
176	011204003008	块料墙面	(1)安装方式：干挂 (2)面层材料品种、规格、颜色：800mm×800mm玻化砖 (3)6mmV字缝	m^2	218.89	334.73	73269.05	
177	01B002	600mm×1200mm定制成品气包罩	600mm×1200mm定制成品气包罩	个	1	180	180	
178	010809004007	石材窗台板	(1)窗台板材质、规格、颜色：米白大理石窗台板 (2)细木工板基层 (3)基层刷防火涂料三遍	m^2	0.4	1002.5	401	
179	01B005	成品成人扶手	成品成人扶手	m	28.34	220	6234.8	
180	011102003024	800mm×800mm米色玻化砖地面	(1)结合层厚度、砂浆配合比：1∶2.5水泥砂浆 (2)面层材料品种、规格、颜色：800mm×800mm米色玻化砖	m^2	113.55	268.74	30515.43	
181	011302001020	吊顶天棚	(1)龙骨材料种类、规格、中距：轻钢龙骨、方钢骨架 (2)面层材料品种、规格：石膏板、白色吸塑板、600mm×600mm矿棉板 (3)嵌缝材料种类：石膏板贴纸带	m^2	217.9	131.79	28717.04	
182	011407002017	天棚喷刷涂料	(1)刮腻子要求：刮大白三遍 (2)涂料品种、喷刷遍数：刷乳胶漆三遍	m^2	222.66	29.45	6557.34	
183	011502002002	木质装饰线	线条材料品种、规格、颜色：40mm×100mm，木作清漆挂板线	m	92.6	140	12964	
184	010810002002	木窗帘盒	窗帘盒材质、规格：窗帘盒石膏板	m	27.12	52.01	1410.51	

续表

序号	项目编码	项目名称	项目特征描述	计量单位	工程量	金额/元		
						综合单价	合价	暂估价
185	010810005002	窗帘轨	窗帘轨材质、规格：铝合金窗帘轨	m	27.12	182.4	4946.69	
186	011407001020	墙面喷刷涂料	(1)基层类型：石膏板 (2)刮腻子要求：刮大白三遍 (3)涂料品种、喷刷遍数：刷抗菌乳胶漆	m^2	45.55	48.54	2211	
187	011207001015	气包柜，墙面装饰板	(1)龙骨材料：轻钢龙骨 (2)基层材料种类、规格：基层细木工板 (3)面层材料品种、规格、颜色：木作清漆挂板 (4)防火涂料三遍	m^2	23.5	708.51	16649.99	
188	01B001	600mm×1500mm定制成品气包罩	600mm×1500mm定制成品气包罩	个	11	180	1980	
189	010809004008	石材窗台板	(1)窗台板材质、规格、颜色：米白大理石窗台板 (2)细木工板基层 (3)基层刷防火涂料三遍	m^2	19.77	1002.49	19819.23	
190	011204004007	干挂石材钢骨架	部位：墙面玻化砖 (1)砌体墙面安装后置埋件 (2)骨架制作、安装 (3)干挂石材钢骨架 (4)主龙骨：80mm镀锌槽钢，间距800mm。副龙骨：40mm镀锌角钢 (5)不锈钢、大理石专用挂件	t	0.55	9118.62	5015.24	
191	011204003009	块料墙面	(1)安装方式：干挂 (2)面层材料品种、规格、颜色：600mm×600mm玻化砖 (3)6mmV字缝	m^2	8.4	314.67	2643.23	
192	011204004008	干挂石材钢骨架	部位：柱面玻化砖 (1)砌体墙面安装后置埋件 (2)骨架制作、安装 (3)干挂石材钢骨架 (4)主龙骨：80mm镀锌槽钢，间距800mm。副龙骨：40mm镀锌角钢 (5)不锈钢、大理石专用挂件	t	0.55	9118.62	5015.24	
193	011205002002	块料柱面	(1)安装方式：干挂 (2)面层材料品种、规格、颜色：600mm×600mm仿木纹玻化砖	m^2	36.49	288.89	10541.6	
194	011407001021	墙面喷刷涂料	(1)刮腻子要求：刮大白三遍 (2)涂料品种、喷刷遍数：三色乳胶漆　树状图案	m^2	32.33	23.33	754.26	
195	011210003005	玻璃隔断	8mm钢化清玻璃隔断	m^2	14.34	480	6883.2	

续表

序号	项目编码	项目名称	项目特征描述	计量单位	工程量	金额/元		
						综合单价	合价	暂估价
196	011207001016	气包柜，墙面装饰板	(1)龙骨材料：轻钢龙骨 (2)基层材料种类、规格：基层细木工板 (3)面层材料品种、规格、颜色：木作清漆挂板 (4)防火涂料三遍	m^2	23.5	708.51	16649.99	
197	011102003025	800mm×800mm米色玻化砖地面	(1)结合层厚度、砂浆配合比：1：2.5水泥砂浆 (2)面层材料品种、规格、颜色：800mm×800mm米色玻化砖	m^2	217.9	268.74	58558.45	
198	011105006009	金属踢脚线	面层材料品种、规格、颜色：100mm不锈钢踢脚线	m	78.21	45.48	3556.99	
199	011302001021	吊顶天棚	(1)龙骨材料种类、规格、中距：轻钢龙骨，平棚 (2)面层材料品种、规格：石膏板 (3)嵌缝材料种类：石膏板贴纸带	m^2	29.14	90.97	2650.87	
200	011407002018	天棚喷刷涂料	(1)刮腻子要求：刮大白三遍 (2)涂料品种、喷刷遍数：刷乳胶漆三遍	m^2	29.14	29.45	858.17	
201	011204004009	干挂石材钢骨架	部位：墙面玻化砖 (1)砌体墙面安装后置埋件 (2)骨架制作、安装 (3)干挂石材钢骨架 (4)主龙骨：80mm镀锌槽钢，间距800mm。副龙骨：40mm镀锌角钢 (5)不锈钢、大理石专用挂件	t	0.8	9118.61	7294.89	
202	011204003010	块料墙面	(1)安装方式：干挂 (2)面层材料品种、规格、颜色：800mm×800mm玻化砖 (3)6mmV字缝	m^2	53.58	334.82	17939.66	
203	01B002	600mm×1200mm定制成品气包罩	600mm×1200mm定制成品气包罩	个	2	180	360	
204	010809004009	石材窗台板	(1)窗台板材质、规格、颜色：米白大理石窗台板 (2)细木工板基层 (3)基层刷防火涂料三遍	m^2	0.78	1002.49	781.94	
205	011102003026	800mm×800mm米色玻化砖地面	(1)结合层厚度、砂浆配合比：1：2.5水泥砂浆 (2)面层材料品种、规格、颜色：800mm×800mm米色玻化砖	m^2	29.14	268.74	7831.08	
206	011108003014	块料零星项目	(1)工程部位：过门石 (2)贴结合层厚度、材料种类：1：2.5水泥砂浆 (3)面层材料品种、规格、颜色：玻化砖过门石	m^2	0.18	293.72	52.87	

续表

序号	项目编码	项目名称	项目特征描述	计量单位	工程量	金额/元		
						综合单价	合价	暂估价
207	011302001022	吊顶天棚	(1)龙骨材料种类、规格、中距：轻钢龙骨、方钢骨架 (2)面层材料品种、规格：石膏板、白色吸塑板 (3)嵌缝材料种类：石膏板贴纸带	m^2	49.35	171.9	8483.27	
208	011407002019	天棚喷刷涂料	(1)刮腻子要求：刮大白三遍 (2)涂料品种、喷刷遍数：刷乳胶漆三遍	m^2	45.08	29.45	1327.61	
209	011502002003	木质装饰线	线条材料品种、规格、颜色：40mm×100mm，木作清漆挂板线	m	43.28	140	6059.2	
210	011204004010	干挂石材钢骨架	部位：墙面玻化砖 (1)砌体墙面安装后置埋件 (2)骨架制作、安装 (3)干挂石材钢骨架 (4)主龙骨：80mm 镀锌槽钢，间距 800mm。副龙骨：40mm 镀锌角钢 (5)不锈钢、大理石专用挂件	t	0.53	9118.6	4832.86	
211	011204003011	块料墙面	(1)安装方式：干挂 (2)面层材料品种、规格、颜色：800mm×800mm 玻化砖 (3)6mmV 字缝	m^2	35.03	335.36	11747.66	
212	011204003012	块料墙面	(1)安装方式：粘贴 (2)面层材料品种、规格、颜色：800mm×800mm 墙面砖 (3)基层细木工板 (4)防护材料种类：防火涂料三遍 (5)部位：电梯口	m^2	8.16	449.33	3666.53	
213	011207001017	1.5mm 米色铝单板	(1)基层材料种类、规格：细木工板 (2)面层材料品种、规格、颜色：1.5mm 米色铝单板 (3)防护材料种类、规格：防火涂料三遍	m^2	5.31	560.96	2978.7	
214	011207001018	拉丝玫瑰金不锈钢	(1)基层材料种类、规格：细木工板 (2)面层材料品种、规格、颜色：6mm 玫瑰金拉丝不锈钢 (3)防护材料种类、规格：防火涂料三遍	m^2	6.49	533.77	3464.17	
215	011207001019	气包墙基层	(1)龙骨材料种类、规格、中距：轻钢龙骨 (2)基层材料种类、规格：防火涂料三遍	m^2	2.43	102.2	248.35	
216	01B002	600mm×1200mm 定制成品气包罩	600mm×1200mm 定制成品气包罩	个	2	180	360	

续表

序号	项目编码	项目名称	项目特征描述	计量单位	工程量	金额/元		
						综合单价	合价	暂估价
217	011102003027	800mm×800mm米色玻化砖地面	(1)结合层厚度、砂浆配合比：1：2.5水泥砂浆 (2)面层材料品种、规格、颜色：800mm×800mm米色玻化砖	m^2	49.35	268.74	13262.32	
218	011302001023	吊顶天棚	(1)龙骨材料种类、规格、中距：轻钢龙骨、方钢骨架 (2)面层材料品种、规格：石膏板、白色吸塑板 (3)嵌缝材料种类：石膏板贴纸带	m^2	211.12	294.68	62212.84	
219	011407002020	天棚喷刷涂料	(1)刮腻子要求：刮大白三遍 (2)涂料品种、喷刷遍数：刷乳胶漆三遍	m^2	250.94	29.45	7390.18	
220	011502002004	木质装饰线	线条材料品种、规格、颜色：40mm×100mm，木作清漆挂板线	m	199.09	140	27872.6	
221	011407001022	墙面喷刷涂料	(1)刮腻子要求：刮大白三遍 (2)涂料品种、喷刷遍数：刷抗菌乳胶漆三遍	m^2	150.73	29.45	4439	
222	011204004011	干挂石材钢骨架	部位：柱面玻化砖 (1)砌体墙面安装后置埋件 (2)骨架制作、安装 (3)干挂石材钢骨架 (4)主龙骨：80mm镀锌槽钢，间距800mm。副龙骨：40mm镀锌角钢 (5)不锈钢、大理石专用挂件	t	0.34	9118.62	3100.33	
223	011205002003	块料柱面	(1)安装方式：干挂 (2)面层材料品种、规格、颜色：800mm×800mm仿木纹玻化砖	m^2	22.66	347.19	7867.33	
224	011102003028	800mm×800mm米色玻化砖地面	(1)结合层厚度、砂浆配合比：1：2.5水泥砂浆 (2)面层材料品种、规格、颜色：800mm×800mm米色玻化砖	m^2	211.12	268.74	56736.39	
225	011105006010	金属踢脚线	面层材料品种、规格、颜色：120mm不锈钢踢脚线	m	48.76	54.58	2661.32	
226	011302001024	吊顶天棚	(1)龙骨材料种类、规格、中距：轻钢龙骨、方钢骨架 (2)面层材料品种、规格：耐水石膏板、白色吸塑板 (3)嵌缝材料种类：石膏板贴纸带	m^2	30.41	161.61	4914.56	
227	011302001025	吊顶天棚	(1)龙骨材料种类、规格、中距：轻钢龙骨，平棚 (2)面层材料品种、规格：耐水石膏板 (3)嵌缝材料种类：石膏板贴纸带	m^2	118.8	138.87	16497.76	

续表

序号	项目编码	项目名称	项目特征描述	计量单位	工程量	金额/元		
						综合单价	合价	暂估价
228	011407002021	天棚喷刷涂料	(1)刮腻子要求:刮大白三遍 (2)涂料品种、喷刷遍数:刷乳胶漆三遍	m^2	125.95	29.45	3709.23	
229	011502002005	木质装饰线	线条材料品种、规格、颜色:40mm×100mm,木作清漆挂板线	m	18.28	140	2559.2	
230	010810002003	木窗帘盒	窗帘盒材质、规格:窗帘盒石膏板	m	15.7	52.01	816.56	
231	010810005003	窗帘轨	窗帘轨材质、规格:铝合金窗帘轨	m	15.7	182.4	2863.68	
232	011204003013	块料墙面	(1)安装方式:粘贴 (2)面层材料品种、规格、颜色:300mm×600mm墙砖	m^2	368.06	226.25	83273.58	
233	011505010003	镜面玻璃	(1)镜面玻璃品种、规格:5mm镜面玻璃 (2)基层材料种类:细木工板 (3)防护材料种类:防火涂料三遍	m^2	10.84	203.61	2207.13	
234	011502001001	金属装饰线	玫瑰金不锈钢镜框线	m	23.96	18.04	432.24	
235	011505001002	洗漱台	材料品种、规格、颜色:米黄色人造石台面	m^2	8.86	1088.03	9639.95	
236	011210005003	成品隔断	成品卫生间隔断	间	18	830	14940	
237	011210005004	成品隔断	成品小便器隔断	m^2	3.24	280	907.2	
238	011207001020	墙面装饰板	面层材料品种、规格、颜色:木作清漆置物板	m^2	1.4	562.09	786.93	
239	011407001023	墙面喷刷涂料	(1)刮腻子要求:刮大白三遍 (2)涂料品种、喷刷遍数:刷抗菌乳胶漆三遍	m^2	137.94	29.45	4062.33	
240	011207001021	气包柜,墙面装饰板	(1)龙骨材料:轻钢龙骨 (2)基层材料种类、规格:基层细木工板 (3)面层材料品种、规格、颜色:木作清漆挂板 (4)防火涂料三遍	m^2	7.3	55.85	407.71	
241	01B001	600mm×1500mm定制成品气包罩	600mm×1500mm定制成品气包罩	个	7	180	1260	
242	010401012006	零星砌砖	柜台零星砌筑	m^3	0.48	620.77	297.97	
243	011203001006	零星项目,一般抹灰	柜台零星砌筑抹灰	m^2	5.1	65.03	331.65	
244	010809004010	石材窗台板	(1)窗台板材质、规格、颜色:米白大理石窗台板 (2)细木工板基层 (3)基层刷防火涂料三遍	m^2	6.93	1002.49	6947.26	
245	011102003029	块料楼地面	(1)结合层厚度、砂浆配合比:1∶2.5水泥砂浆 (2)面层材料品种、规格、颜色:600mm×600mm玻化砖	m^2	149.21	223.19	33302.18	
246	010904002003	楼(地)面涂膜防水	地面涂膜防水	m^2	225.66	51.98	11729.81	

续表

序号	项目编码	项目名称	项目特征描述	计量单位	工程量	金额/元		
						综合单价	合价	暂估价
247	011108003015	块料零星项目	(1)工程部位:过门石 (2)贴结合层厚度、材料种类:1∶2.5水泥砂浆 (3)面层材料品种、规格、颜色:玻化砖过门石	m^2	1.72	293.7	505.16	
248	011105006011	金属踢脚线	面层材料品种、规格、颜色:120mm不锈钢踢脚线	m	171.61	54.58	9366.47	
249	010401012007	零星砌砖	柜台零星砌筑	m^3	3.95	620.78	2452.08	
250	011203001007	零星项目,一般抹灰	柜台零星砌筑抹灰	m^2	29.06	65.03	1889.77	
251	011302001026	吊顶天棚	(1)龙骨材料种类、规格、中距:轻钢龙骨 (2)面层材料品种、规格:300mm×1200mm矿棉板	m^2	102.76	107.29	11025.12	
252	011407001024	墙面喷刷涂料	(1)刮腻子要求:刮大白三遍 (2)涂料品种、喷刷遍数:刷抗菌乳胶漆三遍	m^2	255.93	29.45	7537.14	
253	011207001022	气包柜,墙面装饰板	(1)龙骨材料:轻钢龙骨 (2)基层材料种类、规格:石膏板	m^2	12.47	39.51	492.69	
254	01B002	600mm×1200mm定制成品气包罩	600mm×1200mm定制成品气包罩	个	9	180	1620	
255	010809004011	石材窗台板	(1)窗台板材质、规格、颜色:米白大理石窗台板 (2)细木工板基层 (3)基层刷防火涂料三遍	m^2	5.35	1002.49	5363.32	
256	011102003030	块料楼地面	(1)结合层厚度、砂浆配合比:1∶2.5水泥砂浆 (2)面层材料品种、规格、颜色:600mm×600mm玻化砖	m^2	102.76	223.19	22935	
257	011105006012	金属踢脚线	面层材料品种、规格、颜色:120mm不锈钢踢脚线	m	87.08	54.58	4752.83	
258	011108003016	块料零星项目	(1)工程部位:过门石 (2)贴结合层厚度、材料种类:1∶2.5水泥砂浆 (3)面层材料品种、规格、颜色:玻化砖过门石	m^2	1.3	293.7	381.81	
259	011302001027	吊顶天棚	(1)龙骨材料种类、规格、中距:轻钢龙骨 (2)面层材料品种、规格:300mm×1200mm矿棉板	m^2	189.97	107.84	20486.36	
260	011407001025	墙面喷刷涂料	(1)刮腻子要求:刮大白三遍 (2)涂料品种、喷刷遍数:刷抗菌乳胶漆三遍	m^2	514.04	29.45	15138.48	
261	011207001023	气包柜,墙面装饰板	(1)龙骨材料:轻钢龙骨 (2)基层材料种类、规格:石膏板	m^2	17.33	39.51	684.71	
262	01B002	600mm×1200mm定制成品气包罩	600mm×1200mm定制成品气包罩	个	9	180	1620	

续表

序号	项目编码	项目名称	项目特征描述	计量单位	工程量	金额/元		
						综合单价	合价	暂估价
263	010809004012	石材窗台板	(1)窗台板材质、规格、颜色:米白大理石窗台板 (2)细木工板基层 (3)基层刷防火涂料三遍	m^2	7.04	1002.49	7057.53	
264	011102003031	块料楼地面	(1)结合层厚度、砂浆配合比:1:2.5水泥砂浆 (2)面层材料品种、规格、颜色:600mm×600mm玻化砖	m^2	189.97	223.19	42399.4	
265	011105006013	金属踢脚线	面层材料品种、规格、颜色:120mm不锈钢踢脚线	m	176.76	54.58	9647.56	
266	011108003017	块料零星项目	(1)工程部位:过门石 (2)贴结合层厚度、材料种类:1:2.5水泥砂浆 (3)面层材料品种、规格、颜色:玻化砖过门石	m^2	2.86	293.7	839.98	
267	010810002004	木窗帘盒	窗帘盒材质、规格:窗帘盒石膏板	m	5.07	52.01	263.69	
268	010810005004	窗帘轨	窗帘轨材质、规格:铝合金窗帘轨	m	5.07	182.4	924.77	
269	011302001028	吊顶天棚	(1)龙骨材料种类、规格、中距:轻钢龙骨 (2)面层材料品种、规格:600mm×600mm矿棉板	m^2	29.5	114.89	3389.26	
270	011407001026	墙面喷刷涂料	(1)刮腻子要求:刮大白三遍 (2)涂料品种、喷刷遍数:刷抗菌乳胶漆三遍	m^2	94.1	29.45	2771.25	
271	011207001024	气包柜,墙面装饰板	(1)龙骨材料:轻钢龙骨 (2)基层材料种类、规格:石膏板	m^2	6.81	39.51	269.06	
272	01B002	600mm×1200mm定制成品气包罩	600mm×1200mm定制成品气包罩	个	2	180	360	
273	010809004013	石材窗台板	(1)窗台板材质、规格、颜色:米白大理石窗台板 (2)细木工板基层 (3)基层刷防火涂料三遍	m^2	2.51	1002.49	2516.25	
274	011102003032	块料楼地面	(1)结合层厚度、砂浆配合比:1:2.5水泥砂浆 (2)面层材料品种、规格、颜色:600mm×600mm玻化砖	m^2	29.5	223.19	6584.11	
275	011105006014	金属踢脚线	面层材料品种、规格、颜色:120mm不锈钢踢脚线	m	31.38	54.58	1712.72	
276	011108003018	块料零星项目	(1)工程部位:过门石 (2)贴结合层厚度、材料种类:1:2.5水泥砂浆 (3)面层材料品种、规格、颜色:玻化砖过门石	m^2	0.36	293.69	105.73	
277	011302001029	吊顶天棚	(1)龙骨材料种类、规格、中距:轻钢龙骨 (2)面层材料品种、规格:300mm×1200mm矿棉板	m^2	857.89	115.79	99335.08	

续表

序号	项目编码	项目名称	项目特征描述	计量单位	工程量	金额/元		
						综合单价	合价	暂估价
278	011407001027	墙面喷刷涂料	(1)刮腻子要求:刮大白三遍 (2)涂料品种、喷刷遍数:刷抗菌乳胶漆三遍	m^2	1865.92	29.45	54951.34	
279	011207001025	气包柜,墙面装饰板	(1)龙骨材料:轻钢龙骨 (2)基层材料种类、规格:石膏板	m^2	60.35	39.51	2384.43	
280	01B002	600mm×1200mm定制成品气包罩	600mm×1200mm定制成品气包罩	个	31	180	5580	
281	010809004014	石材窗台板	(1)窗台板材质、规格、颜色:米白大理石窗台板 (2)细木工板基层 (3)基层刷防火涂料三遍	m^2	34.67	1002.49	34756.33	
282	011102003033	块料楼地面	(1)结合层厚度、砂浆配合比:1∶2.5水泥砂浆 (2)面层材料品种、规格、颜色:600mm×600mm玻化砖	m^2	857.89	223.19	191472.47	
283	011105006015	金属踢脚线	面层材料品种、规格、颜色:120mm不锈钢锡脚线	m	671.99	54.58	36677.21	
284	010810002005	木窗帘盒	窗帘盒材质、规格:窗帘盒石膏板	m	66.38	52.01	3452.42	
285	010810005005	窗帘轨	窗帘轨材质、规格:铝合金窗帘轨	m	66.38	182.4	12107.71	
286	011108003019	块料零星项目	(1)工程部位:过门石 (2)贴结合层厚度、材料种类:1∶2.5水泥砂浆 (3)面层材料品种、规格、颜色:玻化砖过门石	m^2	9.96	314.9	3136.4	
287	011302001030	吊顶天棚	(1)龙骨材料种类、规格、中距:轻钢龙骨,平棚 (2)面层材料品种、规格:石膏板 (3)嵌缝材料种类:石膏板贴纸带	m^2	437.07	98.13	42889.68	
288	011407002022	天棚喷刷涂料	(1)刮腻子要求:刮大白三遍 (2)涂料品种、喷刷遍数:刷乳胶漆三遍	m^2	323.67	29.45	9532.08	
289	011407001028	墙面喷刷涂料	(1)刮腻子要求:刮大白三遍 (2)涂料品种、喷刷遍数:刷抗菌乳胶漆三遍	m^2	942.14	29.45	27746.02	
290	010401012008	零星砌砖	柜台零星砌筑	m^3	2.82	620.78	1750.6	
291	011203001008	零星项目,一般抹灰	柜台零星砌筑抹灰	m^2	17.3	65.03	1125.02	
292	011210003006	玻璃隔断	玻璃品种、规格、颜色:5mm+12mm+5mm防弹玻璃	m^2	10.22	900.86	9206.79	
293	011207001026	墙面装饰板	(1)基层材料种类、规格:基层细木工板 (2)面层材料品种、规格、颜色:木作清漆挂板 (3)防火涂料三遍	m^2	6.35	644.89	4095.05	

续表

序号	项目编码	项目名称	项目特征描述	计量单位	工程量	金额/元		
						综合单价	合价	暂估价
294	011207001027	墙面装饰板	(1)龙骨材料种类、规格、中距：钢骨架 (2)基层材料种类、规格：细木工板 (3)面层材料品种、规格、颜色：灰色铝塑板 (4)基层防火涂料三遍	m^2	10.22	465.59	4758.33	
295	011501001004	柜台	(1)材料种类、规格：米白大理石台面 (2)基层细木工板 (3)防护材料种类：防火涂料三遍	m	7.3	954.17	6965.44	
296	011407001029	墙面喷刷涂料	(1)基层类型：石膏板 (2)刮腻子要求：刮大白三遍 (3)涂料品种、喷刷遍数：刷抗菌乳胶漆	m^2	7.37	48.54	357.74	
297	011102003034	块料楼地面	(1)结合层厚度、砂浆配合比：1：2.5水泥砂浆 (2)面层材料品种、规格、颜色：600mm×600mm玻化砖	m^2	437.07	223.19	97549.65	
298	011105006016	金属踢脚线	面层材料品种、规格、颜色：120mm不锈钢踢脚线	m	297.76	54.58	16251.74	
299	011302001031	吊顶天棚	(1)龙骨材料种类、规格、中距：轻钢龙骨 (2)面层材料品种、规格：300mm×1200mm矿棉板	m^2	156.57	113.73	17806.71	
300	010810002006	木窗帘盒	窗帘盒材质、规格：窗帘盒石膏板	m	28.51	52.01	1482.81	
301	010810005006	窗帘轨	窗帘轨材质、规格：铝合金窗帘轨	m	28.51	182.4	5200.22	
302	011407001030	墙面喷刷涂料	(1)刮腻子要求：刮大白三遍 (2)涂料品种、喷刷遍数：刷抗菌乳胶漆三遍	m^2	498.03	29.45	14666.98	
303	011207001028	气包柜墙面	(1)基层材料种类、规格：轻钢龙骨、基层细木工板 (2)面层材料品种、规格、颜色：木作清漆挂板 (3)防火涂料三遍	m^2	12.19	708.51	8636.74	
304	01B002	600mm×1200mm定制成品气包罩	600mm×1200mm定制成品气包罩	个	13	180	2340	
305	010809004015	石材窗台板	(1)窗台板材质、规格、颜色：米白大理石窗台板 (2)细木工板基层 (3)基层刷防火涂料三遍	m^2	32.82	1002.49	32901.72	
306	011102003035	块料楼地面	(1)结合层厚度、砂浆配合比：1：2.5水泥砂浆 (2)面层材料品种、规格、颜色：600mm×600mm玻化砖	m^2	156.57	223.19	34944.86	

续表

序号	项目编码	项目名称	项目特征描述	计量单位	工程量	金额/元		
						综合单价	合价	暂估价
307	011105006017	金属踢脚线	面层材料品种、规格、颜色：120mm 不锈钢踢脚线	m	177.44	54.58	9684.68	
308	011108003020	块料零星项目	(1)工程部位：过门石 (2)贴结合层厚度、材料种类：1∶2.5 水泥砂浆 (3)面层材料品种、规格、颜色：玻化砖过门石	m^2	2.34	314.9	736.87	
309	011302001032	吊顶天棚	(1)龙骨材料种类、规格、中距：轻钢龙骨 (2)面层材料品种、规格：300mm×1200mm 矿棉板	m^2	44.86	113.5	5091.61	
310	011407001031	墙面喷刷涂料	(1)刮腻子要求：刮大白三遍 (2)涂料品种、喷刷遍数：刷抗菌乳胶漆三遍	m^2	111.74	29.45	3290.74	
311	011207001029	气包柜，墙面装饰板	(1)龙骨材料：轻钢龙骨 (2)基层材料种类、规格：石膏板	m^2	5.08	39.51	200.71	
312	01B002	600mm×1200mm 定制成品气包罩	600mm×1200mm 定制成品气包罩	个	6	180	1080	
313	010809004016	石材窗台板	(1)窗台板材质、规格、颜色：米白大理石窗台板 (2)细木工板基层 (3)基层刷防火涂料三遍	m^2	3.31	1002.49	3318.24	
314	011102003036	块料楼地面	(1)结合层厚度、砂浆配合比：1∶2.5 水泥砂浆 (2)面层材料品种、规格、颜色：600mm×600mm 玻化砖	m^2	44.86	223.19	10012.3	
315	011105006018	金属踢脚线	面层材料品种、规格、颜色：120mm 不锈钢踢脚线	m	44.31	54.58	2418.44	
316	011108003021	块料零星项目	(1)工程部位：过门石 (2)贴结合层厚度、材料种类：1∶2.5 水泥砂浆 (3)面层材料品种、规格、颜色：玻化砖过门石	m^2	0.54	293.7	158.6	
317	011302001033	吊顶天棚	(1)龙骨材料种类、规格、中距：轻钢龙骨 (2)面层材料品种、规格：300mm×1200mm 矿棉板	m^2	15.8	106.66	1685.23	
318	011407001032	墙面喷刷涂料	(1)刮腻子要求：刮大白三遍 (2)涂料品种、喷刷遍数：刷抗菌乳胶漆三遍	m^2	39.49	29.45	1162.98	
319	011207001030	气包柜　墙面装饰板	(1)龙骨材料：轻钢龙骨 (2)基层材料种类、规格：石膏板	m^2	0.79	39.51	31.21	
320	01B002	600mm×1200mm 定制成品气包罩	600mm×1200mm 定制成品气包罩	个	3	180	540	
321	010809004017	石材窗台板	(1)窗台板材质、规格、颜色：米白大理石窗台板 (2)细木工板基层 (3)基层刷防火涂料三遍	m^2	4.8	1002.49	4811.95	

续表

序号	项目编码	项目名称	项目特征描述	计量单位	工程量	金额/元		
						综合单价	合价	暂估价
322	011102003037	块料楼地面	(1)结合层厚度、砂浆配合比：1∶2.5水泥砂浆 (2)面层材料品种、规格、颜色：600mm×600mm玻化砖	m^2	55.29	223.19	12340.18	
323	011105006019	金属踢脚线	面层材料品种、规格、颜色：120mm不锈钢踢脚线	m	70.52	54.58	3848.98	
324	011108003022	块料零星项目	(1)工程部位：过门石 (2)贴结合层厚度、材料种类：1∶2.5水泥砂浆 (3)面层材料品种、规格、颜色：玻化砖过门石	m^2	1.08	293.69	317.19	
325	011407002023	天棚喷刷涂料	(1)刮腻子要求：刮大白三遍 (2)涂料品种、喷刷遍数：刷乳胶漆三遍	m^2	11.98	29.45	352.81	
326	010810002007	木窗帘盒	窗帘盒材质、规格：窗帘盒石膏板	m	2.71	52.01	140.95	
327	010810005007	窗帘轨	窗帘轨材质、规格：铝合金窗帘轨	m	2.71	182.4	494.3	
328	011407001033	墙面喷刷涂料	(1)刮腻子要求：刮大白三遍 (2)涂料品种、喷刷遍数：刷抗菌乳胶漆三遍	m^2	52.16	29.45	1536.11	
329	011207001031	气包柜，墙面装饰板	(1)龙骨材料：轻钢龙骨 (2)基层材料种类、规格：石膏板	m^2	1.07	39.51	42.28	
330	01B002	600mm×1200mm定制成品气包罩	600mm×1200mm定制成品气包罩	个	1	180	180	
331	010809004018	石材窗台板	(1)窗台板材质、规格、颜色：米白大理石窗台板 (2)细木工板基层 (3)基层刷防火涂料三遍	m^2	2.71	1002.49	2716.75	
332	011102003038	块料楼地面	(1)结合层厚度、砂浆配合比：1∶2.5水泥砂浆 (2)面层材料品种、规格、颜色：600mm×600mm玻化砖	m^2	11.98	223.19	2673.82	
333	011105006020	金属踢脚线	面层材料品种、规格、颜色：120mm不锈钢踢脚线	m	18.67	54.57	1018.82	
334	011108003023	块料零星项目	(1)工程部位：过门石 (2)贴结合层厚度、材料种类：1∶2.5水泥砂浆 (3)面层材料品种、规格、颜色：玻化砖过门石	m^2	0.36	293.69	105.73	

续表

序号	项目编码	项目名称	项目特征描述	计量单位	工程量	金额/元		
						综合单价	合价	暂估价
335	011302001034	吊顶天棚	(1)龙骨材料种类、规格、中距：轻钢龙骨、方钢骨架 (2)面层材料品种、规格：石膏板、白色吸塑板 (3)嵌缝材料种类：石膏板贴纸带	m^2	49.35	169.53	8366.31	
336	011407002024	天棚喷刷涂料	(1)刮腻子要求：刮大白三遍 (2)涂料品种、喷刷遍数：刷乳胶漆三遍	m^2	45.08	29.45	1327.61	
337	011502002006	木质装饰线	线条材料品种、规格、颜色：40mm×100mm，木作清漆挂板线	m	43.28	140	6059.2	
338	011204004012	干挂石材钢骨架	部位：墙面玻化砖 (1)砌体墙面安装后置埋件 (2)骨架制作、安装 (3)干挂石材钢骨架 (4)主龙骨：80mm镀锌槽钢，间距800mm。副龙骨：40mm镀锌角钢 (5)不锈钢、大理石专用挂件	t	0.53	9118.6	4832.86	
339	011204003014	块料墙面	(1)安装方式：干挂 (2)面层材料品种、规格、颜色：800mm×800mm玻化砖 (3)6mmV字缝	m^2	35.03	335.36	11747.66	
340	011204003015	块料墙面	(1)安装方式：粘贴 (2)面层材料品种、规格、颜色：800mm×800mm墙面砖 (3)基层细木工板 (4)防护材料种类：防火涂料三遍 (5)部位：电梯口	m^2	8.16	449.33	3666.53	
341	011207001032	1.5mm米色铝单板	(1)基层材料种类、规格：细木工板 (2)面层材料品种、规格、颜色：1.5mm米色铝单板 (3)防护材料种类、规格：防火涂料三遍	m^2	5.31	560.96	2978.7	
342	011207001033	拉丝玫瑰金不锈钢	(1)基层材料种类、规格：细木工板 (2)面层材料品种、规格、颜色：6mm玫瑰金拉丝不锈钢 (3)防护材料种类、规格：防火涂料三遍	m^2	6.49	533.77	3464.17	
343	011207001034	气包墙基层	(1)龙骨材料种类、规格、中距：轻钢龙骨 (2)基层材料种类、规格：防火涂料三遍	m^2	2.43	102.2	248.35	

续表

序号	项目编码	项目名称	项目特征描述	计量单位	工程量	金额/元		
						综合单价	合价	暂估价
344	01B002	600mm×1200mm定制成品气包罩	600mm×1200mm定制成品气包罩	个	2	180	360	
345	010809004019	石材窗台板	(1)窗台板材质、规格、颜色:米白大理石窗台板 (2)细木工板基层 (3)基层刷防火涂料三遍	m^2	2.03	1002.49	2035.05	
346	011102003039	800mm×800mm米色玻化砖地面	(1)结合层厚度、砂浆配合比:1:2.5水泥砂浆 (2)面层材料品种、规格、颜色:800mm×800mm米色玻化砖	m^2	49.35	268.74	13262.32	
347	011302001035	吊顶天棚	(1)龙骨材料种类、规格、中距:轻钢龙骨 (2)面层材料品种、规格:防水石膏板、5mm厚白色吸塑板 (3)嵌缝材料种类:石膏板贴纸带	m^2	50.41	179.77	9062.21	
348	011407002025	天棚喷刷涂料	(1)刮腻子要求:刮大白三遍 (2)涂料品种、喷刷遍数:刷抗菌乳胶漆三遍	m^2	60.91	29.45	1793.8	
349	011502002007	木质装饰线		m	49.98	140	6997.2	
350	010810002008	木窗帘盒	窗帘盒材质、规格:石膏板	m	13.6	52.01	707.34	
351	010810005008	窗帘轨	窗帘轨材质、规格:铝合金窗帘轨	m	13.6	182.4	2480.64	
352	011407001034	墙面喷刷涂料	(1)刮腻子要求:刮大白三遍 (2)涂料品种、喷刷遍数:抗菌刷乳胶漆三遍	m^2	69.04	29.45	2033.23	
353	011207001035	墙面装饰板	(1)龙骨材料种类、规格、中距:轻钢龙骨 (2)基层材料种类、规格:细木工板、防火涂料三遍 (3)面层材料品种、规格、颜色:木作清漆挂板	m^2	3.46	798.09	2761.39	
354	011502002008	木质装饰线		m	13.2	140	1848	
355	010809004020	石材窗台板	(1)窗台板材质、规格、颜色:米白大理石窗台板 (2)基层材料:细木工板、防火涂料三遍	m^2	4.76	995.72	4739.63	
356	011207001036	气包柜	(1)龙骨材料种类、规格、中距:木龙骨 (2)面层材料品种、规格、颜色:石膏板 (3)防火涂料三遍	m^2	7.52	62.71	471.58	

表 9-17 总价措施项目清单与计价表

序号	项目编码	项目名称	计算基础	费率/%	金额/元	调整费率/%	调整后金额/元	备注
1	011707001001	安全文明施工费	分部分项合计＋单价措施项目费－分部分项设备费－技术措施项目设备费	2	545965.69			
2	011707002001	夜间施工费	分部分项预算价人工费＋单价措施计费人工费	0.08	4134.17			
3	011707004001	二次搬运费	分部分项预算价人工费＋单价措施计费人工费	0.21	10852.2			
4	011707005001	雨季施工费	分部分项预算价人工费＋单价措施计费人工费	0.14	7234.8			
5	011707005002	冬季施工费	分部分项预算价人工费＋单价措施计费人工费	0				
6	011707007001	已完工程及设备保护费	分部分项预算价人工费＋单价措施计费人工费	0.18	9301.88			
7	01B001	工程定位复测费	分部分项预算价人工费＋单价措施计费人工费	0.06	3100.63			
8	011707003001	非夜间施工照明费	分部分项预算价人工费＋单价措施计费人工费	0.1	5167.71			
9	011707006001	地上、地下设施、建筑物的临时保护设施费						
10	01B002	专业工程措施项目费						
11	011701006001	满堂脚手架			44616.06			
合计					630373.14			

表 9-18　其他项目清单与计价汇总表

序号	项目名称	金额/元	结算金额/元	备注
1	暂列金额			
2	暂估价			
2.1	材料暂估价			
2.2	专业工程暂估价			
3	计日工			
4	总承包服务费			
合计				

表 9-19　暂列金额表

序号	项目名称	计量单位	暂定金额/元	备注
合　计				

表 9-20　材料暂估价及调整表

序号	材料(工程设备)名称、规格、型号	计量单位	数量		暂估/元		确认/元		差额±/元		备注
			暂估	确认	单价	合价	单价	合价	单价	合价	

续表

序号	材料(工程设备)名称、规格、型号	计量单位	数量		暂估/元		确认/元		差额±/元		备注
			暂估	确认	单价	合价	单价	合价	单价	合价	
合　计											

表 9-21　计日工表

编号	项目名称	单位	暂定数量	实际数量	综合单价/元	合价	
						暂定	实际
1	人工						
1.1							
人工小计							
2	材料						
2.1							
材料小计							
3	施工机械						
3.1							
施工机械小计							
4. 企业管理费和利润							
总　计							

表 9-22　总承包服务费计价表

序号	项目名称	项目价值/元	服务内容	计算基础	费率/%	金额/元
1	发包人供应材料					
2	发包人采购设备					
3	发包人专业工程					
合　计						

表 9-23 规费、税金项目清单与计价表

序号	项目名称	计算基础	计算基数	计算费率/%	金额/元
1	规费	养老保险费＋医疗保险费＋失业保险费＋工伤保险费＋生育保险费＋住房公积金＋工程排污费	1591265.42		1591265.42
1.1	养老保险费	计费人工费＋人工价差－脚手架费人工费价差	8287840.67	9	745905.66
1.2	医疗保险费	计费人工费＋人工价差－脚手架费人工费价差	8287840.67	4	331513.63
1.3	失业保险费	计费人工费＋人工价差－脚手架费人工费价差	8287840.67	1	82878.41
1.4	工伤保险费	计费人工费＋人工价差－脚手架费人工费价差	8287840.67	0.8	66302.73
1.5	生育保险费	计费人工费＋人工价差－脚手架费人工费价差	8287840.67	0.4	33151.36
1.6	住房公积金	计费人工费＋人工价差－脚手架费人工费价差	8287840.67	4	331513.63
1.7	工程排污费				
2	税金	分部分项工程费＋措施项目费＋其他项目费＋规费	29519923.01	3.48	1027293.32
合计					2618558.74

表 9-24 发包人提供材料和设备一览表

序号	材料(工程设备)名称、规格、型号	单位	数量	单价/元	交货方式	送达地点	备注

表 9-25 承包人提供主要材料和设备一览表

序号	名称、规格、型号	单位	数量	风险系数/%	基准单价/元	投标单价/元	发承包人确认单价/元	备注

续表

序号	名称、规格、型号	单位	数量	风险系数/%	基准单价/元	投标单价/元	发承包人确认单价/元	备注

表 9-26　承包人提供主要材料和设备一览表

序号	名称、规格、型号	变值权重 B	基本价格指数 F_0	现行价格指数 F_1	备注
	定值权重 A				
合　计					

附录 装饰装修工程常用图例

附表1 常用建筑材料图例

序号	名称	图例	备注
1	自然土壤		包括各种自然土壤
2	夯实土壤	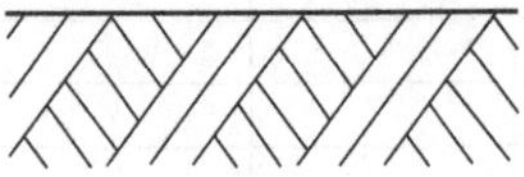	
3	砂、灰土	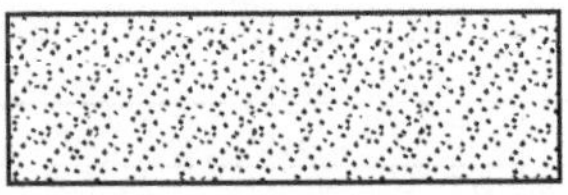	靠近轮廓线绘较密的点
4	砂砾石、碎砖三合土	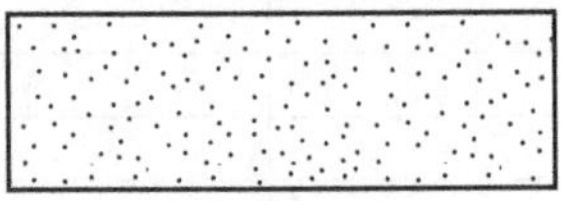	
5	石材	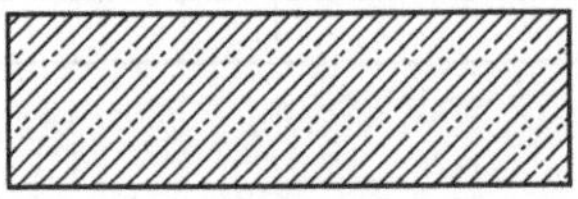	
6	毛石	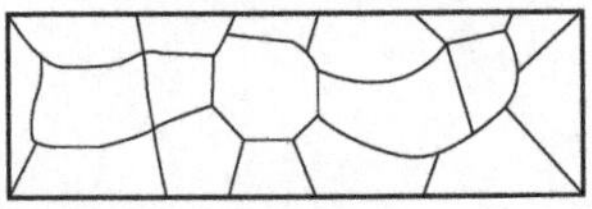	
7	普通砖	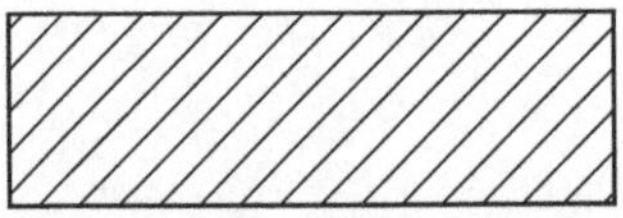	包括实心砖、多孔砖、砌块等砌体。断面较窄不易绘出图例线时，可涂红
8	耐火砖	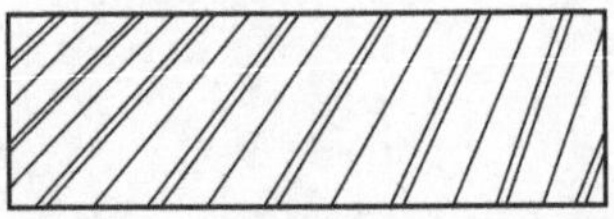	包括耐酸砖等砌体
9	空心砖	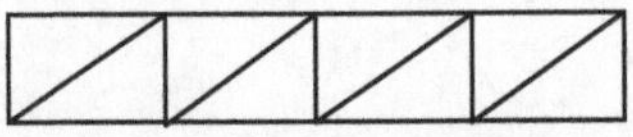	指非承重砖砌体
10	饰面砖	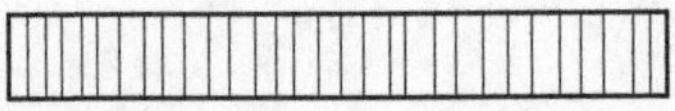	包括铺地砖、马赛克、陶瓷锦砖、人造大理石等

续表

序号	名 称	图 例	备 注
11	焦渣、矿渣	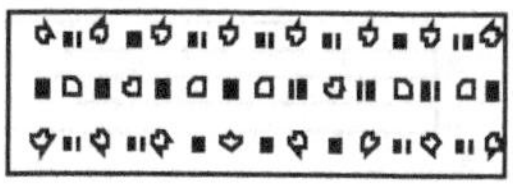	包括与水泥、石灰等混合而成的材料
12	混凝土	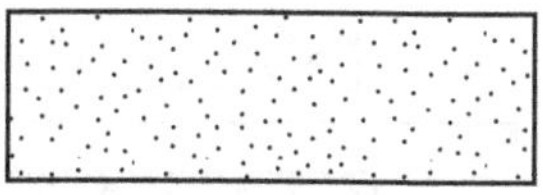	(1)本图例指能承重的混凝土及钢筋混凝土 (2)包括各种强度等级、骨料、添加剂的混凝土 (3)在剖面上画出钢筋时,不画图例线 (4)断面图形小,不易画出图例线时,可涂黑
13	钢筋混凝土	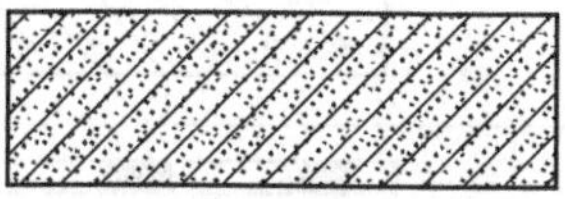	
14	多孔材料		包括水泥珍珠岩、沥青珍珠岩、泡沫混凝土、非承重加气混凝土、软木、蛭石制品等
15	纤维材料	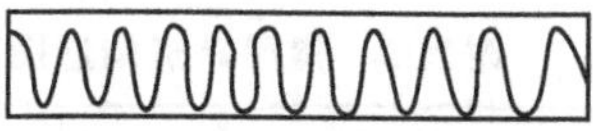	包括矿棉、岩棉、玻璃棉、麻丝、木丝板、纤维板等
16	泡沫塑料材料	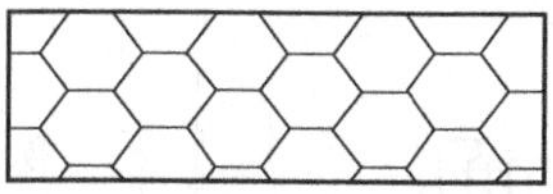	包括聚苯乙烯、聚乙烯、聚氨酯等多孔聚合物类材料
17	木 材	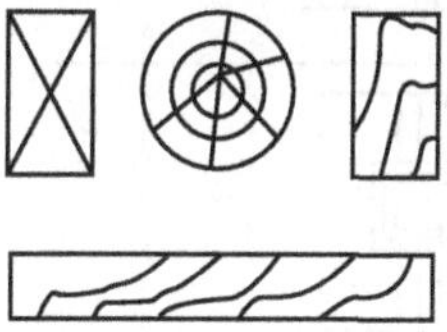	(1)上图为横断面,上左图为垫木、木砖或木龙骨 (2)下图为纵断面
18	胶合板	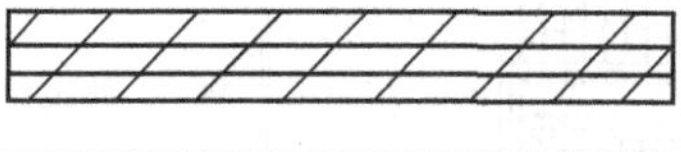	应注明为×层胶合板
19	石膏板	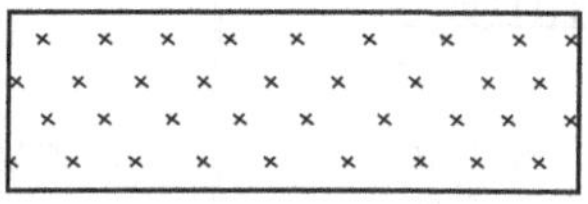	包括圆孔、方孔石膏板、防水石膏板等
20	金 属	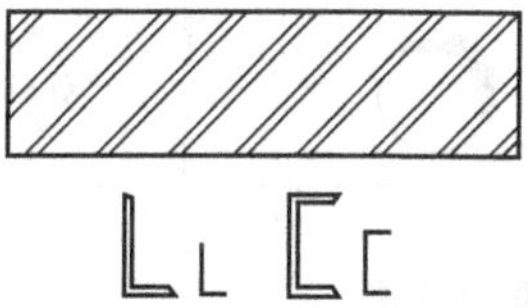	(1)包括各种金属 (2)图形小时,可涂黑
21	网状材料		(1)包括金属、塑料网状材料 (2)应注明具体金属材料
22	液 体		应注明具体液体名称

续表

序号	名 称	图 例	备 注
23	玻 璃		包括平板玻璃、磨砂玻璃、夹丝玻璃、钢化玻璃、中空玻璃、夹层玻璃、镀膜玻璃等
24	橡 胶		
25	塑 料		包括各种软、硬塑料及有机玻璃等
26	防水材料		构造层次多或比例大时，采用上面图例
27	粉 刷		本图例采用较稀的点

注：序号1、2、5、7、8、13、14、16、17、18、22、23图例中的斜线、短斜线、交叉斜线等一律为45°。

附表2 常用建筑构造图例

名 称	图 例	名 称	图 例
底层楼梯	上	转 门	
中间层楼梯	下 上	空洞门	
顶层楼梯	下	单扇门	
检查孔		双扇门	
孔 洞		双扇推拉门	
墙预留洞	宽×高或ϕ 底(顶或中心)标 高××，×××	单层固定窗	
烟 道		左右推拉窗	

续表

名 称	图 例	名 称	图 例
通风道	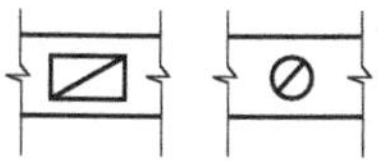	单层外开上悬窗	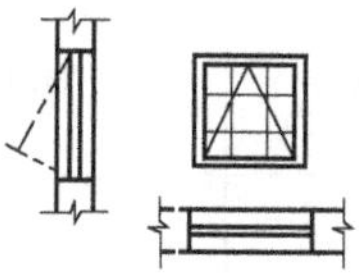
单扇弹簧门	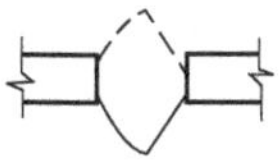	入口坡道	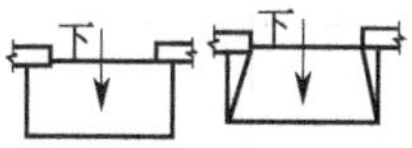
双扇弹簧门		电 梯	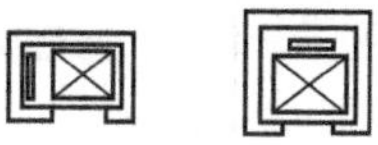

附表 3 常用房屋建筑室内装饰装修材料平、立面图例

序号	名 称	图例(平、立面)	备 注
1	混凝土	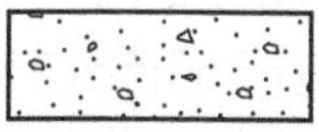	—
2	钢筋混凝土	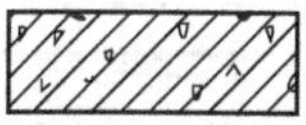	—
3	泡沫塑料材料	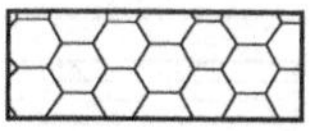	—
4	金 属	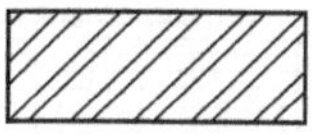	—
5	不锈钢	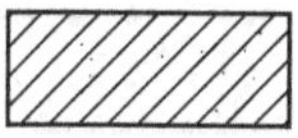	—
6	液 体	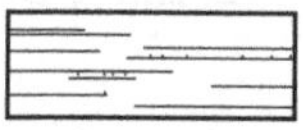	注明具体液体名称
7	普通玻璃	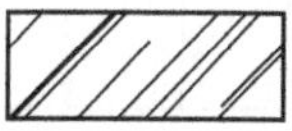	注明材质、厚度
8	磨砂玻璃	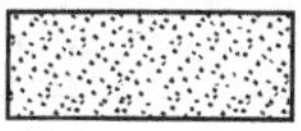	(1)注明材质、厚度 (2)本图例采用较均匀的点
9	夹层(夹绢、夹纸)玻璃	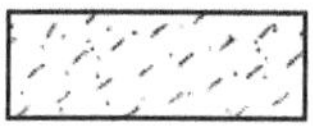	注明材质、厚度
10	镜 面	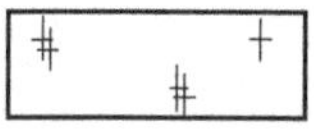	注明材质、厚度
11	镜面石材	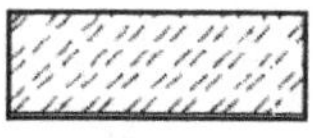	—

续表

序号	名 称	图 例(平、立面)	备 注
12	毛面石材		—
13	大理石		—
14	文化石立面		—
15	砖墙立面		—
16	木饰面		—
17	木地板		—
18	墙 纸		—
19	软包/扪皮		—
20	马赛克		—
21	地 毯		—

注：序号 2、4、5、7、9、11、12 图例中的斜线、短斜线、交叉斜线等均为 45°。

参考文献

[1] GJD-101—1995

[2] GYD-208—2000.

[3] GB 50500—2013.

[4] 闵玉辉．建筑工程造价速成与实例详解．第 2 版．北京：化学工业出版社， 2013.

[5] 张毅．工程建设计量规则．第 2 版．上海：同济大学出版社， 2003.

[6] 张晓钟．建设工程量清单快速报价实用手册．上海：上海科学技术出版社， 2010.

[7] 戴胡杰，杨波．建筑工程预算入门．合肥：安徽科学技术出版社， 2009.

[8] 苗曙光．建筑工程竣工结算编制与筹划指南．北京：中国电力出版社， 2006.

[9] 袁建新，朱维益．建筑工程识图及预算快速入门．北京：中国建筑工业出版社， 2008.